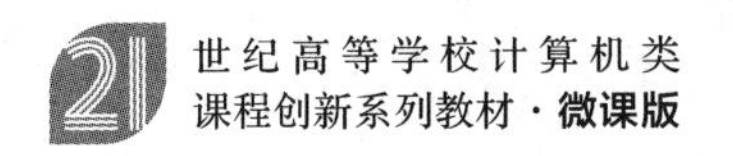

单片机应用系统设计与实现教程 第2版·微课视频版

魏二有　魏佳 / 编著

清华大学出版社
北京

内 容 简 介

“从做中学”是本书的最大特色，本书设计了51单片机应用领域的15个项目，涉及流水灯、数码管、按钮控制、定时器/计数器、声控数码管电子钟、液晶显示电子钟、液晶显示万年历、密码锁、遥控电子钟、步进电机、超声雷达、电压表、串行通信、蓝牙控制系统和Wi-Fi物联网控制系统等单片机测控技术和物联网控制技术，这15个项目没有使用任何现成的硬件辅助设备，需要读者按照教材提供的文字说明和操作视频亲自动手将每个系统用到的元器件逐一安装、连线，然后用万用表进行硬件检测，最后编写程序和调试程序。学完本书后读者的动手能力可以得到大幅度提高，同时也为深入学习STM32等嵌入式系统打下坚实的基础。本书在每一章都给读者留下了创新的提示，如果读者能按照提示开发出新的应用电路，创新能力也会逐渐培养起来。

本书可作为有电路和C语言基础的计算机、电子、电气、自动化、测控与仪器仪表专业的高等学校学生的教材，也可作为各级各类学校课程设计和实训的教材，还非常适合广大电子爱好者自学使用。

图书在版编目(CIP)数据

单片机应用系统设计与实现教程：微课视频版/魏二有，魏佳编著. —2版. —北京：清华大学出版社，2024.6

21世纪高等学校计算机类课程创新系列教材：微课版

ISBN 978-7-302-66410-9

Ⅰ. ①单… Ⅱ. ①魏… ②魏… Ⅲ. ①单片微型计算机－程序设计－高等学校－教材 Ⅳ. ①TP368.1

中国国家版本馆CIP数据核字(2024)第111244号

责任编辑：黄 芝 张爱华
封面设计：刘 键
责任校对：郝美丽
责任印制：曹婉颖

出版发行：清华大学出版社
网 址：https://www.tup.com.cn，https://www.wqxuetang.com
地 址：北京清华大学学研大厦A座 **邮 编**：100084
社 总 机：010-83470000 **邮 购**：010-62786544
投稿与读者服务：010-62776969，c-service@tup.tsinghua.edu.cn
质量反馈：010-62772015，zhiliang@tup.tsinghua.edu.cn
课件下载：https://www.tup.com.cn，010-83470236
印 装 者：三河市君旺印务有限公司
经 销：全国新华书店
开 本：185mm×260mm **印 张**：17.5 **字 数**：429千字
版 次：2014年12月第1版 2024年8月第2版 **印 次**：2024年8月第1次印刷
印 数：1～1500
定 价：59.80元

产品编号：094093-01

前言

动手能力是所有高等学校学生都应该具备的，培养应用型人才的高等学校自不用说，即使是培养研究型人才的高等学校的学生也应该具有很强的动手能力，因为搞研究必须做实验，做实验就得有超强的动手能力。

现在国家急缺大量的技能型人才。从需求看，当前新增劳动力就业的结构性矛盾仍十分突出，其中最突出的矛盾，从短期来看是高等学校毕业生就业难和技术技能人才供给不足的矛盾，从中长期来看是产业加速转型升级与高级技术技能人才匮乏的矛盾。解决这个矛盾的关键在于让学生动起手来，在做中学，不断地提高专业技能，而教师和教材是让学生动起手来并且提高技能以及创新能力的关键。

现在许多高校在讲单片机课程时都是理论讲一大堆，学生们觉得非常枯燥难学，配套的实验课也仅仅是进行仿真实验，或者用现成的单片机开发板做一些验证性实验，学生不能亲自动手做出具体的单片机应用系统电路，也就谈不上掌握单片机测控技术。

编者在承担"单片机系统与应用"这门课的过程中将传统的"在听、看中学"改为"在做中学"；将以卷面考试来考核学生的动手能力变为"在做中考"。子曰："闻之我也野，视之我也饶，行之我也明。"（意思是我听到的容易忘记，我看到的依稀记得，我做过的才真正明白）；美国教育家杜威在教学方法上也主张"从做中学"。编者在教学过程中，通过手把手地教学生设计硬件电路，安装元器件，连接硬件，检测电路和编写程序，做出一个又一个单片机测控系统。每当学生亲自动手做出一个测控系统时都特别有成就感，学生的学习兴趣和积极性得到了空前的提高。

著名心理学家桑代克在他的效果律中认为，人们在工作或学习中若得到满意的结果，就能增强自我效能感，树立自信心，从而增强学习的动力，激发学习的兴趣。苏霍姆林斯基也曾说过，"成功的欢乐是一种巨大的情绪力量，它可以促进儿童好好学习的愿望"，"缺少这种力量，教育上的任何巧妙措施都是无济于事的"。在多年的教学实践中，编者对于这一点深有体会，通过让学生获得成功的体验，培养自信心，会让他们越学越爱学，越学越有劲。

有读者要问，只做单片机应用系统，而不学知识行吗？不行，要学知识，但不要学已有的单片机教材。现有的单片机教材大多都是一个套路，先讲一大堆理论，而后才做一些仿真或验证性实验，是由"学"带"做"。而编者按照"在做中学"和"在用时学"的方式带领学生学习单片机的知识点，即在动手操作完成一个个电路系统的过程中，用到哪部分知识就学哪部分知识，暂时用不到的知识就不学，关键知识点循序渐进地学。由于学不懂某个知识点就搞不清相应的电路系统，因此学生们愿意用这种方式学理论，他们说这种授课方式能让他们带着问题学，记得住，等到课程结束时不仅动手能力得到大幅度的提高，而且对单片机的理论知识也达到了融会贯通的效果。学生在做实验的过程中没有任何现成的单片机辅助硬件，只有最基本的电子元器件，所有要做的单片机应用系统都要求学生亲自往面包板上安装元器件，然后连接导线、用万用表检查连线是否正确、编写程序、调试程序、下载程序、查错纠错，一学期下来，学生的动手能力和技能可以得到大幅度的提高。

全书15个案例包括了单片机测控系统的诸多应用领域，每个测控系统都有原理图、元器件清单、源程序、实物照片、硬件安装连接和运行效果视频资料，可以说本书能“手把手”地教读者做出单片机硬件电路系统实物并通过编程实现预定的功能。读者每完成一个测控系统都会有很大的成就感，愿意继续学习并完成下一个项目。建议采用本书的教师在备课时亲自做出每一个单片机应用系统，在上课前给学生展示下一个要做的系统（要通电演示），让学生觉得下一个要做的系统更有实用价值，更具有挑战性，这样他们会把上本门课程当作一种期盼，这样对提高教学效果有好处。另外，建议选用本书的教师让学生“在做中考”，而且是逐一过关，每个学生都要演示他（她）事先做好的单片机应用系统，然后让其讲述该系统的硬件结构，还要让其编写出该系统中的几个重要函数，最后根据其表现来打分。像考核学游泳的学员一样，学没学会，一下水就知道，所以这样“在做中考”且“逐一过关”的考核方式杜绝了“逃课”“押题”“作弊”等现象，上课不认真学就不可能通过一对一的操作考试，因此这种考核方式又促进了教学效果的提高。

本书共15章，内容安排由易到难，循序渐进，有关单片机的知识点都分散在不同的章节中，即由做带学，这样安排不仅能让读者“在做中锻炼和提高动手能力”，而且让读者“在做中学知识”，彻底颠覆了传统教材那种由学带做的内容安排方式。

本书要做的单片机应用系统所需元器件见附件D，附录D中将所需最少元器件数量和全部数量都列了出来，读者可以根据自己的经济情况或者长远考虑选择购买。购买这些元器件所需费用不多，但这些元器件对将来从事测控技术和发明创造都有用。

本书第1版于2014年12月出版，之后，编者在讲授单片机课程的过程中不断更新教学内容。本次改版在部分章节中增加了虚拟仿真的内容，还增加了51单片机蓝牙控制系统和51单片机Wi-Fi物联网远程测控系统的内容。因为物联网技术是当今最热门的技术之一，所以，在教材改版时增加物联网的内容非常有必要。编者在教学过程中还发现现有大多教材的章节安排不太合理，为了降低学生的学习难度，在改版教材中对原有的章节做了重新安排，把51单片机串行通信相关内容做了全新的编写并放在了物联网相关内容之前，新编写的串行接口内容为学会51单片机蓝牙和Wi-Fi系统进行了精心设计，前后构成了密切的有机联系，为学习蓝牙和Wi-Fi物联网奠定了坚实的基础。

另外，编者在讲授单片机课程的过程中发现学生在刚开始学习单片机时进行硬件连接有困难，而且接完线后还经常出现下载不了程序、即使程序下载到单片机但显示装置不显示或者显示错误等问题，为了让学生和自学者更好地学会硬件连接，学会检测硬件连接有无问题，编者将所有章节的硬件连接和用万用表检测硬件连接的过程都录了视频，读者可以一边观看视频一边动手进行硬件连接和硬件检测，这样可以极大地减少硬件连接的时间，而且可以及早发现硬件问题并予以解决，顺利完成每一个单片机应用系统的开发，进一步增强成就感，提高学习兴趣和学习动力，进而提高动手能力和技能。

由于编者水平有限，书中错误之处在所难免，恳请各位读者批评指正。

编　者

2024年2月于广州

目 录

下载源码

下载软件

第1章 从做成一个单片机流水灯电路来认识单片机

1.1 硬件连接和检测步骤

1.1.1 面包板和面包线的种类

1. 面包板的种类

本书所有单片机应用系统都要用到面包板，面包板有许多种，大的、小的，能安装电源的、不能安装电源的，如图 1.1～图 1.7 所示。

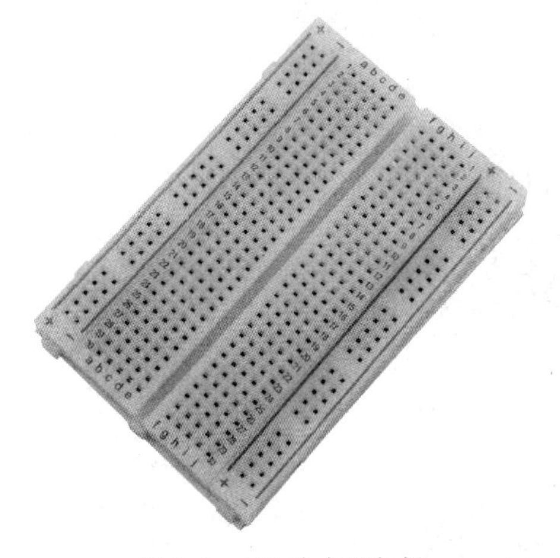

图 1.1　400 孔小面包板

SYB-120面包板175mm×46mm×8.5mm

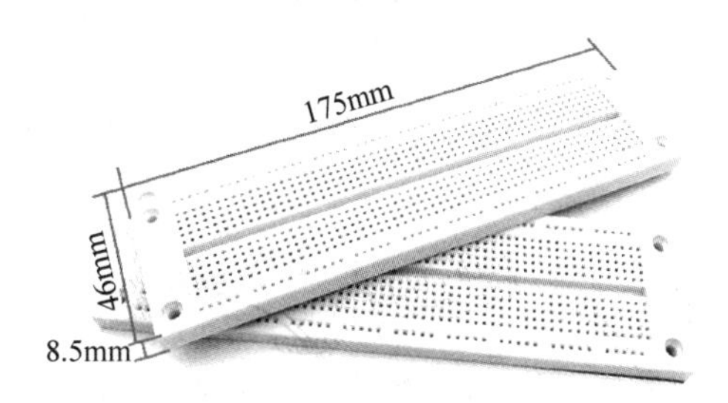

图 1.2　SYB-120 面包板

SYB-130面包板188mm×46mm×8.5mm

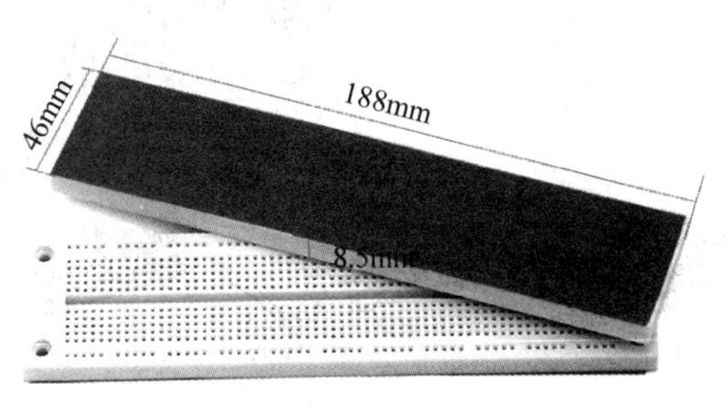

图 1.3　SYB-130 面包板

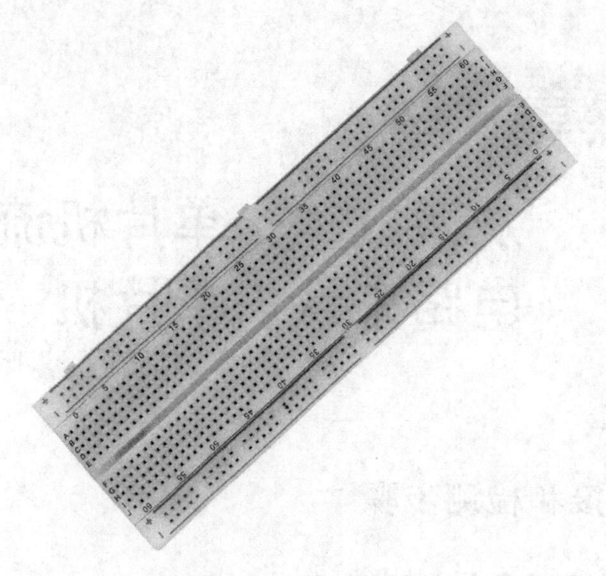

图 1.4　830 孔面包板

图 1.5　SYB-170 迷你微型面包板

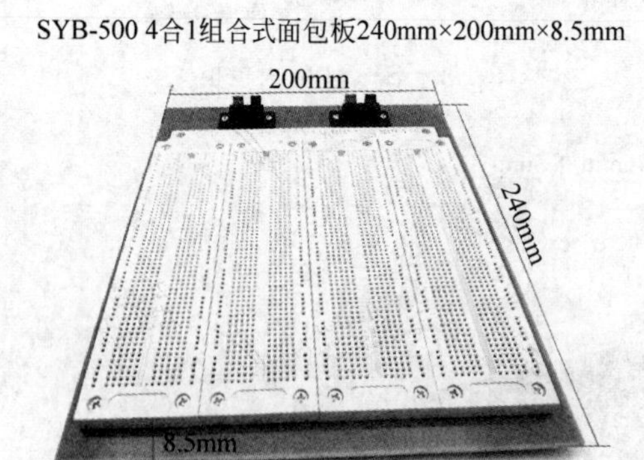

图 1.6　SYB-500 4 合 1 组合式面包板

图 1.7　安装 5V 和 3.3V 电源的面包板

2. 面包线和杜邦线的种类

面包板上可以安装各种针脚式的元器件，但是安装的元器件需要用导线连接起来才能工作，面包线和杜邦线就起到了连接面包板上元器件的作用。面包线和杜邦线有多种，除了图 1.8～图 1.10 所示的面包板导线之外，还可以自己用硬的网线制作，具体方法是，将网线的塑料皮剥掉，然后去掉绝缘外包层，将里面的绞线取出，用剪刀和尖嘴钳将单根的铜导线捋直，最后根据需要的长度截断并去掉包皮，具体方法在本书的视频中有演示。

图 1.8 面包线

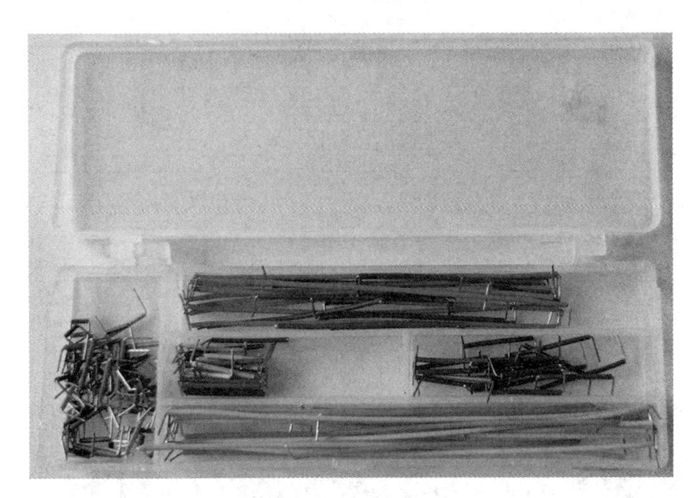

图 1.9 盒装面包线

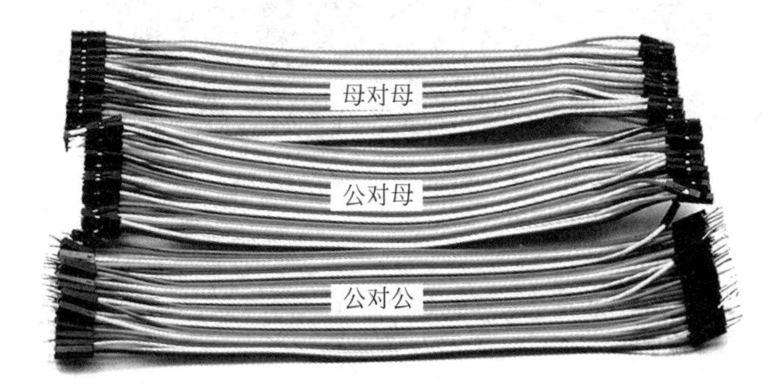

图 1.10 3 种杜邦线

1.1.2 面包板的结构

图 1.11 所示的面包板的型号是 SYB-130，这种面包板有 2 条横排的孔和 65 列竖排的孔（SYB-120 型面包板是 60 列），孔距都是 2.54mm，竖排的孔分成上方和下方，中间有一个间距为 6.25mm 的隔离槽，正好是一个小型 DIP 封装集成电路的宽度。图 1.12 是面包板的背面，竖排的孔每 5 个用金属条连接在一起，横排的孔每 20 个连在一起（SYB-120 型面包板是 15 个孔连在一起的），图 1.13 是面包板的一小部分背面。

图 1.11　面包板的正面

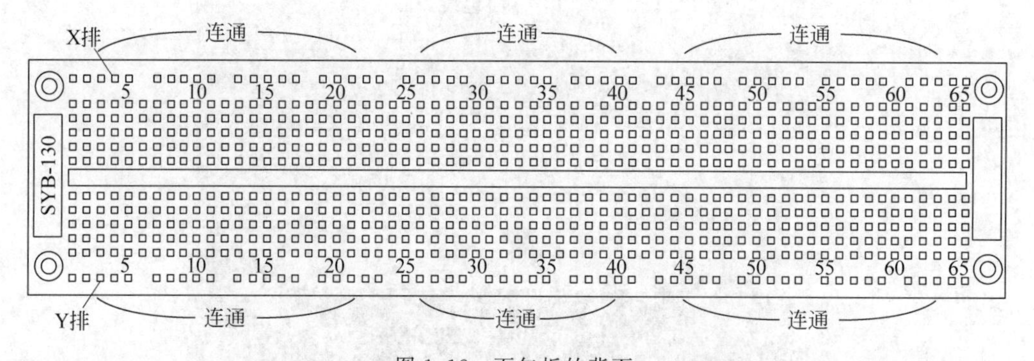

图 1.12　面包板的背面

图 1.13　面包板的一小部分背面

一般把面包板上面的横排孔作为正电源连线，下面的横排孔作为电源的接地线。有的面包板的上、下两个横排孔有断开的地方，应该用改造后的订书钉或短的面包线将断开的地方连通，如图 1.14 所示。

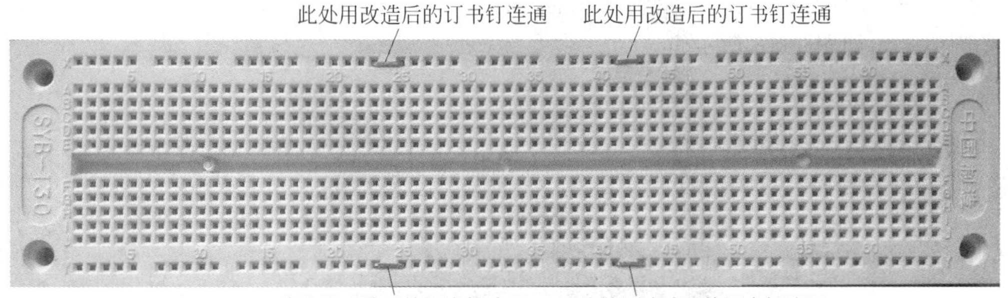

图 1.14　将上、下两排断开的地方连通

1.1.3　数字万用表简介

本书的每个单片机应用系统都需要将元器件安装到面包板上，然后用面包线将安装的元器件用面包线连接起来，但是连接完必须要用万用表来检测连接得是否可靠，所以读者应该了解一下数字万用表，图 1.15 所示为一种数字万用表以及挡位说明，图 1.16 是一种不需要调节挡位的数字万用表，在本书的硬件连接视频中有用这两种万用表检测连接是否可靠的视频。

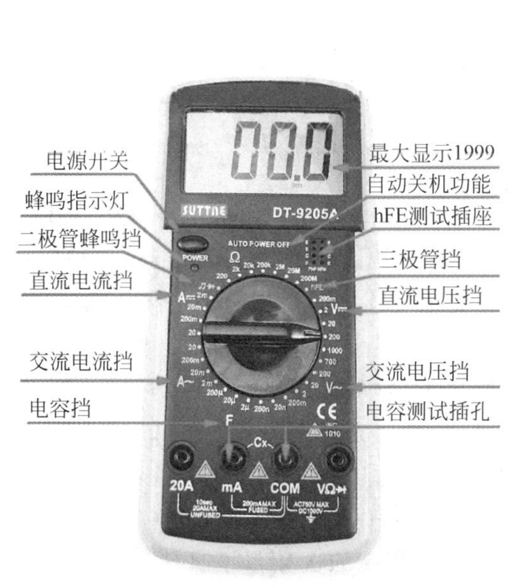

图 1.15　换挡位的数字万用表

图 1.16　双模式智能万用表

1.1.4　认识一下单片机的引脚

本书用的单片机型号是 STC89C52RC DIP40(见图 1.17)。这种单片机是双列直插封装，一共有 40 个引脚，这些引脚的排列是这样的：将单片机按照月牙形槽朝左的位置摆放，芯片的左下角那个引脚就是第 1 脚，顺着往右排依次是第 2 脚、第 3 脚……右下角的引脚是

第 20 脚，右上角的引脚是第 21 脚，再顺着往左排依次是第 22 脚、第 23 脚……左上角的引脚是第 40 脚，如图 1.18 所示。

图 1.17　STC89C52RC DIP40 外形

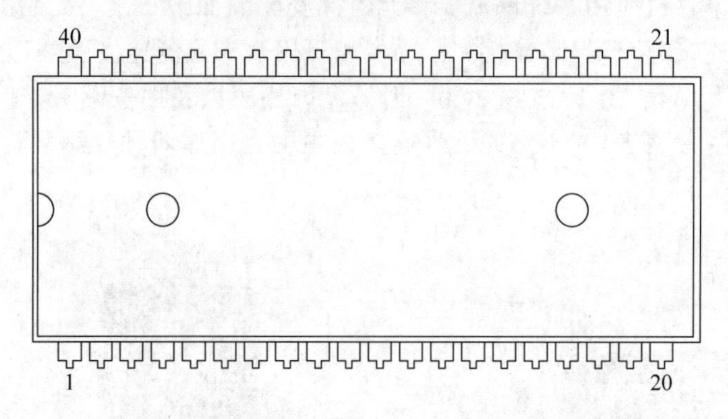

图 1.18　如何分辨 STC89C52RC DIP40 封装的引脚

STC89C52RC PDIP40 型单片机的全部 40 个引脚的排列和定义如图 1.19 所示，我们不必一下子记住所有的 40 个引脚的名称和功能，先记住电源正极引脚是第 40 脚，引脚名称为 V_{CC}；接地引脚是第 20 脚，引脚名称为 GND；还要记住连接晶振的两个引脚为第 18 脚(XTAL2)和第 19 脚(XTAL1)，这两个引脚之间要插一个晶体振荡器(简称晶振)，我们用的是 12MHz 的晶振(若进行串行通信则要用 11.0592MHz 的晶振)。另外单片机的第 18 脚和第 19 脚要分别用一个 30pF 的电容与地相连，这样就构成了一个简化的单片机最小系统。此外，还要记住两个引脚，即单片机的第 10 脚和第 11 脚，这两个引脚是用来进行串行通信的，由于我们编好的程序需要通过这两个引脚下载到单片机的程序存储器中，因此我们要记住(一下子记不住没关系，以后会反复用到这些引脚，用的次数多了自然就会记住)，第 10 脚是串行数据输入端，名称为 RXD，这个引脚要与下载器的 TXD 端相连；第 11 脚是串行数据输出端，名称为 TXD，这个引脚要与下载器的 RXD 端相连。由于我们要用 8 个发光二极管作为流水灯，我们要将这些发光二极管的一端与单片机的输入输出口相连，因此我们必须认识一下单片机的 I/O 口。单片机有 4 个 I/O 口，是用来实现输入和输出的，本章的流水灯电路只用 1 个 I/O 口，我们用 P1 口。P1 口的 8 位是单片机的第 1 脚到第 8 脚。初步知道了这些引脚后我们就来进行硬件安装和连线。考虑有的读者是第一次接触单片机，先做一个发光二极管的控制电路。

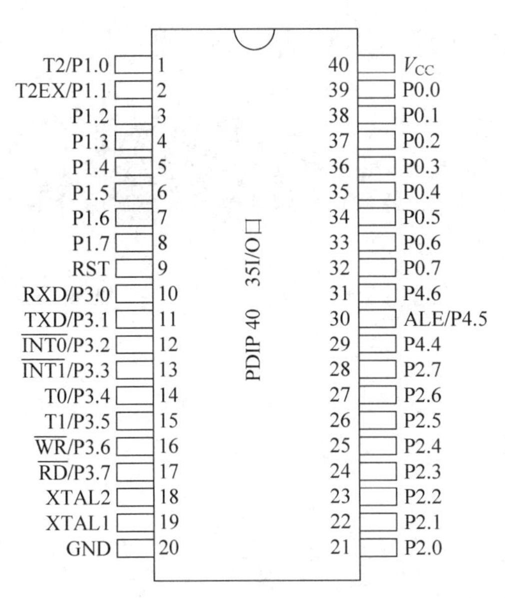

图 1.19　STC89C52RC PDIP40 型单片机封装的引脚

1.1.5　用单片机控制一个发光二极管闪烁

这是读者学做的第一个单片机项目。万事开头难，为了让读者顺利地迈出制作单片机测控系统的第一步，用文字和视频两种形式提供给读者，下面是具体文字叙述。

(1) 用改造好的订书钉将上、下两排横排孔的断开处连通，如图 1.20 所示，有的面包板上、下横排孔是连通的就不需要。

(2) 将单片机插入上、下两排竖排孔内，如图 1.20 所示。

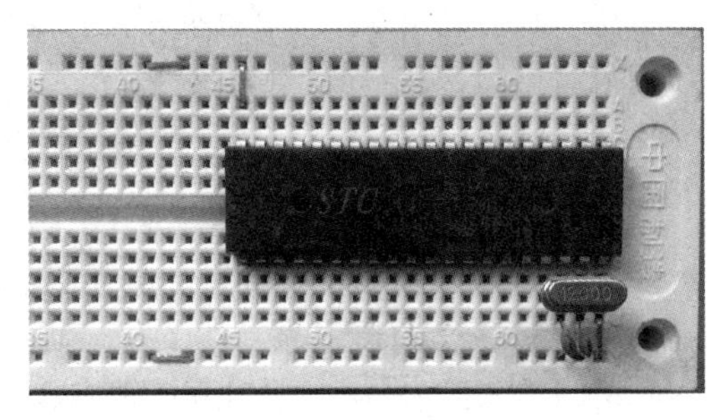
图 1.20　插入单片机、晶振和电容

(3) 用改造好的订书钉将单片机的第 40 脚与上排横孔相连，将第 20 脚与接地的横排孔相连，如图 1.20 所示。

(4) 将 1 个 12MHz 的晶振插到单片机第 18 脚和第 19 脚下方的 2 个孔内，将一个 30pF 的电容插到单片机第 18 脚下方的孔和接地孔内，再将另一个 30pF 的电容插到单片机第 19 脚下方的孔和接地孔内，如图 1.20 所示。

(5) 找出 1 个 1kΩ 电阻，弯成∩形，一端插到正电源的横排孔内，另一端插到其下方的竖排孔内，插好后如图 1.21 所示。

(6) 找出 1 个发光二极管，将引脚长的一端(正极，也叫阳极)与刚才插入的 1kΩ 电阻相连，将引脚短的一端(负极，也叫阴极)插到跨过绝缘槽的一个孔内并用一根面包线与

图 1.21　插上 1 个 1kΩ 电阻

单片机的 1 脚相连，如图 1.22 所示。硬件连接好后，如果不编写程序并下载到单片机中，发光二极管是不会闪烁的，接下来需要安装编程软件和仿真软件，然后编写程序和下载程序。

图 1.22　接好后的电路

扫描如下二维码，在手机或平板计算机端一边观看硬件连接视频，一边动手进行硬件连接，连接完后一定要用万用表进行电路检测，保证硬件连接准确无误。至此，整个硬件电路的安装工作结束。接下来要动手做的就是编写程序了。

单个发光二极管闪烁实验硬件连接万用表检测下载器连接

1.2　程序设计及下载

1.2.1　仿真软件 Proteus 软件的安装和使用

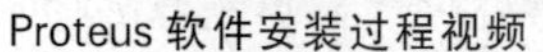

Proteus 软件安装过程视频

用 Proteus 绘制单片机最小系统

1.2.2　Keil 软件和芯片包的安装

下面用文字详细描述 Keil 软件及 STC 芯片包安装的完整过程。

单片机控制一个 led 闪烁电路的硬件连接

(1) 右击 MDK529. exe，选择“以管理员身份运行”，然后一直单击“下一步”按钮，遇到输入按空格键。

(2) 右击桌面上的 Keil 图标，选择“以管理员身份运行”，依次单击 File→License Management，打开 License Management 窗口，复制右上角的 CID。

(3) 右击 keygen. exe，选择“以管理员身份运行”，将刚刚复制的 CID 粘贴到 keygen 的 CID 中，Target 选择 C51，单击 Generate 按钮生成许可号，复制 LICO 的内容。

(4) 将刚刚复制的内容粘贴到 Keil 的 License Management 窗口下部的 New License ID Code，单击右侧的 Add LIC 按钮。

(5) 添加 STC 单片机芯片包和头文件：双击打开 stc-isp-15xx-v6. 88F 文件夹，然后以管理员身份运行 stc-isp-v6. 88F. exe，在打开的窗口中单击“Keil 仿真设置”选项，单击“添加型号和头文件到 Keil 中添加 STC 仿真器驱动到 Keil 中”按钮，选择 Keil5 的安装路径，例如“Keil_v5”，单击“确定”按钮，若新建工程中有 STC 芯片驱动包，则 STC 芯片驱动安装成功。

1.2.3　用 Keil 软件编程步骤

(1) 双击打开 Keil μVision5 软件，依次单击 Project→New Project，在弹出的对话框中选择一个安装路径，例如 D 盘，新建一个文件夹，然后将此文件夹命名为“单片机学习工程文件”，在这个文件夹中存放以后所有开发的单片机应用系统文件，进入这个文件夹后新建一个文件夹并命名为“一个 led 闪烁电路”(强烈建议每一个单片机应用系统都要建立一个相应的文件夹)，然后在“文件名”文本框中输入要建立的工程文件名，例如 OneLedFlash，单击“保存”按钮，见图 1.23。

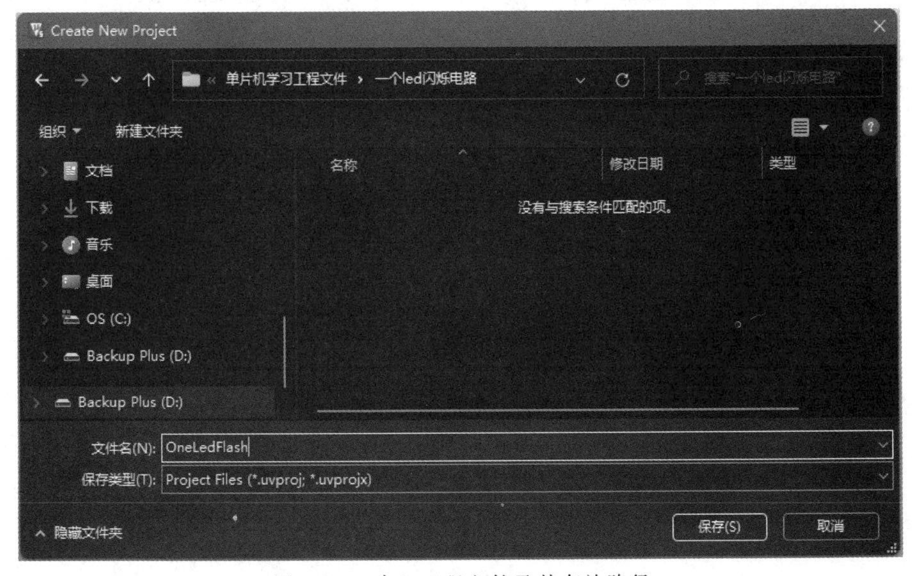

图 1.23　建立工程文件及其存放路径

(2) 单击“保存”按钮后会弹出如图1.24所示的对话框，可在其中选择单片机的型号，先打开这个对话框的下拉列表，选择设备类型，这里选择STC MCU Database。

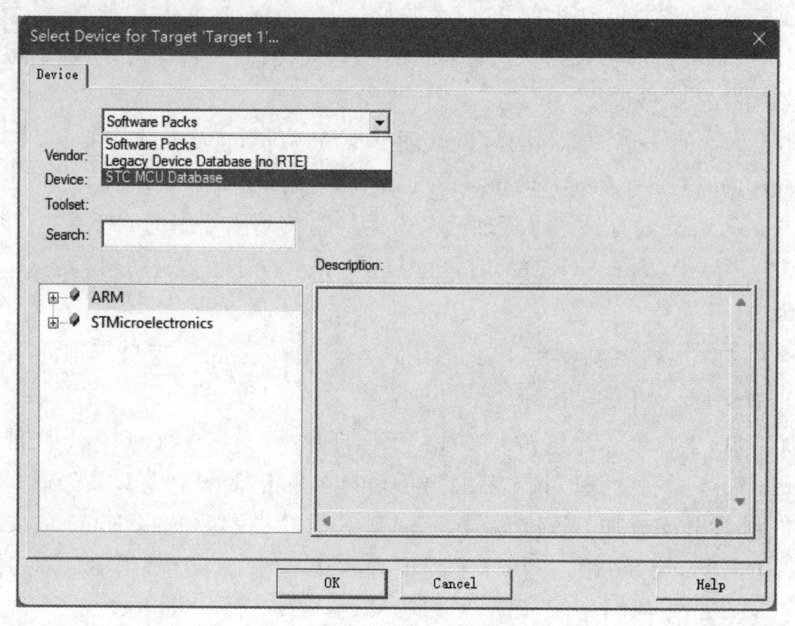

图1.24 选择单片机类型

(3) 用鼠标左键移动下滑滚动块一直到STC89C51RC Series出现，单击其左边的“+”号，从中选择“STC89C52RC Series”，如图1.25所示。

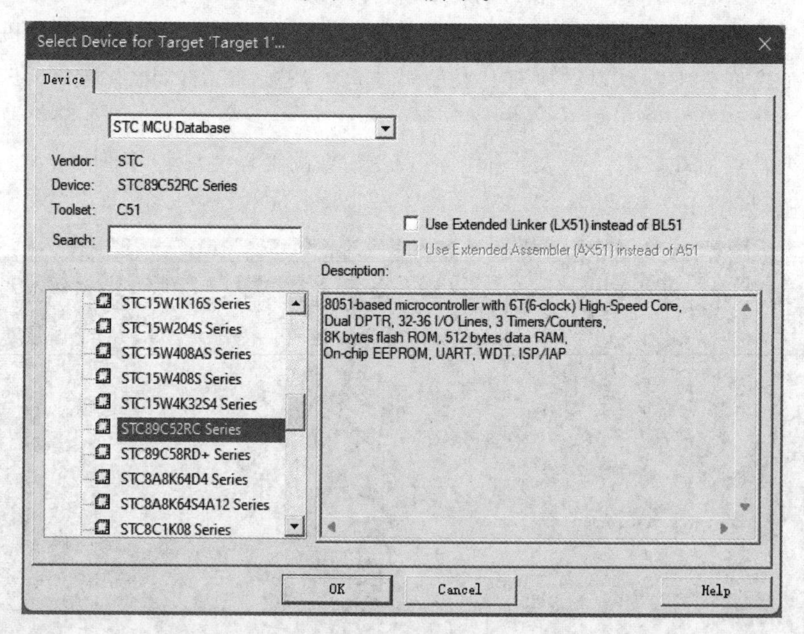

图1.25 选择具体的单片机型号

(4) 单击OK按钮，在弹出的对话框中单击“否”按钮，见图1.26。

(5) 依次单击File→New，或者单击工具栏最左边的“新建”按钮，打开一个空白的文字编辑窗口，如图1.27所示。

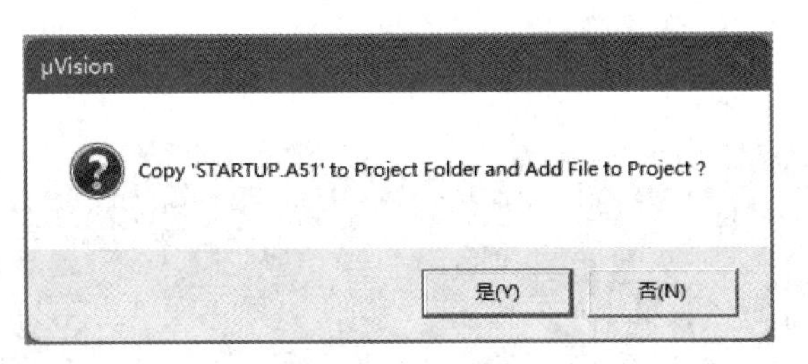

图 1.26　是否复制标准的 8051 开始代码

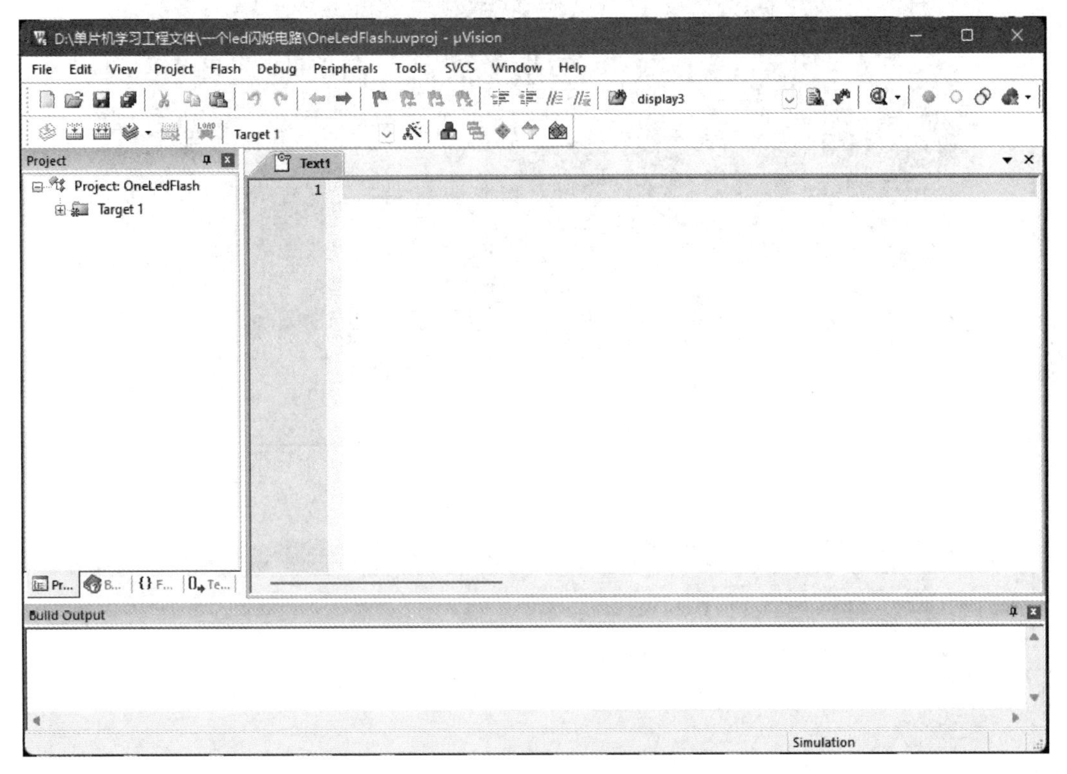

图 1.27　新建一个文本文件

（6）单击工具栏中的“保存”按钮，在弹出的 Save As 对话框中输入文件名，例如 1 led. c（注意，文件名最好按电路类型起名，但一定要有扩展名，且扩展名一定是. c），见图 1.28。

（7）单击 Project 栏中名称为 Target 1 左边的“＋”号，会出现一个名称为 Source Group 1 的文件夹。右击这个文件夹，在弹出的菜单中单击 Add Existing Files to Group ‘Source Group 1’（见图 1.29），在弹出的对话框中找到上一步建立的 1 led. c 文件，单击将其选中，接着单击 Add 按钮，再单击 Close 按钮，见图 1.30。接下来就可以正式编写程序了。

（8）在学 C 语言时都知道，在编写 C 语言程序时首先要使用 include 语句添加头文件＃include < stdio. h >，编写单片机的 C 语言程序也要使用 include 语句，但不是添加 stdio. h 头文件，而是用＃include < reg52. h >，即包含一个文件名为 reg52. h 的头文件。

（9）定义一个特殊位变量并给其赋值为 P1^0，这条程序是 sbit LED＝P1^0，其意思是将单片机 P1 口的第 0 位用 LED 这个特殊位变量来代表。

（10）编写一个延时函数，用来让每个 LED 显示时保持一段时间。

图 1.28　保存成 C 语言文件

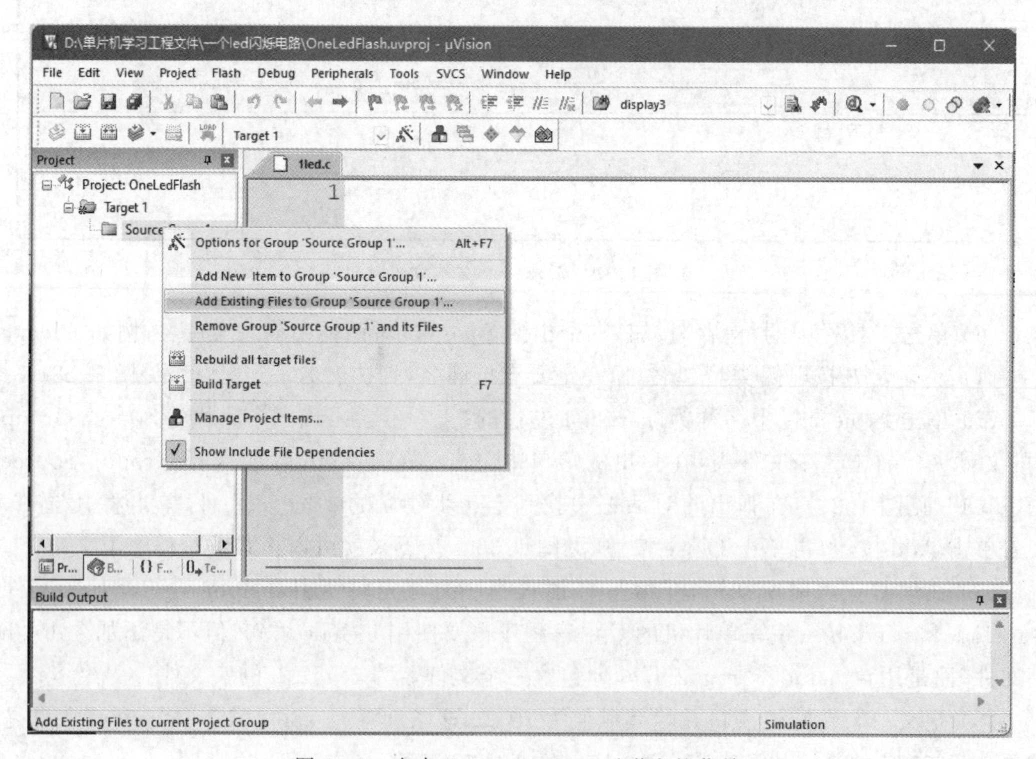

图 1.29　右击 Source Group 1 后弹出的菜单

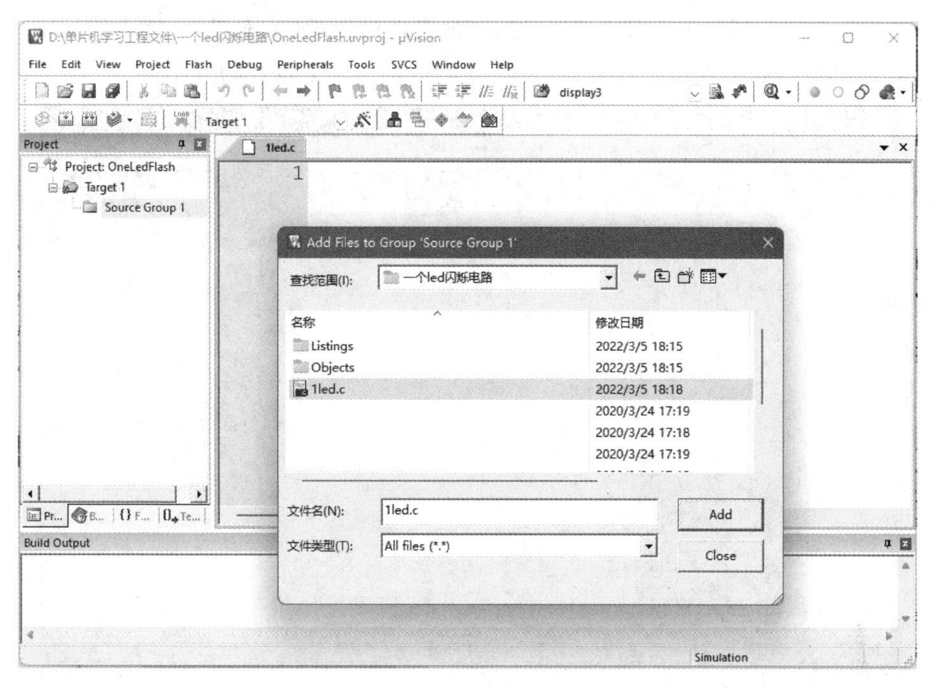

图 1.30　添加到源文件组

（11）编写 main()函数，注意在单片机的 main()函数中要有一个无限循环语句，目的是让单片机控制的系统反复运行，否则，发光二极管闪一下就再不亮了。图 1.31 所示为输入完成后的程序。

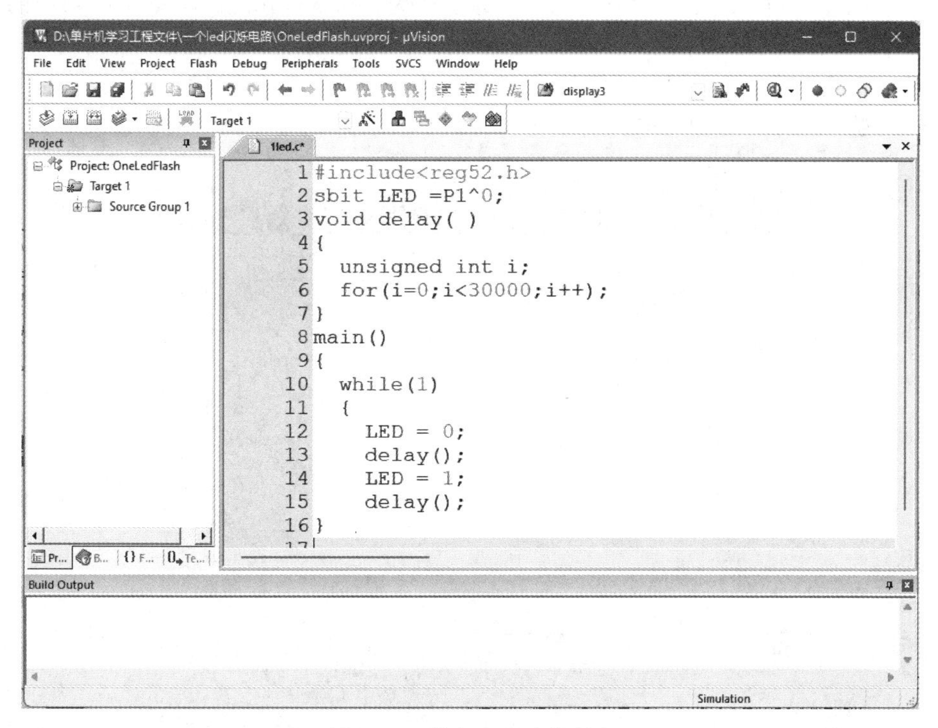

图 1.31　输入完成后的程序

（12）程序输入完成后先仔细检查一遍，若没发现错误，则单击图1.32中用圆圈圈住的那个按钮进行编译，如果程序正确，则会出现0个错误和0个警告的提示。

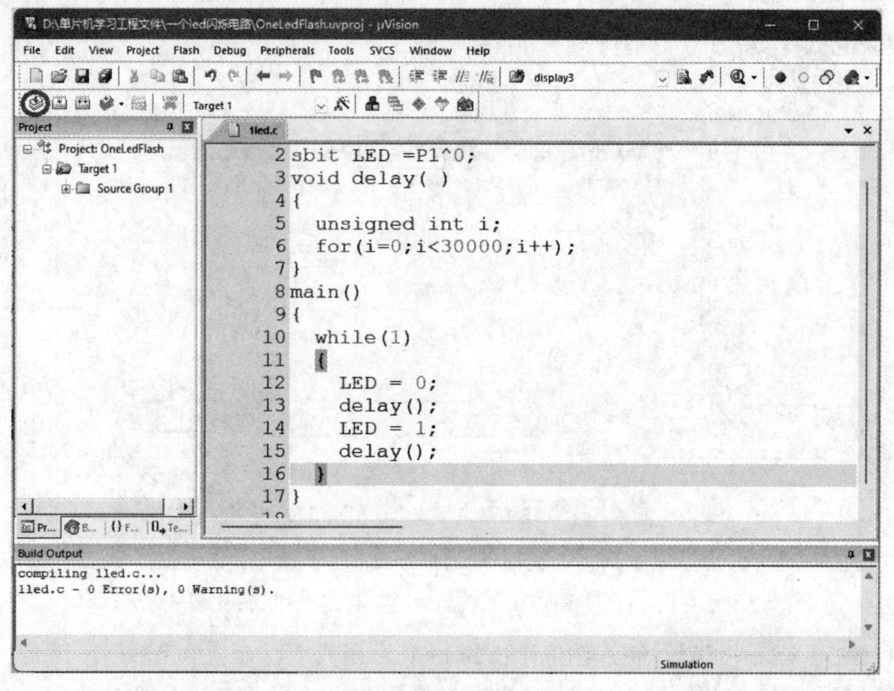

图1.32　进行编译

（13）单击窗口中的按钮，会打开一个标题栏为Options for Target‘Target1’的对话框，选择Output选项卡（见图1.33）。

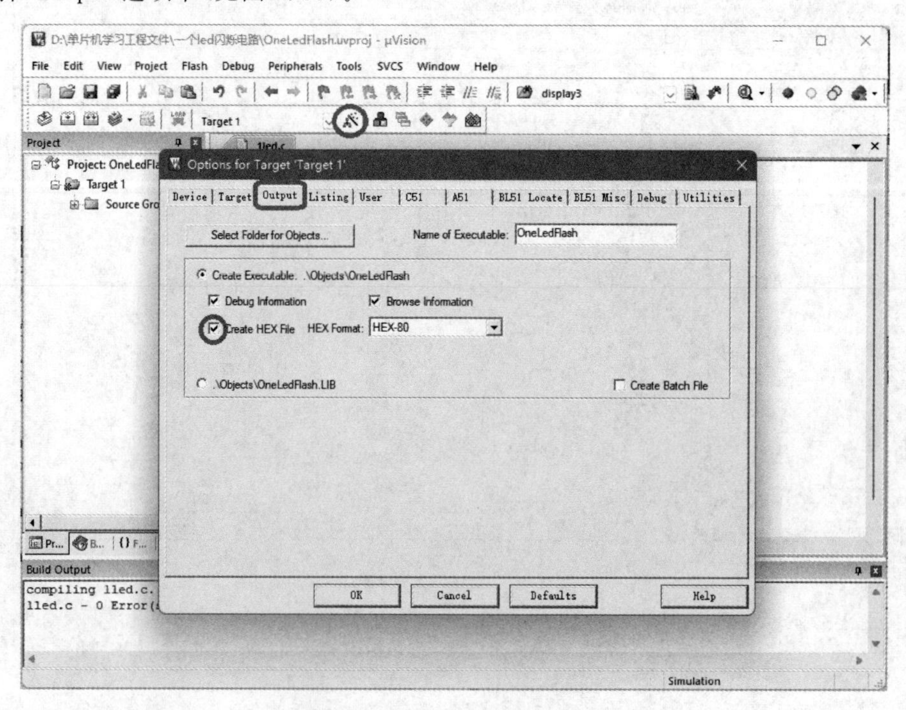

图1.33　设置一些必要的选项

(14) 勾选 Create HEX File HEX Format 复选框(见图 1.33)。此项操作的目的是为生成十六进制目标代码做准备,如果此项不选就不会生成可供下载的目标程序,也就不会把我们编好的程序下载到单片机中。

(15) 单击窗口中的按钮,系统会进行链接和构建目标程序,如果程序没有错误,则会在窗口下方出现构建 0 个错误和 0 个警告的提示,如图 1.34 所示,如果有错误或警告,就要仔细检查程序中是否有输错的字母或符号。程序编好后就可以往单片机中下载了。

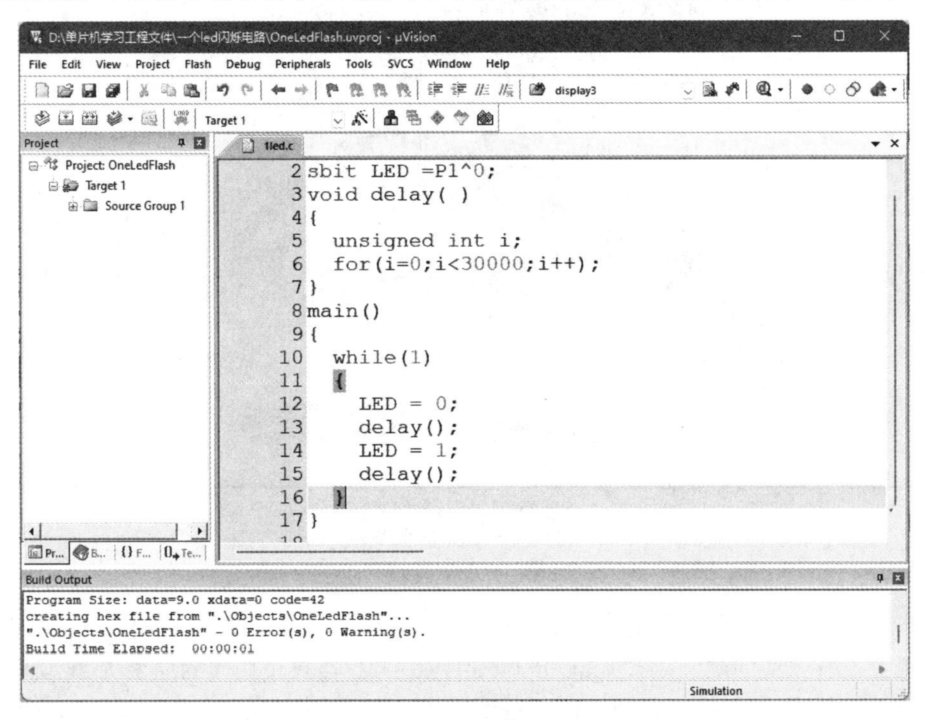

图 1.34 构建成功

下面是完整的源程序:

```
#include<reg52.h>
sbit LED = P1^0;
void delay()
{
    unsigned int i;
    for(i = 0;i < 30000;i++);
}
main()
{
    while(1)
    {
        LED = 0;
        delay();
        LED = 1;
        delay();
    }
}
```

1.2.4 如何往单片机内下载编好的程序

下载器如图 1.35 所示。购买下载器时最好买带杜邦线的那种。卖家的网站上有下载器驱动程序的链接地址，把驱动程序下载到硬盘或 U 盘里，Windows 10 和 Windows 11 都能自动识别下载器，无须安装驱动程序。

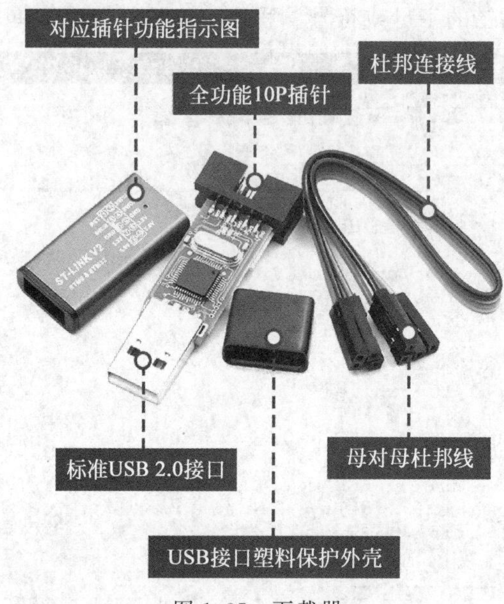

图 1.35 下载器

将下载器与购买下载器带的杜邦线相连，并在杜邦线的另一端插上 4 根面包线(面包线的颜色最好与杜邦线的颜色一致)，也可以不用购买下载器自带的母对母杜邦线，而是用 4 根母对公的杜邦线，并将下载器的 VDD 端插入面包板的 V_{CC} 孔内，将下载器的 TXD 端插入与单片机第 10 脚相连的孔内，将下载器的 RXD 端插入与单片机第 11 脚相连的孔内，下载器的 GND 端先不要插到面包板。下载器与杜邦线以及面包线的连接见图 1.36。

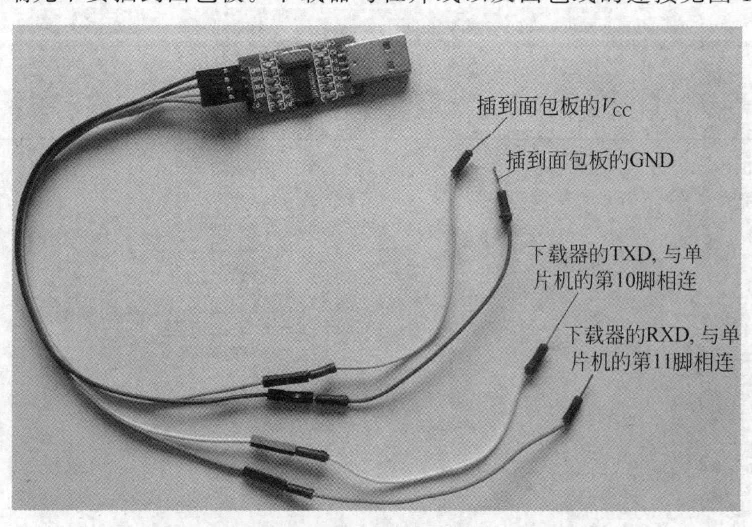

图 1.36 下载器与杜邦线以及面包线的连接

下载器与面包板连接过程视频

一个 led 闪烁程序下载和运行过程视频

由于是第一次将编写好的程序下载到单片机，因此有必要用文字详细叙述一下单片机程序的下载步骤。

(1) 双击打开 STC 单片机下载软件(没有此软件的读者从 STC 官方网站下载并安装，建议选择 stc-isp-v6.88F)，会打开如图 1.37 所示的界面。

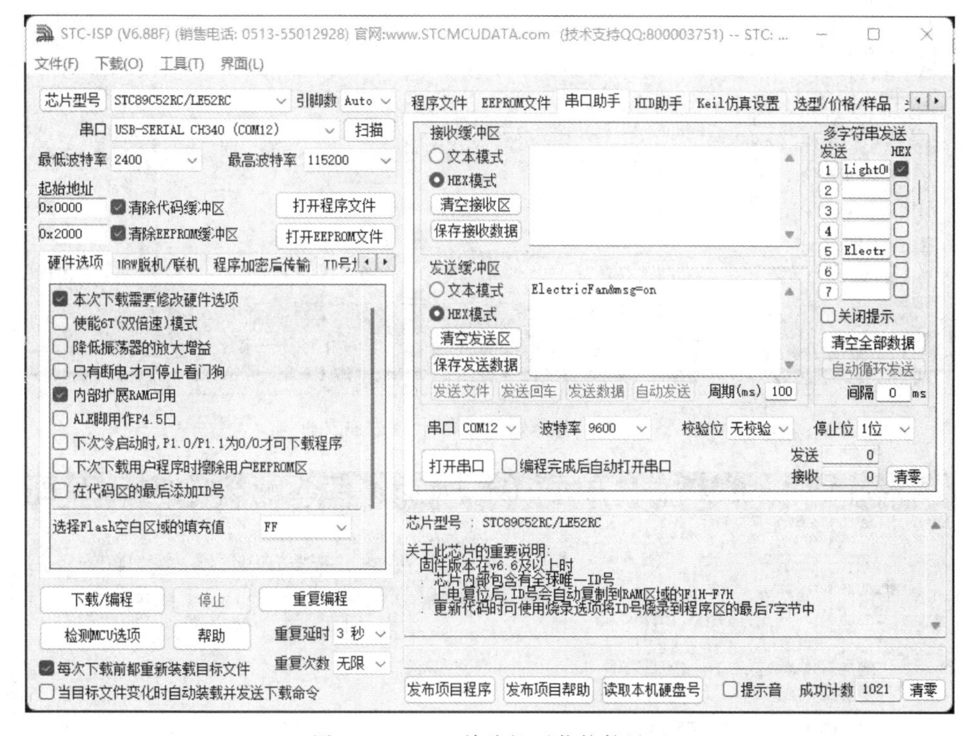

图 1.37　STC 单片机下载软件界面

(2) 打开左上角的"芯片型号"下拉列表框，选择 STC89C52RC/LE52RC。

(3) 单击"打开程序文件"按钮，在弹出的对话框中找到之前编写程序建立的文件夹并打开，会看到创建好的 HEX 文件，单击该文件后再单击"打开"按钮，如图 1.38 所示。

(4) 单击"下载/编程"按钮，会出现下载的进度变化信息。当下载完成后，会出现如图 1.39 所示的界面。

至此，我们已经成功地做成了一个最简单的单片机控制系统。但读者可能会有些疑问，例如为什么要给发光二极管接一个电阻？接下来解释一下这个问题。让一个发光二极管正常显示的电路图如图 1.40 所示。

发光二极管要发光，必须将其正(阳)极接正电源，将其负(阴)极接地。为了防止流过发光二极管的电流太大以致把发光二极管烧毁，要给其串联一个电阻。一般普通的发光二极管最大允许流过的电流约为 20mA，如果正电源为 5V，则发光二极管的电压降一般为 2V 左右(红色的为 2.0～2.2V，黄色的为 1.8～2.0V，绿色的为 3.0～3.2V)，因此，给其串联的电

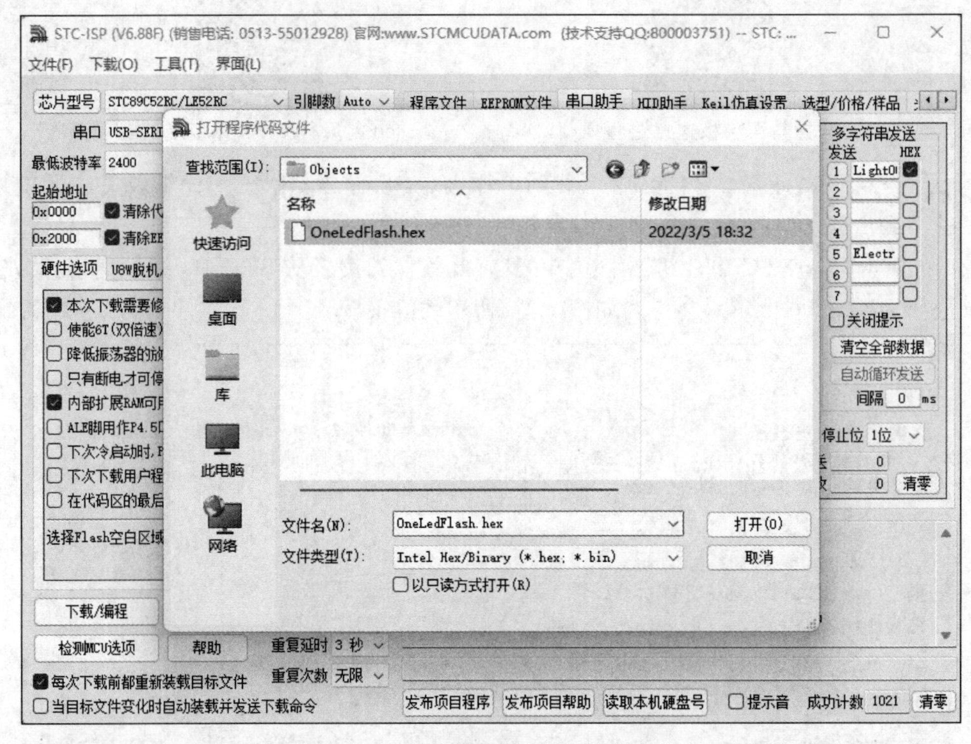

图 1.38 选择要下载的十六进制文件

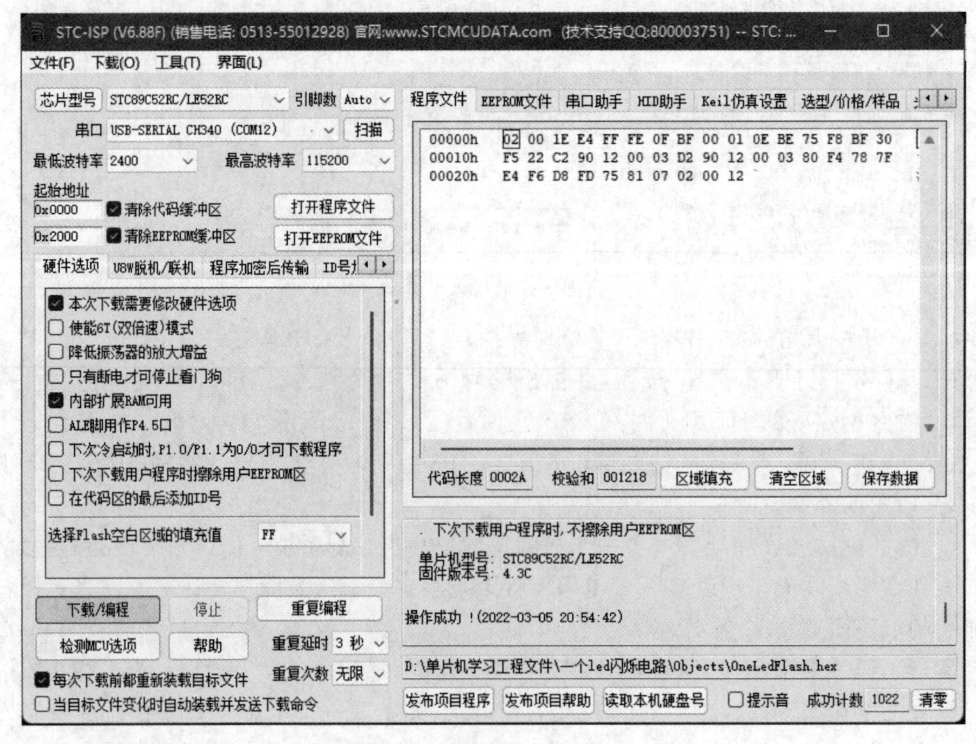

图 1.39 程序下载成功提示

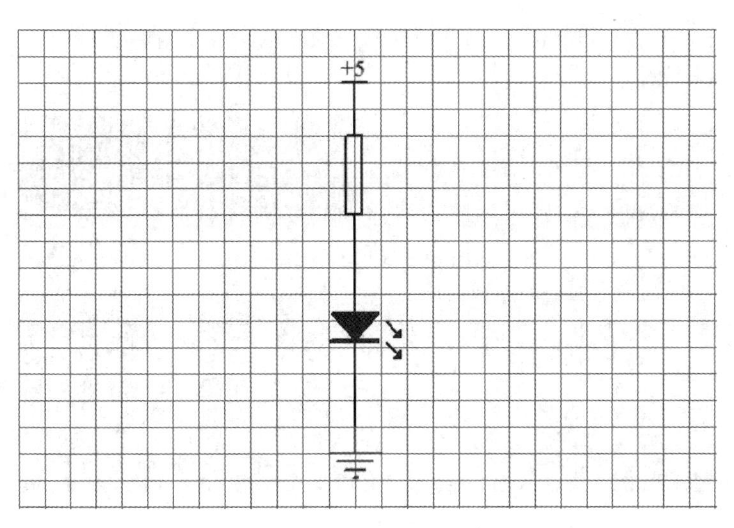

图 1.40 发光二极管电路图

阻应该是

$$R = \frac{(5-3)\text{V}}{0.02\text{A}} = 100\Omega$$

为了更加保险，我们串联了一个 1kΩ 的电阻。因为在我们的电路中发光二极管的负(阴)极接到了单片机的 P1 口的 P1.0 位，所以要想让某个发光二极管亮，只需让 P1 口的 P1.0 位输出 0V 就行，而要让单片机的 I/O 口的某个位输出 0V，只需在程序中让这一位的数值为 0 即可。

有了第一个单片机控制电路的硬件连接和程序设计的成功经验后就可以做一个稍微复杂的单片机电路系统了。

1.2.5 用单片机控制 8 个发光二极管

1. 硬件连接步骤

(1) 找出 8 个 1kΩ 的电阻，都弯成∩形，一端插到正电源的横排孔内，另一端插到其下方的竖排孔内，插好后的电路如图 1.41 所示。

图 1.41 发光二极管电路图

(2) 找出 8 个发光二极管，最好是几种颜色搭配，弯成∩形，阳极端分别与 1kΩ 的电阻相连，阴极端分别与单片机的 1～8 脚相连，如图 1.42 所示。

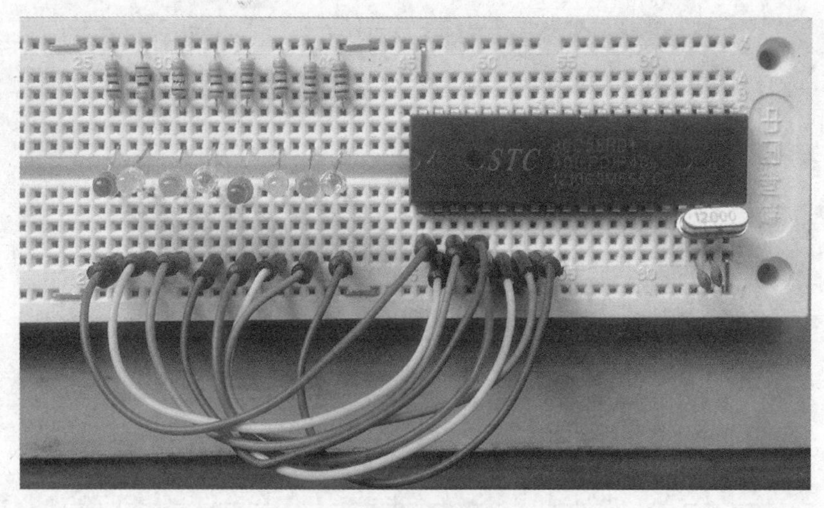

图 1.42 接好后的电路

完整的单片机流水灯电路硬件连接检测下载器连接及运行视频

2. 程序设计步骤

(1) 双击打开 KeilμVision5 软件，依次单击 Project→New Project，在弹出的对话框中选择上次建立的"单片机学习工程"文件夹，然后新建一个文件夹，例如"51 单片机流水灯电路"，在"文件名"文本框中输入要建立的工程文件名，如"流水灯"，单击"保存"按钮，见图 1.43，然后像

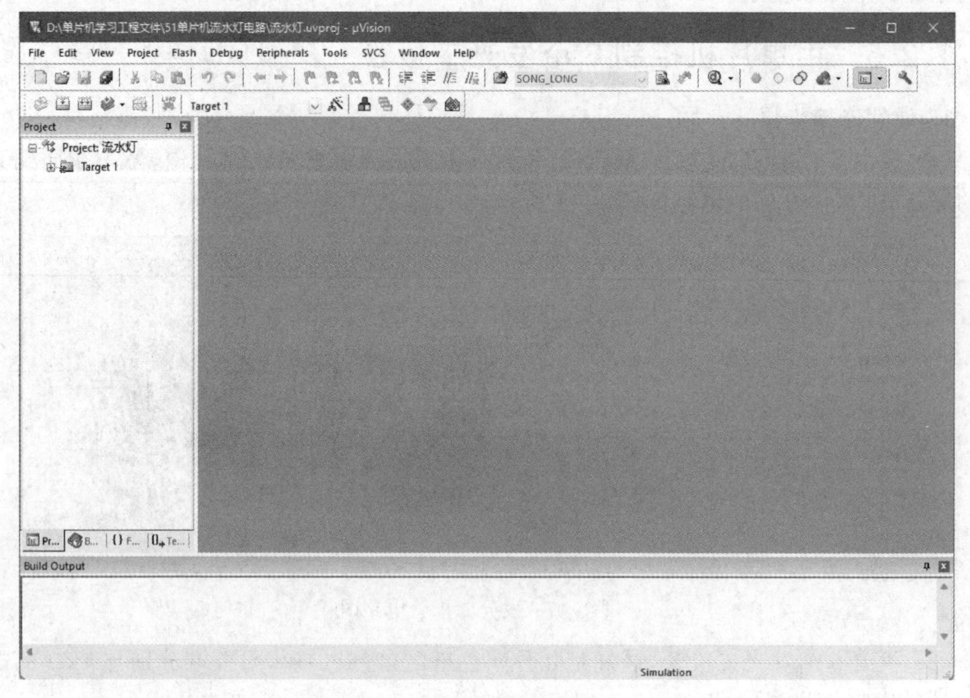

图 1.43 刚打开的 Keil

上一个程序那样选择单片机型号。为了熟悉建立程序文件的过程，下面再将建立C语言文件以及添加到工程中的步骤叙述一遍。

(2) 依次单击File→New，或者单击工具栏最左边的“新建”按钮，会打开一个空白的文字编辑窗口，见图1.44。

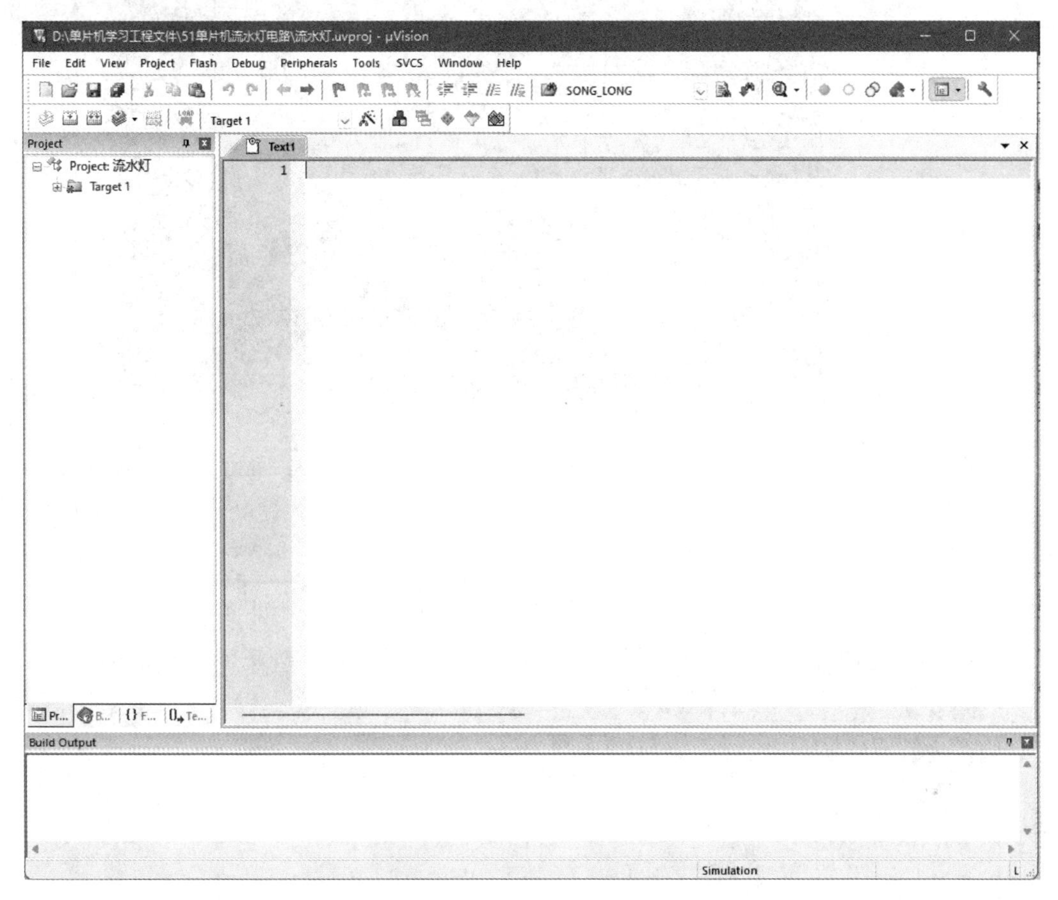

图1.44　新建一个文本文件

(3) 单击工具栏中的“保存”按钮，在弹出的Save As对话框中输入文件名，例如“流水灯.c”(注意，文件名最好按电路类型起名，但一定要有扩展名，且扩展名一定是.c)，见图1.45。

(4) 单击Project栏中名称为Target 1左边的“+”号，会出现一个名称为Source Group 1的文件夹。

(5) 右击这个文件夹，在弹出的菜单中单击Add Existing Files to Group‘Source Group 1’，见图1.46。在弹出的对话框中找到第(4)步建立的.c文件名，然后单击将其选中，接着单击Add按钮，再单击Close按钮，见图1.47。

(6) 第(5)步后，会在Source Group 1文件夹左边出现一个“+”号，单击“+”号，会看到第(4)步建立的C语言文件已经被加到了源文件组里了。下面就可以正式编写程序了。读者将以下源程序输入计算机，然后像上一个程序那样先进行编译，接下来单击“创建”按钮创建一个十六进制的目标文件，最后下载到单片机中。

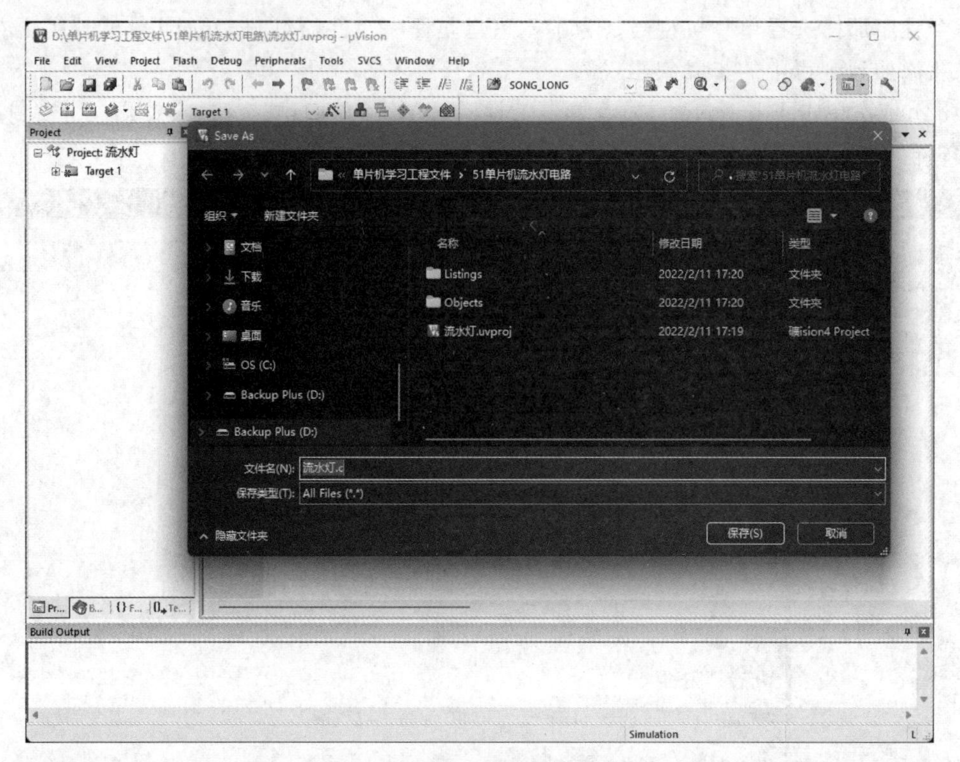

图 1.45　保存成 C 语言文件

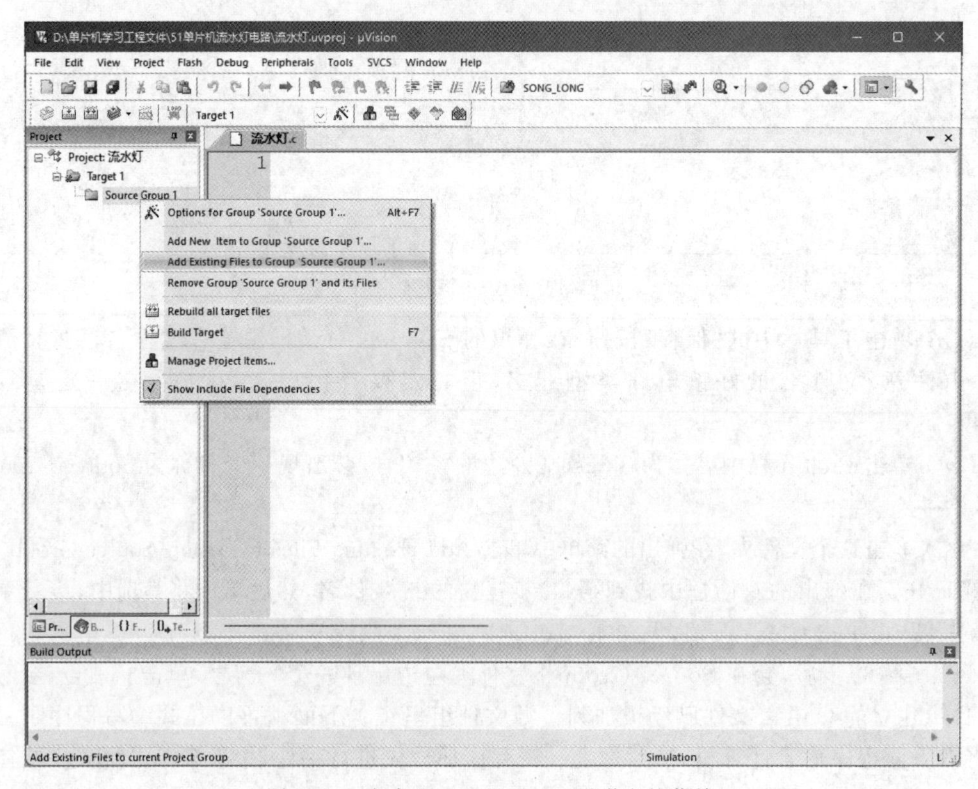

图 1.46　右击 Source Group 1 后弹出的菜单

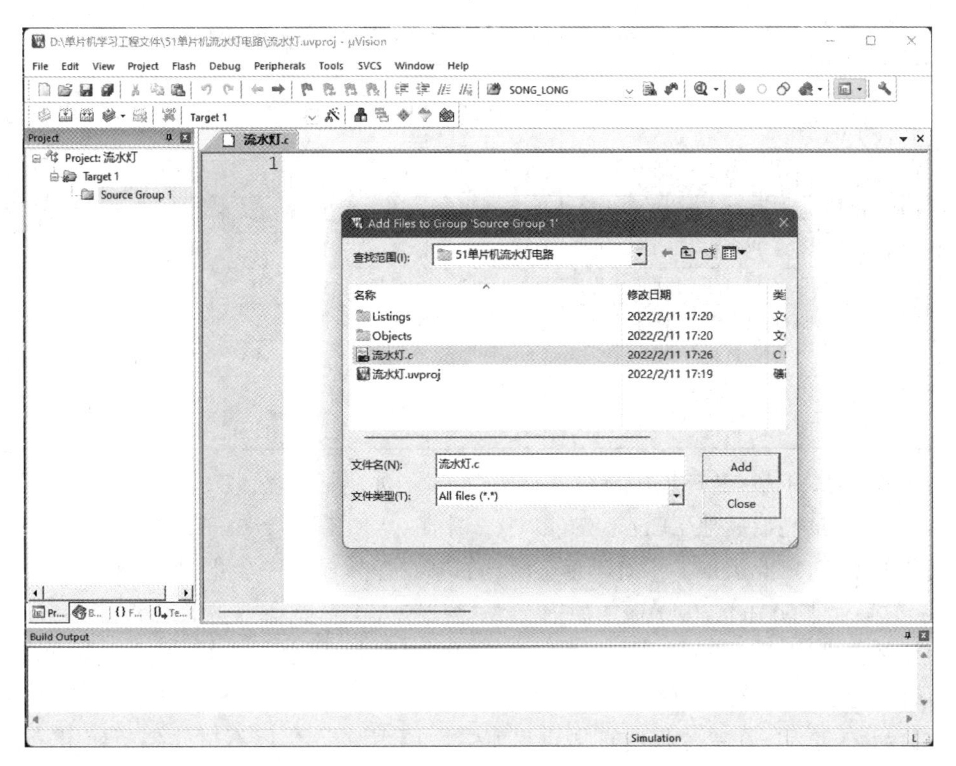

图 1.47　添加到源文件组

流水灯电路的源程序：

```
#include <reg52.h>
unsigned char LED[] = {0xfe,0xfd,0xfb,0xf7,0xef,0xdf,0xbf,0x7f,0xff};
void delay()
{
    unsigned int i;
    for(i = 0;i < 30000;i++);
}
main()
{
    unsigned char j;
    while(1)
    {
        for(j = 0;j <= 8;j++)
        {
            P1 = LED[j];
            delay();
        }
    }
}
```

我们来分析这段程序。我们在 C 语言中学过数组，在定义一个数组时如果给其所有元素赋初值，就可以不在中括号中写元素个数。

因为要让 8 个发光二极管（LED）轮流亮，所以在某个时刻只能让一个亮而其余的不亮，不亮的发光二极管其对应的 P1 口位需要在程序中让其数值为 1，见表 1.1。

表 1.1　8 个 LED 轮流亮单片机 P1 口的 8 个位对应的数值

P1 口的位		P1.7	P1.6	P1.5	P1.4	P1.3	P1.2	P1.1	P1.0	十六进制数
第 1 个 LED 亮	LED1 的负极接到了 P1.0	1	1	1	1	1	1	1	**0**	0xFE
第 2 个 LED 亮	LED2 的负极接到了 P1.1	1	1	1	1	1	1	**0**	1	0xFD
第 3 个 LED 亮	LED3 的负极接到了 P1.2	1	1	1	1	1	**0**	1	1	0xFB
第 4 个 LED 亮	LED4 的负极接到了 P1.3	1	1	1	1	**0**	1	1	1	0xF7
第 5 个 LED 亮	LED5 的负极接到了 P1.4	1	1	1	**0**	1	1	1	1	0xEF
第 6 个 LED 亮	LED6 的负极接到了 P1.5	1	1	**0**	1	1	1	1	1	0xDF
第 7 个 LED 亮	LED7 的负极接到了 P1.6	1	**0**	1	1	1	1	1	1	0xBF
第 8 个 LED 亮	LED8 的负极接到了 P1.7	**0**	1	1	1	1	1	1	1	0x7F

看了表 1.1，对 for 循环程序就应该能明白了，例如当 i=0 时，P1=LED[0]=0xFE，正好让第 1 个 LED 亮而其他 LED 不亮，当 i=1 时，P1=LED[1]=0xFD，正好让第 2 个 LED 亮而其他的不亮，以此类推。不管哪个 LED 亮，都得让其保持一会儿，否则就会看不到哪个 LED 亮，这就是调用 delay()函数的原因。

为什么要用 unsigned char 来定义数组的类型呢？单片机内部的存储器容量有限，在编写程序时一定要注意节约存储器空间，因为 unsigned char 这种变量只需 8 位，而且能存放的最大数为 255，所以在单片机的 C 语言程序中，如果用的变量值不超过 255，就用 unsigned char 来定义（以后会用简化的字符 u8 来代替 unsigned char）。

当程序输入完后先仔细检查一遍，若没发现错误，则单击图 1.48 中用圆圈圈住的那个按钮进行编译，如果程序正确，则会出现 0 个错误和 0 个警告的提示。

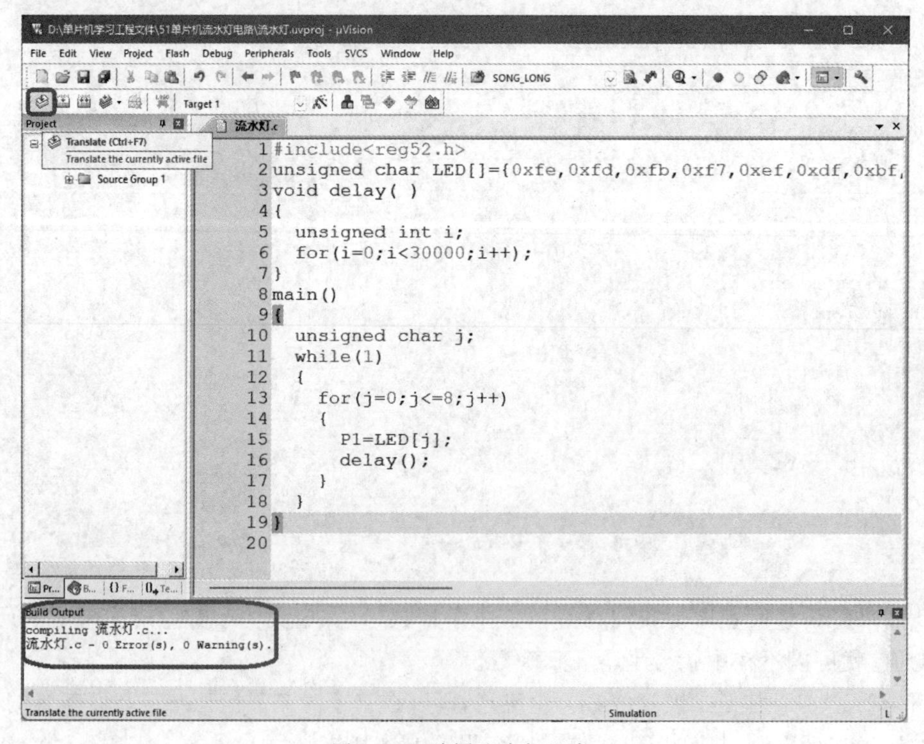

图 1.48　编译流水灯程序

单击窗口中的 按钮，会打开一个标题栏为 Options for Target‘Target1’的对话框，选择 Output 选项卡，勾选 Creat HEX File HEX Format 复选框，见图 1.49。此项操作的目的是为生成十六进制目标代码做准备，如果此项不选就不会生成可供下载的目标程序，也就不会把我们编好的程序下载到单片机中。

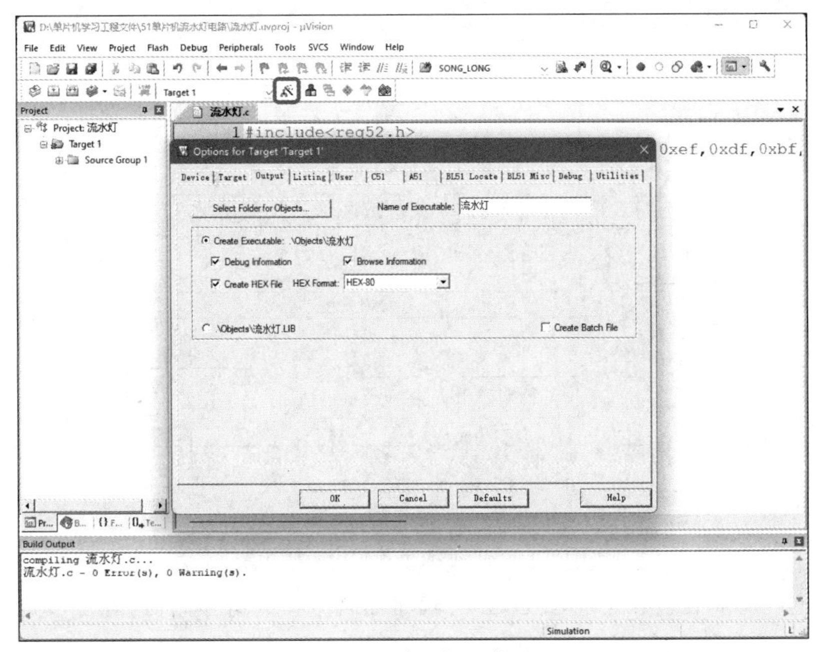

图 1.49　创建目标文件设置

单击窗口中的 按钮，系统会进行链接和构建目标程序，如果程序没有错误，则会在窗口下方出现构建 0 个错误和 0 个警告的提示，如图 1.50 所示，如果有错误或警告就要仔细检查程序中是否有输错的字母或符号。程序编好后就可以往单片机中下载了。

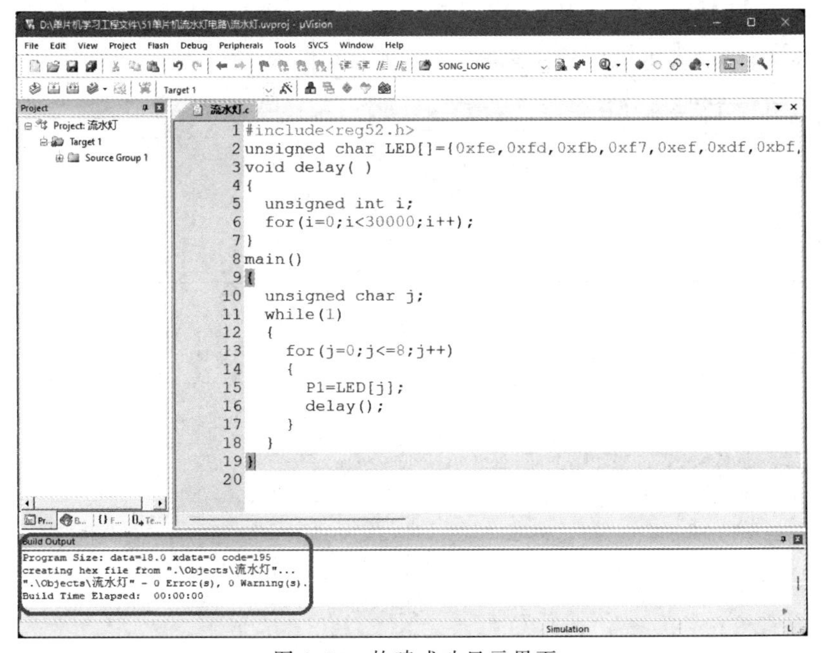

图 1.50　构建成功显示界面

我们做成了流水灯电路后会不会觉得单片机很神奇？读者一定想知道单片机内部构造是怎样的，下面就来认识一下单片机的内部构造。

1.3 了解单片机内部构造

MCS-51 单片机的系统结构见图 1.51。

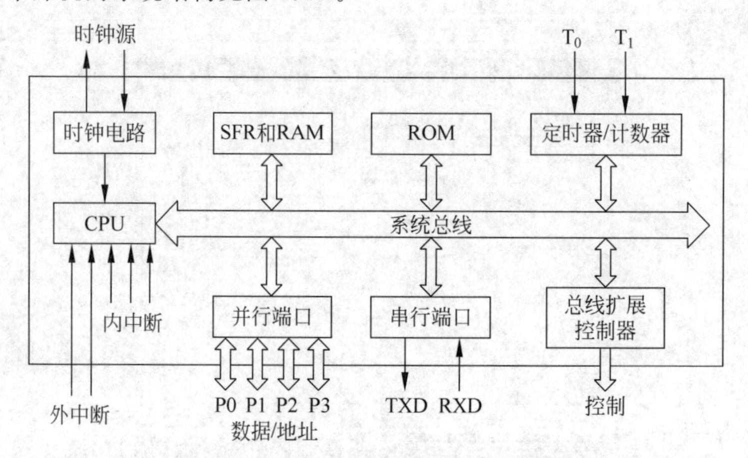

图 1.51 MCS-51 单片机的系统结构

MCS-51 单片机里面不但有 CPU，还有程序存储器和数据存储器，有 2 个定时器（增强型的单片机有 3 个定时器，定时器也可作为计数器来用），有 4 个输入输出端口，还有 2 个串行数据口，为了便于当单片机内部的存储器不够用时能使用外部的存储器，单片机内部还有总线扩展控制器。MCS-51 单片机的内部构造见图 1.52。

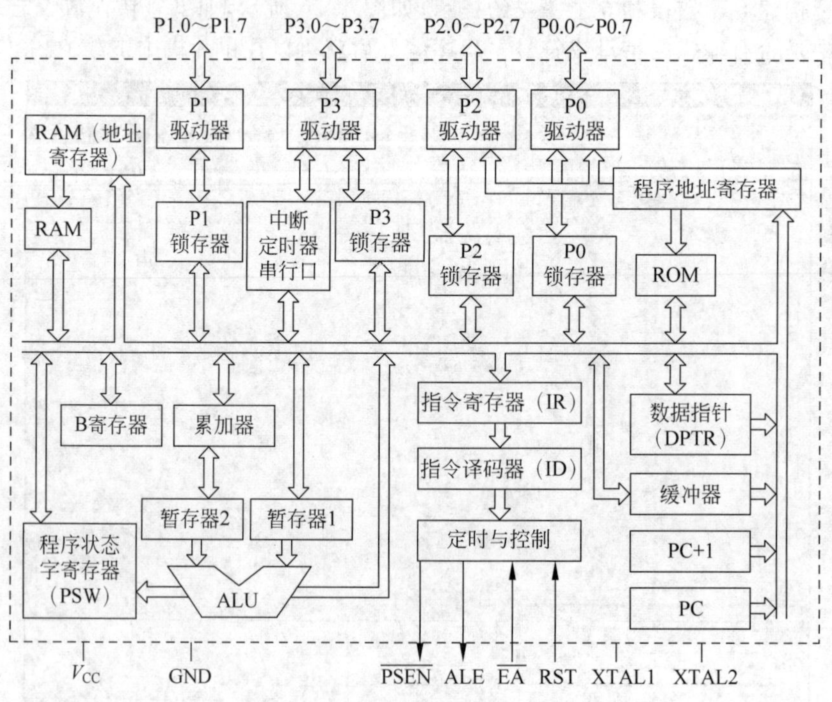

图 1.52 MCS-51 单片机的内部构造

我们先来看一下单片机内的 CPU 和存储器，再看一看 P0～P3 口，其余的暂时用不到，等以后用到时再看。

1.3.1　了解单片机的 CPU

MCS-51 单片机内部有一个功能强大的 8 位 CPU，它包含两个基本部分——运算器和控制器。

1. 运算器

运算器包括算术逻辑运算单元(Arithmetic Logic Unit，ALU)以及累加器(ACC)、B 寄存器、暂存器 1、暂存器 2、程序状态字寄存器(PSW)、布尔处理器等。

1) ALU

ALU 可以对 4 位(半字节)、8 位(一字节)和 16 位(双字节)数据进行操作。

这些操作可以是算术运算(加、减、乘、除、加 1、减 1、BCD 码数的十进制调整及比较等)和逻辑运算(与、或、异或、求补及循环移位等)。

2) ACC

ACC 在 CPU 结构中占有特殊的位置，ACC 在指令中使用得非常多。ACC 既存放源操作数又存放目的操作数，ACC 也作为通用寄存器使用，并且可以按位操作，所以 ACC 是一个用处最多、最忙碌的寄存器。

累加器在指令中用助记符 A 来表示。

3) B 寄存器

在做算术运算时不可能一个数进行运算吧？是不是得需要另一个数呀？B 寄存器就是专门用来存放另一个运算数的，B 寄存器的具体功能为：在乘、除运算时，用来存放另一个操作数，并且存放运算后的部分结果；在非乘、除运算中，B 寄存器可以作为通用寄存器使用。

我们都知道，一台机器应该有一些仪表或者指示灯之类的显示装置，用来指示机器运行的状态，例如一辆汽车，车内有发动机转速表、油量表、里程表等仪表，用来指示汽车的运行状态。CPU 也一样，需要有一个类似仪表的寄存器用来指示 CPU 的运行状态，这个寄存器就是 PSW。

4) PSW

功能：用于设定 CPU 的状态和指示指令执行后的状态。

程序状态字(PSW)相当于其他微处理器中的标志寄存器。格式如图 1.53 所示。

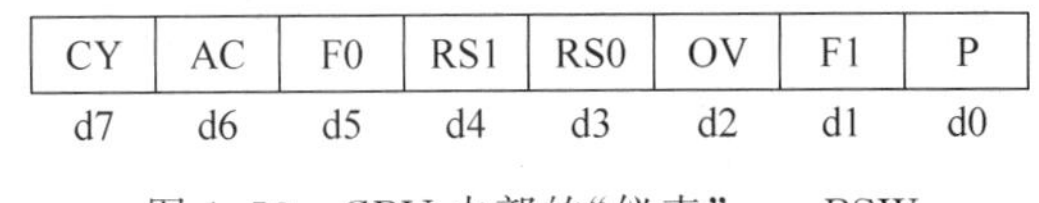

CY	AC	F0	RS1	RS0	OV	F1	P
d7	d6	d5	d4	d3	d2	d1	d0

图 1.53　CPU 内部的“仪表”——PSW

其中各位的意义如下。

CY(PSW.7)：进位、借位标志，做位操作(布尔操作)时 CY 作为位累加器。在指令中用 C 代替 CY。

AC(PSW.6)：半进位、半借位标志，也称为辅助进位标志。

F0、F1(PSW.5 、PSW.1)：用户标志位，留给用户使用。

OV(PSW.2)：溢出标志位。有以下几种情况。

① 加减运算：OV=1表示结果超出了8位有符号数的有效范围(−128～+127)，对无符号数OV没有意义。

② 无符号数乘法运算：OV=1表明结果超出了8位数。

③ 无符号数除法运算：OV=1表明除数为0。

P(PSW.0)：累加器A的奇偶标志位。

P表示累加器A中1的个数的奇偶性。

P=1,A中有奇数个1。

P=0,A中有偶数个1。

5）布尔处理器

布尔处理器以PSW中的进位标志位CY作为位累加器(用C表示)。

功能：专门用于处理位操作。MCS-51单片机有丰富的位处理指令：置位、位清0、位取反、判断位值(为1或为0)转移，以及通过C(指令中用C代替CY)做位数据传送、位逻辑与、位逻辑或、移位等位操作。

2. 控制器

控制器包括程序计数器(PC)、指令寄存器(IR)、指令译码器(ID)，以及堆栈指针(SP)、数据指针(DPTR)等。

1）PC

PC是一个具有自加1功能的16位的计数器。PC的内容是将要执行的下一条指令的地址，改变PC的内容就改变了程序执行的顺序。

2）IR和ID

IR：存放从Flash ROM中读取的指令。

ID：进行译码，产生一定序列的控制信号，完成指令所规定的操作。

3）SP

(1) 堆栈的概念。

堆栈是在RAM中专门开辟的一个特殊用途的存储区。

(2) 堆栈的访问原则：先进后出，后进先出。即先进入堆栈的数据后移出堆栈，后进入堆栈的数据先移出堆栈。

(3) SP介绍。

SP(Stack Pointer)中为栈顶的地址，即SP指向栈顶。SP是访问堆栈的间址寄存器。

SP具有自动加1、自动减1功能。当数据进栈时，SP先自动加1，然后CPU将数据存入；当数据出栈时，CPU先将数据送出，然后SP自动减1。

4）DPTR

DPTR是唯一的16位寄存器。DPTR既可以作为一个16位寄存器使用，也可以作为两个独立的8位寄存器使用。其高字节寄存器用DPH表示，低字节寄存器用DPL表示。

DPTR的用途：主要用于存放16位地址，以便对64KB的片外RAM和64KB的程序存储空间进行间接访问；还用于存放数据，作为一般寄存器使用。

1.3.2　认识单片机的存储器

MCS-51 单片机内部既有程序存储器 ROM 又有数据存储器 RAM,片内数据存储器按照寻址方式,可以分为三部分:低 128B 数据区、高 128B 数据区和特殊功能寄存器区,如图 1.54 所示。

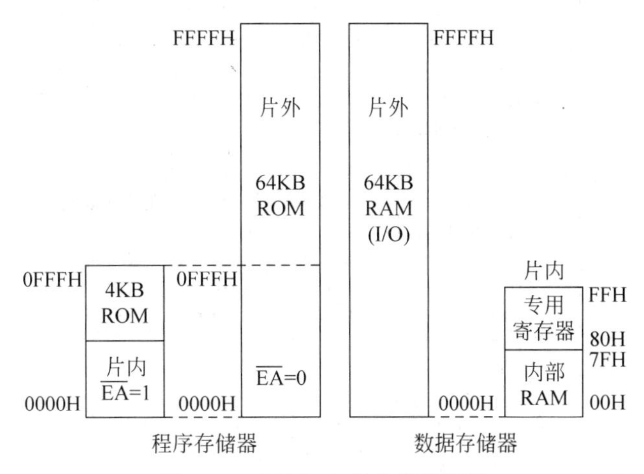

图 1.54　MCS-51 单片机存储器

1. 程序存储器(片内或片外)

程序存储器 ROM 用于存放程序、常数或表格。假如一个单片机系统既有内部 ROM 又外接了存储器芯片,那就得通过单片机的引脚 $\overline{EA}$ 上的电平选择内外 ROM。

$\overline{EA}$=1 时,CPU 选择片外 ROM 中的程序;

$\overline{EA}$=0 时,CPU 选择片外 ROM 中的程序。

无论是使用片内 ROM 还是使用片外 ROM,程序的起始地址都是从 ROM 的 0000H 单元开始。

当程序超过 4KB 时,有两种使用程序存储器 ROM 的方法。

(1) 设置 $\overline{EA}$=0,直接使用外部 ROM,从 0000H 单元开始。

(2) 设置 $\overline{EA}$=1,使用内部的 4KB ROM 和外部 ROM 地址从 1000H 开始的单元。

无论使用内部 ROM 或外部 ROM,其中 6 个单元具有特定意义。

0000H 单元:复位时 PC 所指向的单元;

0003H 单元:外部中断 $\overline{INT0}$ 的程序入口地址;

000BH 单元:定时器 T0 溢出中断的程序入口地址;

0013H 单元:外部中断 $\overline{INT1}$ 的程序入口地址;

001BH 单元:定时器 T1 的溢出中断的程序入口地址;

0023H 单元:串行口的中断程序入口地址。

将上面 5 个中断入口地址称为 5 个"中断矢量"。

2. 内部数据存储器 RAM

无论在物理上还是逻辑上,系统中 RAM 都可分为两个独立空间:内部 RAM 和外部 RAM。内部 RAM 从功能上将 256B 空间分为两个不同的块:低 128B 的 RAM 块和高 128B 的特殊功能寄存器(Special Function Register,SFR)块。

1）低 128B RAM

低 128B 数据区有多种用途，而且使用非常频繁。它分为 3 个区域，分别是 32B 的工作寄存器区、16B 的位寻址区、80B 的通用数据区。这些区的用法在以后的实践中会逐步讲解，见图 1.55。

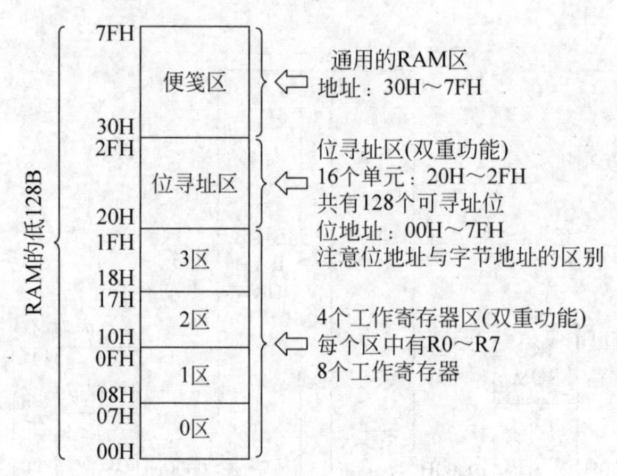

图 1.55 MCS-51 单片机内部低 128B RAM 分布

2）高 128B RAM

对于 89C51 型号的单片机来说，高 128B RAM 用来作为特殊功能寄存器；对于 89C52 型号的单片机来说，地址从 80H 到 FFH 的高 128B 有 2 块，一块用来存放堆栈和运算时的数据和中间结果，另一块用来作为特殊功能寄存器，见图 1.56。

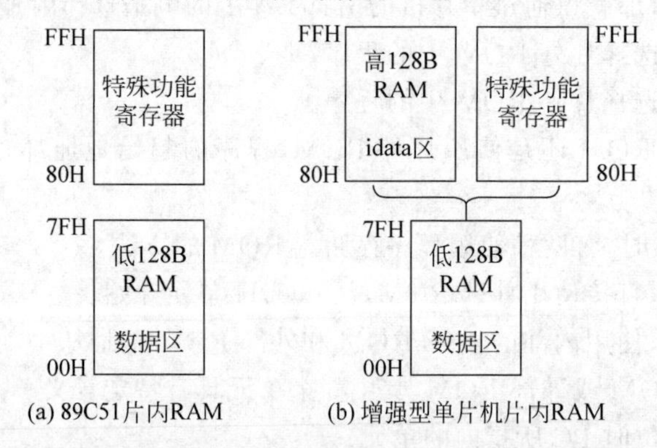

图 1.56 89C51 单片机与增强型单片机的高 128B RAM

3. SFR

SFR 对于普通型和增强型单片机都有，地址都是 80H～FFH。对于增强型单片机来说，有一块 RAM 与它的地址是重合的，那怎样来区分呢？办法是用直接寻址方式访问 SFR，用间接寻址方式来访问地址同为 80H～FFH 的 RAM。

其实，SFR 一般不会用来作为普通数据的存放地，而是有特殊用途的。这块区域实际上是单片机片内资源区，如 P0～P3 的各个位、定时器的数据存储器、方式寄存器等。例如，B 寄存器的地址是 F0H，其 8 位的位地址分别是 F0、F1、F2、F3、F4、F5、F6 和 F7。其实没必要记住每一个 SFR 的具体地址，只需知道它们的名称和功能即可，见表 1.2。关于特殊功能寄存器的用法会在以后的章节中讲到，用到什么讲什么。

表 1.2　SFR

SFR	MSB			位地址/位定义			LSB	字节地址
B	F7	F6	F5	F4	F3	F2	F1	F0	F0H
ACC	E7	E6	E5	E4	E3	E2	E1	E0	E0H
PSW	D7	D6	D5	D4	D3	D2	D1	D0	D0H
	CY	AC	F0	RS1	RS0	OV	F1	P	
IP	BF	BE	BD	BC	BB	BA	B9	B8	B8H
	/	/	/	PS	TP1	PX1	PT0	PX0	
P3	B7	B6	B5	B4	B3	B2	B1	B0	B0H
	P3.7	P3.6	P3.5	P3.4	P3.3	P3.2	P3.1	P3.0	
IE	AF	AE	AD	AC	AB	AA	A9	A8	A8H
	EA	/	/	ES	ET1	EX1	ET0	EX0	
P2	A7	A6	A5	A4	A3	A2	A1	A0	A0H
	P2.7	P2.6	P2.5	P2.4	P2.3	P2.2	P2.1	P2.0	
SBUF									(99H)
SCON	9F	9E	9D	9C	9B	9A	99	98	98H
	SM0	SM1	SM2	REN	TB8	RB8	TI	RI	
P1	97	96	95	94	93	92	91	90	90H
	P1.7	P1.6	P1.5	P1.4	P1.3	P1.2	P1.1	P1.0	
TH1									(8DH)
TH0									(8CH)
TL1									(8BH)
TL0									(8AH)
TMOD	GATE	C/T	M1	M0	GATE	C/T	M1	M0	(89H)
TCON	8F	8E	8D	8C	8B	8A	89	88	88H
	TF1	TR1	TF0	TR0	IE1	IT1	IT0	IE0	
PCON	SMOD	/	/	/	GF1	GF0	PD	IDL	(87H)
DPH									(83H)
DPL									(82H)
SP									(81H)
P0	87	86	85	84	83	82	81	80	80H
	P0.7	P0.6	P0.5	P0.4	P0.3	P0.2	P0.1	P0.0	

4. 外部数据存储器

如果单片机自带的存储器容量不够，就需要购买存储器芯片作为扩展的片外存储器，其地址范围为 0000H～FFFFH，共 64KB。因为单片机内部的 RAM 也有一块的地址是 0000H～00FFH，这就与片外的 64KB 中的 256B 地址重叠了。在编写程序时为了区分到底是访问内部的 256B 还是片外的低 256B，用关键字 xdata 或 pdata 表明访问的是片外存储器。

1.3.3　认识单片机的 I/O 口

MCS-51 单片机有 4 个 I/O 口，即 P0、P1、P2、P3 口，STC89C52RC 单片机还增加了 P4 口，但 DIP40 封装的 STC 单片机由于只有 40 个引脚，因此 P4 口不可能像其他 I/O 口一样有 8 位，而仅有 P4.4、P4.5 和 P4.6 共 3 位；但对于 LQFP-44 和 PLCC-44 封装的 STC 单片机来说，由于总共有 44 个引脚，因此又增加了 4 位，即 P4.0、P4.1、P4.2 和 P4.3，见图 1.57。

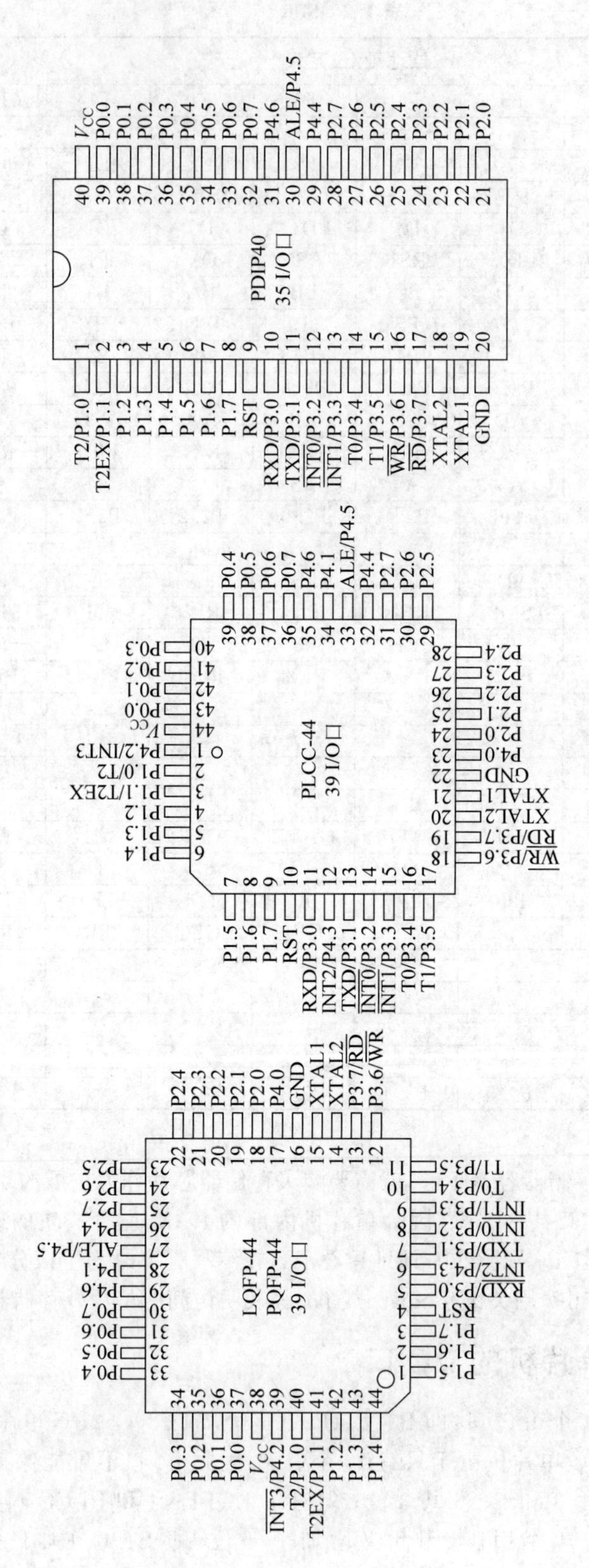

图 1.57 STC89C52RC 单片机的三种封装

单片机的每个端口的每一位都可以独立地用作输入或输出。

1. P0 口

1）位电路结构

P0 口某一位的电路结构见图 1.58。

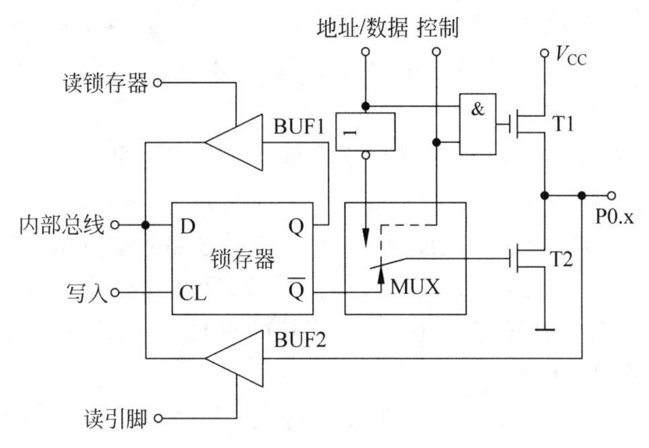

图 1.58　P0 口某一位的电路结构

P0 口的内部结构如图 1.59 所示。

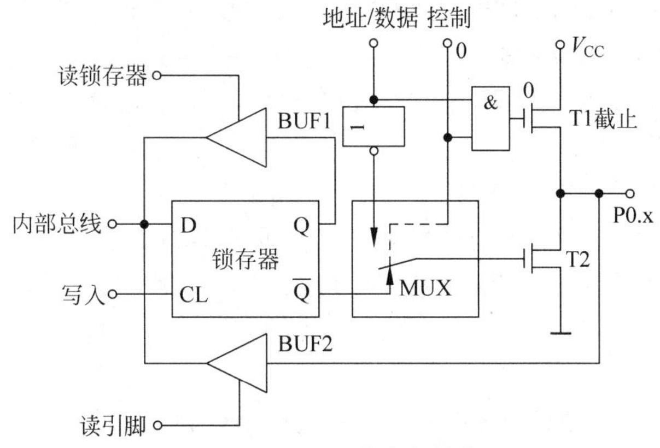

图 1.59　P0 口的内部结构

（1）一个数据输出的锁存器，其实就是一个 D 触发器，其作用是锁存数据位。

（2）两个三态的数据输入缓冲器，分别是用于读锁存器数据的输入缓冲器 BUF1 和读引脚数据的输入缓冲器 BUF2。

（3）一个多路转接开关 MUX，它的一个输入来自锁存器的 $\overline{Q}$ 端，另一个输入为地址/数据信号的反相输出。MUX 由“控制”信号控制，实现锁存器的输出和地址/数据信号之间的转接。

（4）数据输出的控制和驱动电路，由两个场效应管（FET）组成。

2）工作过程分析

（1）P0 口用作地址/数据总线。

外扩存储器或 I/O 口时，P0 口作为单片机系统复用的地址/数据总线使用。当作为地址或数据输出时，“控制”信号为 1，硬件自动使转接开关 MUX 打向上面，接通反相器的输出，同时使与门处于开启状态。

当输出的地址/数据信息为1时，与门输出为1，上方的场效应管导通，下方的场效应管截止，P0.x引脚输出为1（x可以是0～7）；当输出的地址/数据信息为0时，上方的场效应管截止，下方的场效应管导通，P0.x引脚输出为0。

输出电路是上、下两个场效应管形成的推拉式结构，大大提高了负载能力，上方的场效应管这时起到内部上拉电阻的作用。

当P0口作为数据输入时，仅从外部存储器（或I/O口）读入信息，对应的“控制”信号为0，MUX接通锁存器的$\overline{Q}$端。

P0口作为地址/数据复用方式访问外部存储器时，CPU自动向P0口写入FFH，使下方场效应管截止，上方场效应管由于控制信号为0也截止，从而保证数据信息的高阻抗输入，从外部存储器输入的数据信息直接由P0.x引脚通过输入缓冲器BUF2进入内部总线。具有高阻抗输入的I/O口应具有高电平、低电平和高阻抗3种状态（称作三态门）的端口。因此，P0口作为地址/数据总线使用时是一个真正的双向端口，简称双向口。

（2）P0口用作通用I/O口。

当P0口不作为系统的地址/数据总线使用时，此时P0口也可作为通用的I/O口使用。当P0口作为通用的I/O口时，对应的“控制”信号为0，MUX打向下面，接通锁存器的$\overline{Q}$端，“与门”输出为0，上方场效应管截止，形成的P0口输出电路为漏极开路输出。

P0口作为输出口时，来自CPU的“写”脉冲加在D锁存器的CP端，内部总线上的数据写入D锁存器，并由引脚P0.x输出。

当D锁存器为1时，$\overline{Q}$端为0，下方场效应管截止，输出为漏极开路，此时，必须外接上拉电阻才能有高电平输出；当D锁存器为0时，下方场效应管导通，P0口输出为低电平。

P0口作为输入口使用时，有两种读入方式：读锁存器和读引脚。当CPU发出“读锁存器”指令时，锁存器的状态由Q端经上方的三态缓冲器BUF1进入内部总线；当CPU发出“读引脚”指令时，锁存器的输出状态=1（即$\overline{Q}$端为0），而使下方场效应管截止，引脚的状态经下方的三态缓冲器BUF2进入内部总线。

3）P0口的特点

P0口为双功能口——地址/数据复用口和通用I/O口。

（1）当P0口用作地址/数据复用口时，是一个真正的双向口，输出低8位地址和输入输出8位数据。

（2）当P0口用作通用I/O口时，由于需要在片外接上拉电阻，端口不存在高阻抗（悬浮）状态，因此是一个准双向口。

为保证引脚信号的正确读入，应首先向锁存器写1。单片机复位后，锁存器自动被置1；当P0口由原来输出转变为输入时，应先置锁存器为1，方可执行输入操作。

P0口大多作为地址/数据复用口使用。

2. P1口

P1口为单功能的I/O口，字节地址为90H，位地址为90H～97H。P1口某一位的电路结构如图1.60所示。

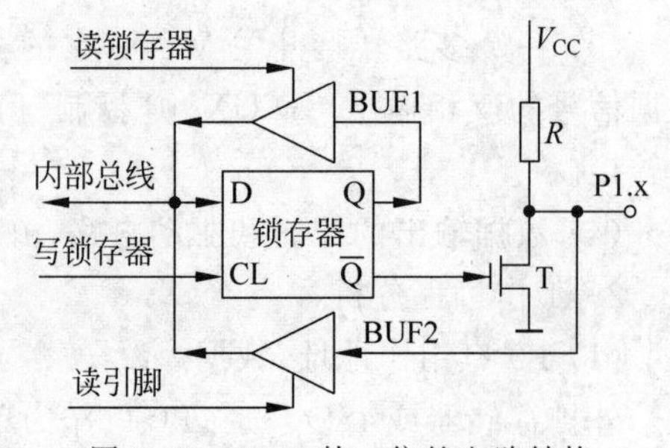

图1.60　P1口某一位的电路结构

1）电路结构

该位的电路结构由以下三部分组成。

（1）一个数据输出锁存器，用于锁存输出数据位。

（2）两个三态的数据输入缓冲器 BUF1 和 BUF2，分别用于读锁存器数据和读引脚数据的输入缓冲。

（3）数据输出驱动电路，由一个场效应管（FET）和一个片内上拉电阻组成。

2）工作过程分析

P1 口只能作为通用的 I/O 口使用。

（1）P1 口作为输出口时，若 CPU 输出 1，Q＝1，$\overline{Q}$＝0，场效应管截止，P1 口引脚的输出为 1；若 CPU 输出 0，Q＝0，$\overline{Q}$＝1，场效应管导通，P1 口引脚的输出为 0。

（2）P1 口作为输入口时，分为读锁存器和读引脚两种方式。"读锁存器"时，锁存器的输出端 Q 的状态经输入缓冲器 BUF1 进入内部总线；"读引脚"时，先向锁存器写 1，使场效应管截止，P1. x 引脚上的电平经输入缓冲器 BUF2 进入内部总线。

3）P1 口的特点

由于内部上拉电阻，无高阻抗输入状态，故为准双向口。P1 口"读引脚"输入时，必须先向锁存器写入 1。

3. P2 口

P2 口为双功能口，字节地址为 A0H，位地址为 A0H～A7H。P2 口某一位的电路结构如图 1.61 所示。

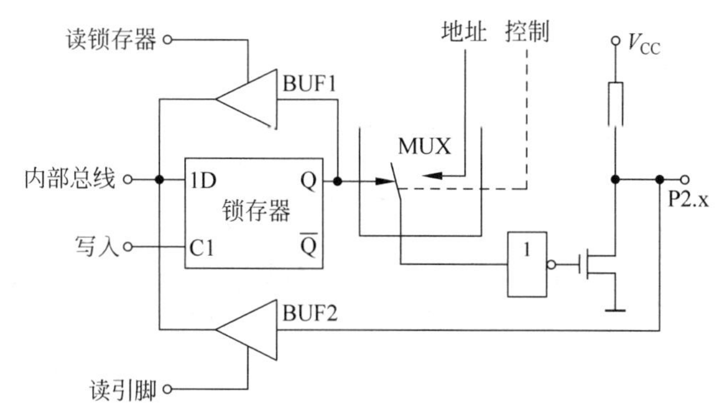

图 1.61　P2 口某一位的电路结构

1）位电路结构

P2 口某一位的电路包括：

（1）一个数据输出锁存器，用于锁存输出数据位。

（2）两个三态数据输入缓冲器 BUF1 和 BUF2，分别用于读锁存器数据和读引脚数据的输入缓冲。

（3）一个多路转接开关 MUX，一个输入是锁存器的 Q 端，另一个输入是高 8 位地址。

（4）输出驱动电路，由场效应管（FET）和内部上拉电阻组成。

2）工作过程分析

（1）P2 口用作地址总线。

在控制信号作用下，MUX 与"地址"接通。当"地址"为 0 时，场效应管导通，P2 口引脚输出为0；当“地址”线为1时，场效应管截止，P2口引脚输出1。

(2) P2口用作通用I/O口。

在内部控制信号作用下，MUX与锁存器的Q端接通。CPU输出1时，Q=1，场效应管截止，P2.x引脚输出1；CPU输出0时，Q=0，场效应管导通，P2.x引脚输出0。

P2口输入时，分为读锁存器和读引脚两种方式。“读锁存器”时，Q端信号经输入缓冲器BUF1进入内部总线；“读引脚”时，先向锁存器写1，使场效应管截止，P2.x引脚上的电平经输入缓冲器BUF2进入内部总线。

3) P2口的特点

作为地址输出线时，P2口输出高8位地址，P0口输出的低8位地址，寻址64KB地址空间。

作为通用I/O口时，P2口为准双向口。功能与P1口一样。

一般情况下，P2口大多作为高8位地址总线口使用，这时就不能再作为通用I/O口。

4. P3口

由于引脚数目有限，在P3口增加了第二功能。每位都可以分别定义为第二输入功能或第二输出功能。P3口字节地址为B0H，位地址为B0H～B7H。P3口某一位的电路结构如图1.62所示。

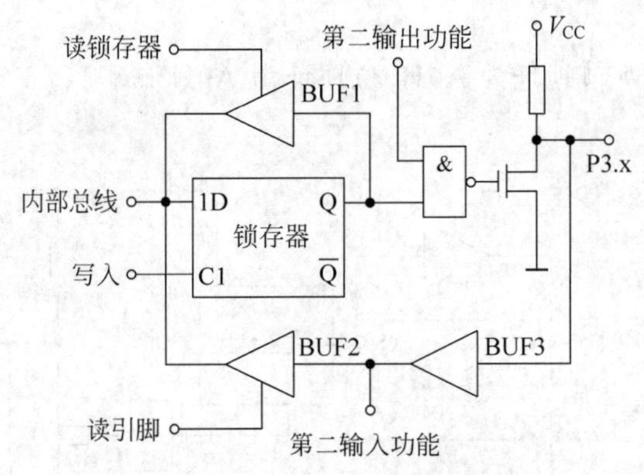

图1.62　P3口某一位的电路结构

1) 位电路结构

P3口某一位的电路包括：

(1) 1个数据输出锁存器，用于锁存输出数据位。

(2) 3个三态数据输入缓冲器BUF1、BUF2和BUF3，分别用于读锁存器、读引脚数据和第二功能数据的输入缓冲。

(3) 输出驱动，由与非门、场效应管(FET)和内部上拉电阻组成。

2) 工作过程分析

(1) P3口用作第二输入输出功能。

当选择第二输出功能时，该位的锁存器需要置1，使与非门为开启状态。

当第二输出为1时，场效应管截止，P3.x引脚输出为1；当第二输出为0时，场效应管导通，P3.x引脚输出为0。

当选择第二输入功能时，该位的锁存器和第二输出功能端均应置1，保证场效应管截止，P3. x 引脚的信息由输入缓冲器 BUF3 的输出获得。

(2) P3 口用作第一功能——通用 I/O 口。

用作第一功能通用输出时，第二输出功能端应保持高电平，与非门开启。CPU 输出 1 时，Q=1，场效应管截止，P3. x 引脚输出为 1；CPU 输出 0 时，Q=0，场效应管导通，P3. x 引脚输出为 0。

用作第一功能通用输入时，P3. x 位的输出锁存器和第二输出功能均应置 1，场效应管截止，P3. x 引脚信息通过输入 BUF3 和 BUF2 进入内部总线，完成“读引脚”操作。

当 P3 口第一功能通用输入时，也可执行“读锁存器”操作，此时 Q 端信息经过缓冲器 BUF1 进入内部总线。

3) P3 口的特点

P3 口内部有上拉电阻，无高阻抗输入态-准双向口。P3 口作为第二功能的输入输出，或第一功能通用输入，均须将相应位的锁存器置 1。实际应用中，因为复位后 P3 口锁存器自动置 1，满足第二功能所需的条件，所以不需要任何设置工作，就可以进入第二功能操作。

当某位不作为第二功能用时，可作为第一功能通用 I/O 使用。引脚输入部分有两个缓冲器，第二功能的输入信号取自缓冲器 BUF3 的输出端，第一功能的输入信号取自缓冲器 BUF2 的输出端。

知识点总结

本章的知识点是单片机的结构、单片机的 CPU、单片机的存储区和 I/O 口。

单片机的 CPU 和其他计算机中的 CPU 一样，有运算器和控制器。运算器由算术逻辑运算部件(ALU)、累加器(ACC)、算术运算辅助寄存器 B、程序状态字寄存器(PSW)和布尔运算器构成。

单片机内既有程序存储器又有数据存储器。本书用的单片机有 4KB 的 ROM、256B 的 RAM。数据存储器按照寻址方式，可以分为 3 部分：低 128B 数据区、高 128B 数据区和特殊功能寄存器区，低 128B 数据区里又有 16B 的位寻址区。

STC89C52 单片机有 4 个完整的 I/O 口，本书用的双列直插封装单片机还有 3 个 I/O 位，它们是 P4.4、P4.5 和 P4.6，贴片封装的 STC89C52 单片机由于是 44 个引脚，因此又多了 4 个 I/O 位。

扩展电路及创新提示

请读者用更多的发光二极管组成一个图案(例如♥形或其他图案)并用单片机的其他口来控制这些新增加的 LED。提示：可以用 P0、P2、P3 口及 P4.4 和 P4.6 两位，这样还可以增加 26 个 LED。

第2章 从做成一个数码管来彻底了解数码管和单片机的输入输出

2.1 数码管的结构及段码

2.1.1 用 Proteus 设计一个数码管

一个 7 段的数码管其实就是由 7 个 LED 组成的，我们先用 Proteus 软件来设计一个数码管并把编好的程序加载后进行虚拟运行，之后再用真实的发光二极管来制作"数码管"就容易多了。用 Proteus 软件设计并进行虚拟仿真运行的视频请扫描如下二维码在手机或平板计算机上观看，建议读者亲自用 Proteus 软件进行设计和仿真运行。

用 Proteus 绘制自制数码管单片机电路并仿真运行视频

2.1.2 自己动手做一个数码管

一个 7 段的数码管其实就是由 7 个 LED 组成的，我们自己也可以用 7 个发光二极管做一个数码管，方法如下。

(1) 找出 7 个相同颜色的发光二极管并将它们插到面包板上，如图 2.1 所示。

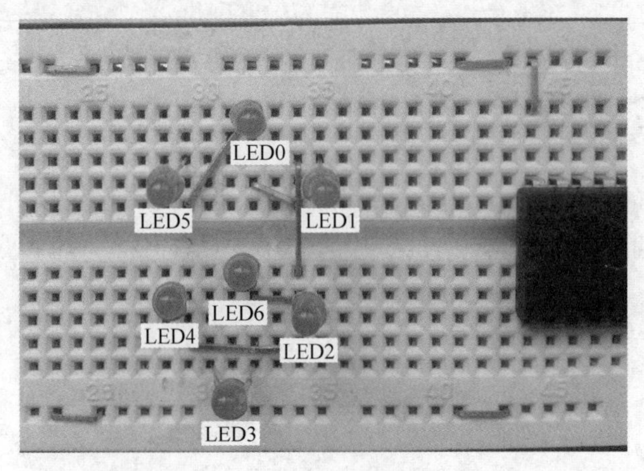

图 2.1 把 7 个 LED 插到面包板构成一个数码管

(2) 找一块稍微厚一点的黑纸，用刀刻出 7 个长条口并且构成一个 8 字形，如图 2.2 所示。

(3) 将这 8 个 LED 的负极用订书钉都连通，并用 1 个 1kΩ 电阻接地。

(4) 将下载器的 GND 端插到面包板的接地端，V_{CC} 端接到要点亮的那几个 LED 的正极，例如要显示数字“1”，就将 LED0 的正极和 LED1 连通然后接下载器的 V_{CC}；要显示数字“4”，就将 LED1、LED2、LED5、LED6 的正极连通，然后接下载器的 V_{CC}。

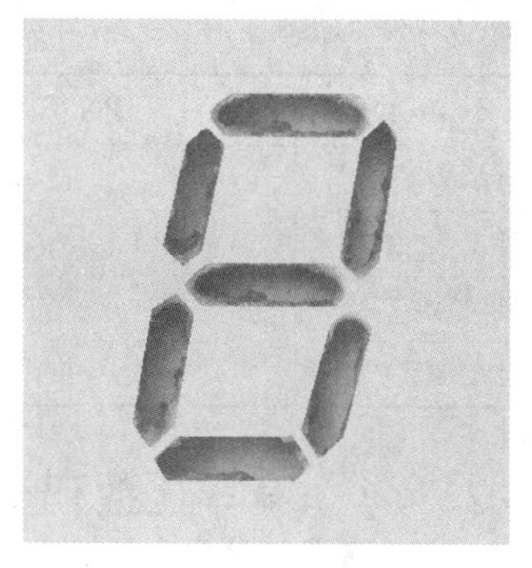

图 2.2　自制数码管外壳

2.1.3　数码管的段码

为了让数码管更逼真，再找 7 个 LED，数码管的每个段都再并联一个 LED，然后将 LED0 的正极接到 P1.0，将 LED1 的正极接到 P1.1，将 LED2 的正极接到 P1.2……将 LED7 的正极接到 P1.7，连好的数码管如图 2.3 所示。

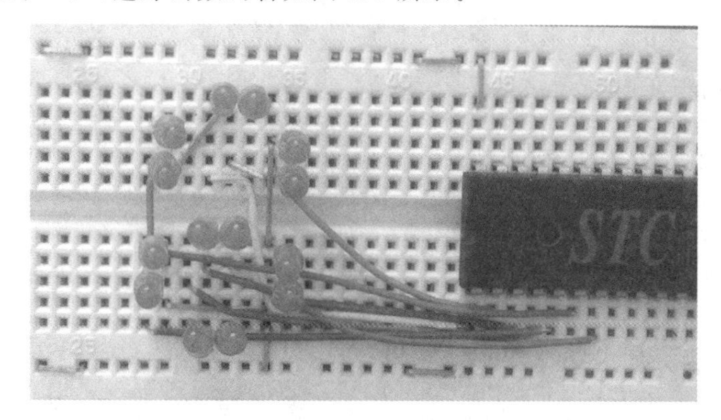

图 2.3　将数码管的正极接到 P1 口

要想通过程序来控制数码管 0～9 的显示，必须先得出数字“0”～“9”的段码。如何得出呢？例如要显示数字“0”，只需不让 LED6 亮就行了，那只需让 P0.6 输出“0”，P0.7 也输出“0”(P0.7 控制小数点)，其余的 P0.5、P0.4、P0.3、P0.2、P0.1、P0.0 都输出“1”，这样除了 LED6 不亮外其余的都亮，所以数字“0”的段码应该是 00111111，即十六进制数 0x3F。现给出数字“0”“1”和“2”的段码，剩下的段码请读者将表 2.1 填写完整。

表 2.1　共阴数码管段码表

分　类	P0.7	P0.6	P0.5	P0.4	P0.3	P0.2	P0.1	P0.0	对应的数
显示数字“0”	0	0	1	1	1	1	1	1	0x3F
显示数字“1”	0	0	0	0	0	1	1	0	0x06
显示数字“2”	0	1	0	1	1	0	1	1	0x5B
显示数字“3”									
显示数字“4”									
显示数字“5”									

续表

分　类	P0.7	P0.6	P0.5	P0.4	P0.3	P0.2	P0.1	P0.0	对应的数
显示数字“6”									
显示数字“7”									
显示数字“8”									
显示数字“9”									

2.1.4 编写让数码管显示数字 0～9 的程序

首先我们来定义一个数组：

```
unsigned char LED[] = {0x3F,0x06,0x5B, … };          //省略的请读者自己补上
```

接下来还是要编写一个延时函数,不过这次的延时时间要长一点。

```
void delay()
{
    unsigned char i;
    for(i = 0;i < 40000;i++);
}
```

主函数和流水灯的几乎一样,因为我们要让自制的数码管从 0 显示到 9,所以要将循环条件改成 j<=9。

```
main()
{
    unsigned char j;
    while(1)
    {
        for(j = 0;j <= 9;j++)
        {
            P1 = LED[j];
            delay();
        }
}
```

2.2 硬件设计及连接步骤

2.2.1 硬件设计

1. 设计思路

我们要自己动手做一个共阴数码管,所以要用到 14 个发光二极管,另外需要接一个按钮用来改变数码管显示的数字。

2. 元器件清单

实验用元器件见表 2.2。

表 2.2　实验用元器件

序　　号	元器件名称	型号或容量	数量/个
1	单片机	STC89C52RC DIP40	1
2	晶振	12MHz	1
3	电容	30pF	2
4	电阻	1kΩ	1
5	按钮	12×12×4.3,按键,轻触开关	1
6	发光二极管	红色	14
7	面包板	SYB-130	1
8	面包线		8

2.2.2　硬件连接步骤

以上实验没有控制,下面我们继续上面的实验,将一个按钮插到面包板上如图 2.4 所示的位置,然后将按钮的一个脚接地,另一脚用导线接到单片机的某个口的某一位,例如接到 P3.7(单片机的第 17 脚)。

扫描如下二维码在手机或平板计算机端一边观看硬件连接和用万用表检测电路的视频,一边动手进行硬件连接,硬件连接完成后一定要用万用表检测一下硬件连接得是否可靠,如果不可靠,一定要重新连接直至可靠无误。至此整个硬件电路的安装工作结束。接下来要动手做的就是编写程序了。

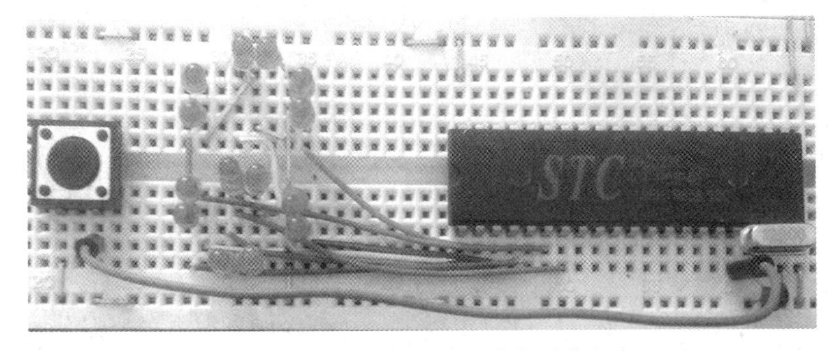

图 2.4　用按钮控制的数码管加减数电路

自制数码管电路硬件连接及运行视频

2.3　程序设计及下载

2.3.1　程序设计思路

首先定义一个特殊位变量。先来认识一下单片机 C 语言里的一种特殊位变量,其类型名为 sbit,类似于 C 语言中的 bit 变量,前面加 s(special)代表特殊,为什么特殊呢?就是因为 sbit 专门用来给单片机的 I/O 口的位进行定义,如 sbit button_1=P3^7,意思就是用特殊位变量 button_1 来代表 P3 口的第 7 位。

接下来编写按键程序,在编写按键程序时需要考虑当按键按下和松开时手的抖动,其实是为了防止误操作，当按键确实被按下时，肯定会持续一小段时间；当按键被松开时肯定是稳定地被松开，这样，在程序中就可以通过延时一小会儿来看按键是否还被按下，如果是，那就确确实实被按下，如果延时一小会儿后按键不处于被按下状态，那就是抖动。首先要定义一个全局变量 j，用来记录按下的次数，还要定义一个特殊变量 button_1。

```
unsigned char j;
sbit button_1 = P3^7;
LED[ ] = {0x3f,0x06,0x5b, … };                //请读者将省略号中的十六进制数补齐
```

松开去抖是如何实现的呢？是靠 while(! button_1)；实现的。因为当按钮被按下时，button_1 的值为 0，! button_1 的值当然就是 1 了，那么 while(! button_1)的循环条件就一直满足，于是程序就反复执行这个空循环，也就是等待按键的松开；当按键松开时，button_1 的值由 0 变成 1，再取反，就变成了 0，while(! button_1)的循环条件就不满足了，于是退出 keyscan()函数的执行。

2.3.2 源程序

源程序如下：

```
#include <reg52.h>
unsigned char LED[ ] = {0x3f,0x06,0x5b, };//只给出 0,1,2 的段码,其余的请读者补齐
unsigned char j = 0;
sbit button_1 = P3^7;

/************************************************************************
  函数名称:          delay(unsigned int t)
  函数功能:          产生短暂延时
  入口参数:          t
  出口参数:          无
  备 注:
************************************************************************/
void delay(unsigned int t)
{
    unsigned char i;
    while(t--)
        for(i = 19;i > 0;i--);
}

/************************************************************************
  函数名称:          keyscan()
  函数功能:          用来检测按钮是否被按下
  入口参数:          无
  出口参数:          无
  备 注:
************************************************************************/
void keyscan()
{
    if(button_1 == 0)
    {
        delay(20);
        if(button_1 == 0)
        {
```

```
            j++;
            if(j>9) j=0;
        }
    }while(!button_1);
}
/***********************************************************************
  函数名称:        main()
  函数功能:        用来反复调用键盘扫描函数并且反复由 P1 口输出要显示的信息
  入口参数:        无
  出口参数:        无
  备 注:
***********************************************************************/
main()
{
    P3 = 0xff;
    while(1)
    {
        keyscan();
        P1 = LED[j];
    }
}
```

2.3.3 可控数码管系统的操作

程序下载到单片机后,数码管显示 0,按一下按钮数字加 1,数码管显示增加后的数字,当数字增加到 9 后再按一下按钮,数字又变回 0。

2.4 初识单片机的 C 语言

2.4.1 文件包含

我们在学习 C 语言时已经知道,每个 C 语言程序的第一行是一个“文件包含”处理,例如#include <stdio.h>,但在本书的单片机 C 语言程序中需要包含的头文件处理是#include<reg52.h>。

程序中包含 reg52.h 文件的目的是把单片机内部的一些寄存器的地址和一些特殊位的地址告诉 C 编译器,例如通过这条语句 sfr P0=0x80 告诉 C 编译器,程序中所写的 P0 的地址是 0x80。我们打开 reg52.h(读者可以在 Keil 的编程窗口右击#include<reg52.h>,从弹出的菜单中选择 open document<reg52.h>)就可以看到如下内容。

```
/*--------------------------------------------------------------------------
REG52.H

Header file for generic 80C52 and 80C32 microcontroller.
Copyright (c) 1988-2002 Keil Elektronik GmbH and Keil Software, Inc.
All rights reserved.
--------------------------------------------------------------------------*/
```

```
#ifndef __REG52_H__
#define __REG52_H__
sfr XICON = 0xc0;
sfr WDT_CONTR = 0xe1;
sfr ISP_DATA = 0xe2;
sfr ISP_ADDRH = 0xe3;
sfr ISP_ADDRL = 0xe4;
sfr ISP_CMD = 0xe5;
sfr ISP_TRIG = 0xe6;
sfr ISP_CONTR = 0xe7;

/* BYTE Registers */
sfr P0 = 0x80;
sfr P1 = 0x90;
sfr P2 = 0xA0;
sfr P3 = 0xB0;
sfr P4 = 0xE8;
sfr PSW = 0xD0;
sfr ACC = 0xE0;
sfr B = 0xF0;
sfr SP = 0x81;
sfr DPL = 0x82;
sfr DPH = 0x83;
sfr PCON = 0x87;
sfr TCON = 0x88;
sfr TMOD = 0x89;
sfr TL0 = 0x8A;
sfr TL1 = 0x8B;
sfr TH0 = 0x8C;
sfr TH1 = 0x8D;
sfr IE = 0xA8;
sfr IP = 0xB8;
sfr SCON = 0x98;
sfr SBUF = 0x99;
sfr P4_SW = 0xBB;
/* 8052 Extensions */
sfr T2CON = 0xC8;
sfr RCAP2L = 0xCA;
sfr RCAP2H = 0xCB;
sfr TL2 = 0xCC;
sfr TH2 = 0xCD;

sfr IAP_DATA = 0xE2;
sfr IAP_ADDRH = 0xE3;
sfr IAP_ADDRL = 0xE4;
sfr IAP_CMD = 0xE5;
sfr IAP_TRIG = 0xE6;
sfr IAP_CONTR = 0xE7;
/* BIT Registers */
/* PSW */
sbit CY = PSW^7;
```

```
sbit AC = PSW^6;
sbit F0 = PSW^5;
sbit RS1 = PSW^4;
sbit RS0 = PSW^3;
sbit OV = PSW^2;
sbit P = PSW^0;                                  //8052 only

/ * TCON * /
sbit TF1 = TCON^7;
sbit TR1 = TCON^6;
sbit TF0 = TCON^5;
sbit TR0 = TCON^4;
sbit IE1 = TCON^3;
sbit IT1 = TCON^2;
sbit IE0 = TCON^1;
sbit IT0 = TCON^0;

/ * IE * /
sbit EA = IE^7;
sbit ET2 = IE^5;                                 //8052 only
sbit ES = IE^4;
sbit ET1 = IE^3;
sbit EX1 = IE^2;
sbit ET0 = IE^1;
sbit EX0 = IE^0;

/ * IP * /
sbit PT2 = IP^5;
sbit PS = IP^4;
sbit PT1 = IP^3;
sbit PX1 = IP^2;
sbit PT0 = IP^1;
sbit PX0 = IP^0;

/ * P3 * /
sbit RD = P3^7;
sbit WR = P3^6;
sbit T1 = P3^5;
sbit T0 = P3^4;
sbit INT1 = P3^3;
sbit INT0 = P3^2;
sbit TXD = P3^1;
sbit RXD = P3^0;
sbit P44 = P4^4;
sbit P43 = P4^3;
sbit P42 = P4^2;
sbit P41 = P4^1;
sbit P40 = P4^0;
```

```
/*SCON*/
sbit SM0 = SCON^7;
sbit SM1 = SCON^6;
sbit SM2 = SCON^5;
sbit REN = SCON^4;
sbit TB8 = SCON^3;
sbit RB8 = SCON^2;
sbit TI = SCON^1;
sbit RI = SCON^0;

/*P1*/
sbit T2EX = P1^1;                    //8052 only
sbit T2 = P1^0;                      //8052 only

/*T2CON*/
sbit TF2 = T2CON^7;
sbit EXF2 = T2CON^6;
sbit RCLK = T2CON^5;
sbit TCLK = T2CON^4;
sbit EXEN2 = T2CON^3;
sbit TR2 = T2CON^2;
sbit C_T2 = T2CON^1;
sbit CP_RL2 = T2CON^0;

#endif
```

2.4.2 C51的数据类型及存储

1. C51的数据类型

C51语言中常用的数据类型有字符型、整型和实型等，见表2.3。

表2.3 C51的数据类型

数据类型	表示方法	长度	数值范围
无符号字符型	unsigned char	1B	0～255
有符号字符型	signed char	1B	－128～127
无符号整型	unsigned int	2B	0～65 535
有符号整型	signed int	2B	－32 768～32 767
无符号长整型	unsigned long	4B	0～4 294 967 295
有符号长整型	singed long	4B	－2 174 483 648～2 147 483 647
浮点型	float	4B	－3.40E＋38～－1.1755E－38，1.1755E－38～3.40E＋38
指针型	*	1～3B	对象的地址
特殊功能型	sfr sfr16	1B 2B	0～255 0～65 535
位类型	bit、sbit	1b	0或1

1）char：字符类型

char类型的长度是1B，通常用于定义处理字符数据的变量或常量。它分无符号字符型(unsigned char)和有符号字符型(signed char)，默认为signed char，所以在需要定义有符号型字符变量时可以不写signed这几个字母，直接写char就行，例如：

```
char c;
```

读者不要以为char类型变量只用于定义字符，其实在单片机的C语言程序中，char类型尤其是无符号char类型更适合定义值小于或等于255的变量，例如循环变量等。

unsigned char类型用字节中所有的位来表示数值，可以表示的数值范围是0～255。signed char类型用字节中最高位字节表示数据的符号，0表示正数，1表示负数，正负数都用补码表示。所能表示的数值范围是－128～＋127。求补码的方法是，正数的补码与原码相同，负二进制数的补码等于它的绝对值按位取反后加1。unsigned char类型常用于处理ASCII字符或用于处理小于或等于255的整型数。

2）int：整型

int类型长度为2B，用于存放一个双字节数据。它分为有符号整型(signed int)和无符号整型(unsigned int)，默认为signed int类型，所以在需要用有符号整型变量时可以不用写signed这几个字母，直接写int就可以，例如：

```
int x;
```

signed int类型表示的数值范围是－32 768～＋32 767，字节中最高位表示数据的符号，0表示正数，1表示负数。unsigned int类型表示的数值范围是0～65 535。

3）long：长整型

long类型长度为4B，用于存放一个4B数据。它分有符号长整型(signed long)和无符号长整型(unsigned long)，默认为signed long类型，所以在需要定义有符号长整型变量时可以不用写signed，而直接写long就可以，例如：

```
long y;
```

signed long类型表示的数值范围是－2 147 483 648～＋2 147 483 647，字节中最高位表示数据的符号，0表示正数，1表示负数。unsigned long类型表示的数值范围是0～4 294 967 295。

4）float：浮点型

float类型在十进制中具有7位有效数字，是符合IEEE 754-1985标准的单精度浮点型数据，占用4B，float类型变量没有符号和无符号之分，全部都是有符号型的。

5）*：指针型

指针型本身就是一个变量，在这个变量中存放的指向另一个数据的地址。这个指针变量要占据一定的内存单元，对不同的处理器长度也不尽相同，在C51中它的长度一般为1～3B。指针变量也具有类型，在以后的课程中有探讨。

6）bit：位标量

位标量是C51编译器的一种扩充数据类型，利用它可定义一个位标量，但不能定义位指针，也不能定义位数组。它的值是一个二进制位，不是0就是1，类似一些高级语言中的

Boolean 类型中的 True 和 False。

7) sfr：特殊功能寄存器

特殊功能寄存器(sfr)也是一种扩充数据类型，占用一个内存单元，值域为 0～255。利用它可以访问 51 单片机内部的所有特殊功能寄存器。如用 sfr P1＝0x90 定义 P1 为 P1 口(P1 口是 51 单片机内输入输出口之一)对应的寄存器，在后面的语句中可以用 P1＝255(将 P1 端口的所有引脚置高电平)之类的语句来操作特殊功能寄存器。

从 reg52.h 这个被包含的头文件中我们可以看到增强型 51 单片机所有的特殊功能寄存器的名称及其地址，例如：

```
sfr P1 = 0x90;
```

这条语句的意思是把 P1 与地址 0x90 对应，P1 口的地址就是 0x90(0x90 是 C 语言中十六进制数的写法，相当于汇编语言中写 90H)。其中的 sfr(special function register)表示特殊功能寄存器，其用法是：

```
sfr  变量名 = 地址值;
```

例如：

```
sfr P0 = 0x80;
```

8) sfr16：16 位特殊功能寄存器

sfr16 占用两个内存单元，值域为 0～65 535。sfr16 和 sfr 一样用于操作特殊功能寄存器，所不同的是它用于操作占 2B 的寄存器。

9) sbit：可寻址位

sbit 是 C51 中的一种扩充数据类型，利用它可以访问芯片内部的 RAM 中的可寻址位或特殊功能寄存器中的可寻址位。

从 reg52.h 这个被包含的头文件中还可以看到单片机中所有的特殊位(sbit)的名称及其地址，例如以后我们会经常用到的单片机中断总开关位的定义：

```
sbit EA = IE^7;
```

这里使用了 Keil C 的关键字 sbit 来定义，sbit 的用法有如下 3 种。

第一种方法：sbit 位变量名＝地址值。

第二种方法：sbit 位变量名＝SFR 名称^变量位地址值。

第三种方法：sbit 位变量名＝SFR 地址值^变量位地址值，如定义 PSW 中的 OV 可以用以下 3 种方法。

```
sbit OV = 0xd2                          //0xd2 是 OV 的位地址值
sbit OV = PSW^2                         //其中 PSW 必须先用 sfr 定义好
sbit OV = 0xD0^2                        //0xD0 就是 PSW 的地址值
```

因此，这里用 sfr P1_0＝P1^0；就是定义用符号 P1_0 来表示 P1.0 引脚，也可以起 P10 一类的名字，只要下面程序中也随之更改就行了。

2. 数据类型转换

1）自动转换

转换规则是向高精度数据类型转换、向有符号数据类型转换。如字符型变量与整型变量相加时，字符型变量会自动转换为整型数据，然后相加。

2）强制转换

像 ANSI C 一样，通过强制类型转换的方式进行转换。例如：

```
unsigned     int b;
float        c;          b = (int)c;
```

该语句把 float 类型变量 c 强制转换为整型变量再赋给 b，需要注意的是，float 类型变量 c 只是临时被强制转换为整型变量，如果在后面的程序中用到变量 c，它还是 float 类型的。

3. C51 数据的存储

MCS-51 单片机只有 bit 和 unsigned char 两种数据类型支持机器指令，而其他类型的数据都需要转换为 bit 或 unsigned char 类型进行存储。为了提高单片机系统的速度，建议读者以后在定义变量时在数据小于 256 的情况下请尽量使用 unsigned char 类型变量。

1）位变量的存储

bit 和 sbit 型位变量直接存于 RAM 的位寻址空间，包括低 128 位和特殊功能寄存器位。

2）字符变量的存储

字符变量(char)：无论是 unsigned char 类型数据还是 signed char 类型数据，均为 1B，能够被直接存储在 RAM 中，可以存储在 0～0x7f 区域，也可以存储在 0x80～0xff 区域，与变量的定义有关。

需要指出的是，虽然 unsigned char 类型和 signed char 类型变量都占 1B，但在处理过程中是不一样的，unsigned char 类型可直接被 MSC-51 接受，而 signed char 类型数据由于是用补码表示的，因此需要额外的操作来测试、处理符号位，使用的是两种库函数，代码量大，运算速度降低。所以，为了减少单片机的存储空间和提高运行速度，要尽可能地使用 unsigned char 类型数据。由于 unsigned char 类型变量在单片机程序中用得非常多，为了加快编程速度，人们都在变量定义之前用宏定义语句将 unsigned char 定义成 uchar 或者 u8，将 unsigned int 定义成 u16，本书后面的程序中用宏定义语句是这样的：

```
#define u8 unsigned char
#define u16 unsigned int
```

3）整型变量的存储

整型变量(int)：不管是 unsigned int 类型数据还是 signed int 类型数据，均为 2B，其存储方法是高位字节保存在低地址(在前面)，低位字节保存在高地址(在后面)。

4）长整型变量的存储

长整型变量(long)为 4B，其存储方法与整型数据一样，是最高位字节保存的地址最低(在最前面)，最低位字节保存的地址最高(在最后面)。

5）浮点型变量的存储

浮点型变量(float)占4B,用指数方式表示,其具体格式与编译器有关。

对于Keil C,采用的是IEEE 754—1985标准,具有24位精度,尾数的最高位始终为1,因而不保存。具体分布为1位符号位、8位阶码位和23位尾数。

2.4.3 C51的常量

常量是在程序运行过程中不能改变值的量,而变量是可以在程序运行过程中不断变化的量。变量的定义可以使用所有C51编译器支持的数据类型,而常量的数据类型只有整型、浮点型、字符型、字符串型和位标量。常量的数据类型说明如下。

(1) 整型常量可以表示为十进制,如123、0、－89等。十六进制则以0x开头,如0x34、－0x3B等。长整型就在数字后面加字母L,如104L、034L、0xF340L等。

(2) 浮点型常量可分为十进制和指数表示形式。十进制由数字和小数点组成,如0.888、3345.345、0.0等,整数或小数部分为0,可以省略但必须有小数点。指数表示形式为[±]数字[.数字]e[±]数字,[]中的内容为可选项,其中内容根据具体情况可有可无,但其余部分必须有,如125e3、7e9、－3.0e－3。

(3) 字符型常量是单引号内的字符,如'a'、'd'等,对于那些不可以显示的控制字符,可以在该字符前面加一个反斜杠"\"组成专用转义字符。

(4) 字符串型常量由双引号内的字符组成,如"test"、"OK"等。当双引号内没有字符时,为空字符串。在使用特殊字符时同样要使用转义字符,如双引号。在C语言中字符串常量是作为字符型数组来处理的,在存储字符串时系统会在字符串尾部加上\0转义字符以作为该字符串的结束符。字符串常量A和字符常量'A'是不同的,前者在存储时多占用1B的字间。

(5) 位标量,它的值是一个二进制数0或1。

2.4.4 C51的变量

变量就是一种在程序执行过程中其值能不断变化的量。要在程序中使用变量必须先用标识符作为变量名,并指出所用的数据类型和存储模式,这样编译系统才能为变量分配相应的存储空间。定义一个变量的格式如下:

```
[存储种类] 数据类型 [存储器类型] 变量名表
```

在定义格式中除了数据类型和变量名表是必要的,其他都是可选项。存储种类有自动(auto)、外部(extern)、静态(static)和寄存器(register)4种,默认类型为自动(auto)。

2.4.5 C51变量的存储类型

存储类型这个属性仍沿用ANSI C的规定,尽量不改变原来的含义。按照ANSI C,C语言的变量有如下4种存储类型:动态存储(auto)、静态存储(static)、外部存储(extern)和寄存器存储(register)。

1. 动态存储

动态(存储)变量:用auto定义的变量为动态变量,也叫自动变量。

作用范围：在定义它的函数内或复合语句内部。当定义它的函数或复合语句执行时，C51 才为变量分配存储空间，结束时所占用的存储空间释放。

定义变量时，auto 可以省略，或者说如果省略了存储类型项，则认为是动态变量。动态变量一般分配使用寄存器或堆栈。

2. 静态存储

静态(存储)变量：用 static 定义的变量为静态变量。它分为内部静态和外部静态变量。

在函数体内定义的变量为内部静态变量。在函数内可以任意使用和修改，函数运行结束后会一直存在，但在函数外不可见，即在函数体外得到保护。

在函数体外部定义的变量为外部静态变量。在定义的文件内可以任意使用和修改，外部静态变量会一直存在，但在文件外不可见，即在文件外得到保护。

3. 外部存储

外部(存储)变量：用 extern 声明的变量为外部变量，是在其他文件定义过的全局变量。用 extern 声明后，便可以在所声明的文件中使用。

需要注意的是，在定义变量时，即便是全局变量，也不能使用 extern 定义。

4. 寄存器存储

寄存器(存储)变量：用 register 定义的变量为寄存器变量。寄存器变量存放在 CPU 的寄存器中，这种变量处理速度快，但数目少。

C51 中的寄存器变量：C51 的编译器在编译时，能够自动识别程序中使用频率高的变量，并将其安排为寄存器变量，用户不用专门声明。

2.4.6 C51 变量的存储区域

变量的存储区属性是单片机扩展的概念，非常重要，它涉及 7 个新的关键字。MCS-51 单片机有 4 个存储空间，分成 3 类，它们是片内数据存储空间、片外数据存储空间和程序存储空间。

MCS-51 单片机有更多的存储区域：由于片内数据存储器和片外数据存储器又分成不同的区域，因此单片机的变量有更多的存储区域。在定义变量时，必须明确指出存放在哪个区域。C51 存储区域与 MCS-51 存储空间的对应关系如表 2.4 所示。

表 2.4　C51 存储区域与 MCS-51 存储空间的对应关系

关键字	对应的存储空间及范围
code	ROM 空间，64KB 全空间
data	片内 RAM，直接寻址，低 128B
bdata	片内 RAM，位寻址区为 0x20～0x2f，也可以按字节访问
idata	片内 RAM，间接寻址，256B，与 @Ri 对应
pdata	片外 RAM，分页寻址的 256B(P2 不变)，P2 改变可寻址 64KB 全空间，与 MOVX @Ri 对应
xdata	片外 RAM，64KB 全空间
bit	片内 RAM 位寻找区，位地址为 0x00～0x7f，128 位

访问片内存放的数据比访问片外数据速度要快，所以在片内存储空间够的情况下不要用片外存储，此外，即使某个型号的单片机片内存储空间不够，可以用另一种型号的单片机，

例如 STC89C52 的 ROM 是 4KB，如果不够存放编译完的程序，则可以考虑用 STC89C53，其内部 ROM 达到了 8KB，其成本比用 STC89C52 单片机加上一个存储器芯片以及印制电路板增加的面积成本可能还要低。

2.5 C51 位变量的定义

2.5.1 bit 型位变量的定义

常说的位变量指的就是 bit 型位变量。C51 的 bit 型位变量定义的一般格式为：

```
[存储类型]  bit 位变量名 1[ = 初值][,位变量名 2[ = 初值]][,…]
```

bit 位变量被保存在 RAM 中的位寻址区域（字节地址为 0x20～0x2f，16B）。例如：

```
bit flag_run,receive_bit = 0;
static bit send_bit;
```

说明：

（1）bit 型位变量与其他变量一样，可以作为函数的形参，也可以作为函数的返回值，即函数的类型可以是位型的。

（2）位变量不能定义指针，不能定义数组。

2.5.2 sbit 型位变量的定义

对于能够按位寻址的特殊功能寄存器、定义在位寻址区域的变量（字节型、整型、长整型），可以对其各位用 sbit 定义位变量。

方便起见，分开讨论按位寻址的特殊功能寄存器中位变量的定义、按位寻址的变量中位变量的定义。

能够按位寻址的特殊功能寄存器中位变量定义的一般格式为：

```
sbit 位变量名 = 位地址表达式
```

这里的位地址表达式有 3 种形式：直接位地址、特殊功能寄存器名带位号和字节地址带位号。下面分别介绍。

1. 用直接位地址定义位变量

这种情况下位变量的定义格式为：

```
sbit 位变量名 = 位地址常数
```

这里的位地址常数范围为 0x80～0xff，实际是定义特殊功能寄存器的位。例如：

```
sbit P0_0 = 0x80;
sbit P1_1 = 0x91;
sbit RS0 = 0xd3;                        //定义 PSW 的第 3 位
sbit ET0 = 0xa9;                        //定义 IE 的第 1 位
```

2. 特殊功能寄存器名带位号定义位变量

这时位变量的定义格式为：

```
sbit 位变量名 = 特殊功能寄存器名^位号常数
```

这里的位号常数为 0～7。例如：

```
sbit P0_3 = P0^3;
sbit P1_4 = P1^4;
sbit OV = PSW^2;                        //定义 PSW 的第 2 位
sbit ES = IE^4;                         //定义 IE 的第 4 位
```

3. 寄存器地址带位号定义位变量

在这种情况下位变量的定义格式为：

```
sbit 位变量名 = 特殊功能寄存器地址^位号常数
```

这里的位号常数同上，为 0～7。例如：

```
sbit P0_6 = 0x80^6;
sbit P1_7 = 0x90^7;
sbit AC = 0xd0^6;                       //定义 PSW 的第 6 位
sbit EA = 0xa8^7;                       //定义 IE 的第 7 位
```

4. 几点说明

(1) 用 sbit 定义的位变量，必须能按位操作，而不能对无位操作功能的位定义位变量。

(2) 用 sbit 定义位变量，必须放在函数外面作为全局位变量，而不能在函数内部定义。

(3) 用 sbit 每次只能定义一个位变量。

(4) 对其他模块定义的位变量(bit 型或 sbit 型)的引用声明，都使用 bit。

(5) 用 sbit 定义的是一种绝对定位的位变量(因为名字是与确定位地址对应的)，具有特定的意义，在应用时不能像 bit 型位变量那样随便使用。

2.6　C51 特殊功能寄存器的定义

对于 MCS-51 单片机，特殊功能寄存器的定义分为 8 位单字节特殊功能寄存器和 16 位双字节特殊功能寄存器两种。

2.6.1　8 位单字节特殊功能寄存器的定义

定义的一般格式为：

```
sfr 特殊功能寄存器名 = 地址常数
```

地址常数范围：0x80～0xff。

单字节特殊功能寄存器定义的例子(见 reg51.h、reg52.h 等文件)：

```
sfr P0 = 0x80;                          //定义 P0 口寄存器
sfr P1 = 0x90;                          //定义 P1 口寄存器
sfr PSW = 0xd0;                         //定义 PSW
sfr IE = 0xa8;                          //定义 IE
```

2.6.2 16位双字节特殊功能寄存器的定义

定义的一般格式为：

```
sfr16 特殊功能寄存器名 = 地址常数
```

地址常数范围：0x80～0xff。

双字节特殊功能寄存器定义的例子(见 reg51.h、reg52.h 等文件)：

```
sfr16 DPTR = 0x82;
sfr16 T2 = 0xcc;                        //含 TL2 和 TH2
sfr16 RCAP2 = 0xca;                     //含 RCAP2L 和 RCAP2H, 0xca 为 RCAP2L 的地址
```

说明：

(1) 定义特殊功能寄存器中的地址必须在 0x80～0xff 范围内。

(2) 定义特殊功能寄存器，必须放在函数外面作为全局变量。

(3) 用 sfr 或 sfr16 每次只能定义一个特殊功能寄存器。

(4) 像 sbit 一样，用 sfr 或 sfr16 定义的是绝对定位的变量(因为名字是与确定地址对应的)，具有特定的意义，在应用时不能像一般变量那样随便使用。

知识点总结

本章的知识点有 C51 的数据类型及存储、C51 变量的定义和存储类型、C51 位变量的定义和特殊功能寄存器的定义。这些知识点不需要一下全记住，因为在以后的章节中会经常用到，所以可以在用到时阅读，经过多次的查阅自然会记住的。另外，关于 C51 的知识点，本章没有全部给出，但会在其他用到这些知识点的章节中出现。

扩展电路及创新提示

请读者自己制作一个共阳数码管。提示：将所有的 LED 的阳极连在一起，阴极作为段选线。

第3章 从做成一个用按钮控制数码管显示的数字增减来初识单片机的中断

3.1 硬件设计及连接步骤

3.1.1 硬件设计

1. 设计思路

第2章用一个按钮来控制我们自己制作的数码管让其发生数字变化，但这个按钮没有接到外部中断输入引脚，数码管也只能显示一位数字。本章我们制作的电路要用到一个4位一体的共阴数码管，我们用到的数码管是0.36in(1in＝0.0254m)的，另外需要接一个按钮用来控制数字的增减，还要接一个发光二极管电路用来在按下按钮时提醒用户，但是本书只给读者提供一个按钮控制数字增加的电路和程序，两个按钮控制数字增减的电路请读者自己完成。

有的读者可能没学过原理图设计，所以在此说明一下。本书的原理图中有的用直接连线将两个或多个元器件连接起来，有的却是用网络标号，网络标号其实就是将两个或多个需要连在一起的点用两个或多个标号标出，例如图3.1中的数码管的8个段码引脚与单片机的P1口的8个引脚都是用网络符号表明连接关系的。建议读者亲自用Proteus软件绘制此电路图并进行仿真，以后再看到网络标号就能看懂了。

2. 原理图

原理图见图3.1。

3. 元器件清单

实验用元器件见表3.1。

4. 认识排阻

在硬件连接之前首先要认识一下排阻，排阻见图3.2。排阻就是将若干相同阻值的电阻集成到一块，然后将这些电阻的一端连接起来并引出一个引脚，这些电阻的另一端分别引出引脚，排阻的一端有一个标记，表示其下面的引脚是这些电阻的公共端。

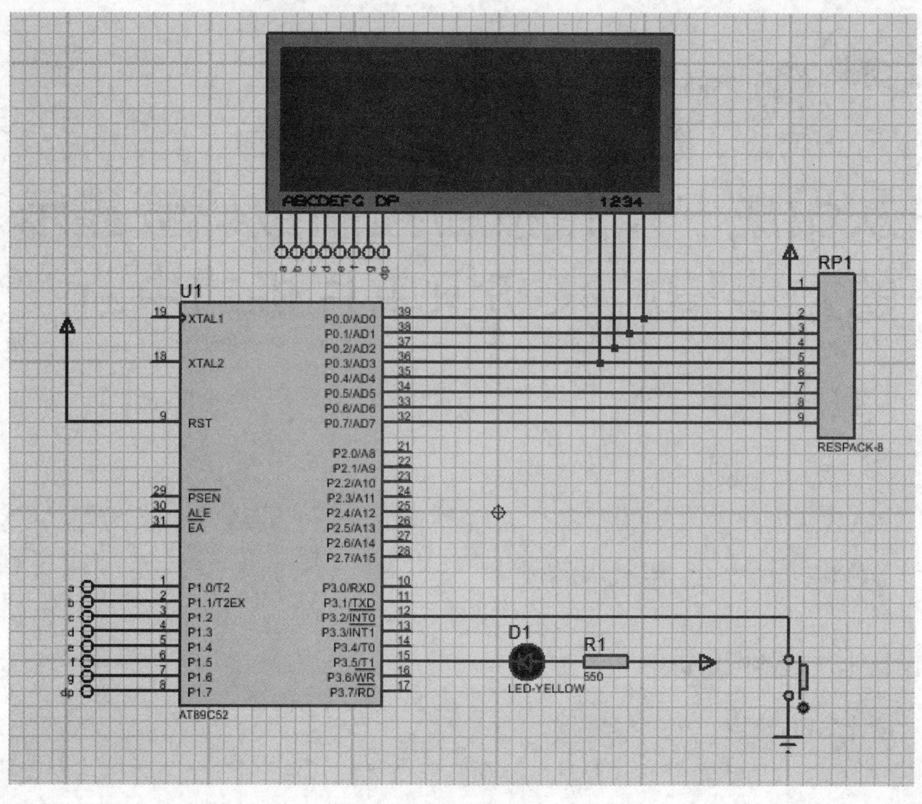

图 3.1　原理图

表 3.1　实验用元器件

序　　号	元器件名称	型号或容量	数量/个
1	单片机	STC89C52RC DIP40	1
2	晶振	12MHz	1
3	电容	30pF	2
4	数码管	4 位一体 0.36in 共阴	1
5	排阻	1kΩ 9 脚排阻	1
6	电阻	1kΩ	1
7	按钮	12×12×4.3，按键，轻触开关	2
8	发光二极管	任意颜色	1

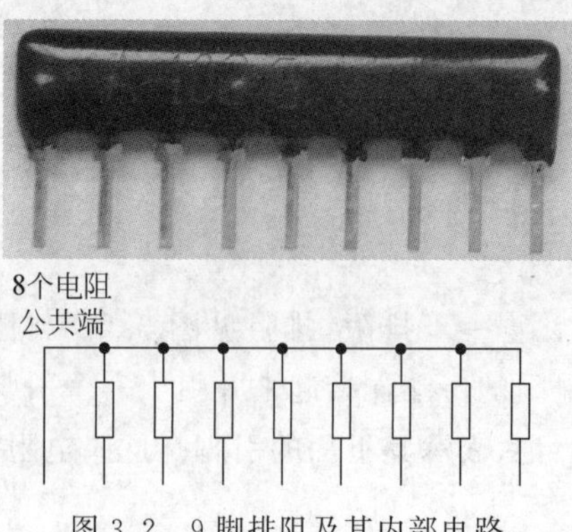

图 3.2　9 脚排阻及其内部电路

3.1.2　硬件连接步骤

4 位一体数码管的引脚排布如图 3.3 所示。这种数码管一共有 12 个引脚,分别是 8 个段选线引脚(a、b、c、d、e、f、g、dp)和 4 条位选线引脚(w1、w2、w3、w4)。

扫描如下二维码在手机或平板计算机端一边观看硬件连接和用万用表检测电路的视频,一边动手进行硬件连接,硬件连接完成后一定要用万用表检测一下硬件连接得是否可靠,如果不可靠,一定要重新连接直至可靠无误。至此整个硬件电路的安装工作结束。接下来要动手做的就是编写程序了。

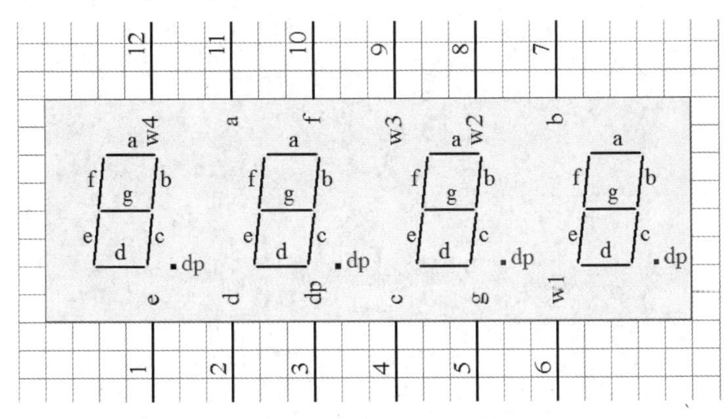

图 3.3　4 位一体数码管段排列及管脚

数码管数字加 1 电路硬件连接及运行视频

3.2　程序设计及下载

3.2.1　程序设计思路

在单片机的外部中断引脚接一个按钮,当这个按钮被按下时就会产生一个外部中断,每按下一次按钮就让一个长整型变量加 1,中断的好处是不需要 CPU 查询是否有按钮被按下,可以提高 CPU 的工作效率。

3.2.2　源程序

源程序如下:

```
#include <reg52.h>
#define u8 unsigned char
u8 d[] = {0x3f,0x06,0x5b,0x4f,0x66,0x6d,0x7d,0x07,0x7f,0x6f};
u8 w[] = {0xfe,0xfd,0xfb,0xf7,0xef,0xdf,0xbf,0x7f};
sbit LED = P3^5;                          //通过 P3.5 来控制发光二极管是否亮
unsigned long j = 0;                      //这个变量就是我们用按钮控制增大的那个数字

/*************************************************************************
函数名称:        delay(u8 t)
函数功能:        产生时间延时
```

```
入口参数:          无
出口参数:          无
备 注:
***********************************************************************/
void delay(u8 t)
{
    u8 b;
    for(;t>0;t--)
        for(b=0;b<160;b++);
}
/***********************************************************************
函数名称:          display()
函数功能:          显示定时时间
入口参数:          无
出口参数:          无
备 注:
***********************************************************************/
void display(void)
{
       P1 = d[j/1000];                //通过 P1 口给数码管输出数字的千位数段码
       P0 = w[3];                     //通过 P0 口让第一个数码管亮
       delay(1);
       P0 = 0xff;

       P1 = d[j%1000/100];            //通过 P1 口给数码管输出百位数的段码
       P0 = w[2];                     //通过 P0 口让第二个数码管亮
       delay(1);
     P0 = 0xff;

       P1 = d[j%100/10];
       P0 = w[1];                     //通过 P0 口让第三个数码管亮
       delay(1);
       P0 = 0xff;

       P1 = d[j%10];                  //通过 P2 口给数码管输出个位数段码
       P0 = w[0];                     //通过 P0 口让第四个数码管亮
       delay(1);
       P0 = 0xff;
}
/***********************************************************************
函数名称:          EX0_init()
函数功能:          外部中断初始化
入口参数:          无
出口参数:          无
备 注:
***********************************************************************/
void EX0_init()
{
    IT0 = 1;
    EX0 = 1;
    EA = 1;
}
/***********************************************************************
```

```
函数名称:          main()
函数功能:          初始化外部中断,反复调用显示函数以显示数字
入口参数:          无
出口参数:          无
备 注:
****************************************************************************/
main()
{
    EX0_init();                          //调用外部中断初始化函数
    while(1)
    {
      display();                         //显示
  }
}
/****************************************************************************
函数名称:          EX0_int() interrupt 0
函数功能:          处理外部中断 0 发生后的事情
入口参数:          无
出口参数:          无
备 注:
****************************************************************************/
void EX0_int() interrupt 0
{
    j++;
    LED = 0;
    delay(20);
    if(j > 9999) j = 0;
    LED = 1;
}
```

3.3　初识单片机的中断

3.3.1　用按钮产生外部中断

在本章做的电路有一个按钮接到了单片机的 P3.2(即单片机的第 12 脚)。P3.2 是单片机的 0 号外部中断输入端,只要 P3.2 有一个由高电平到低电平的跳变或者直接由高电平跳到了低电平,就会产生一个外部中断。

3.3.2　单片机如何处理中断

单片机内部有一个复杂的中断逻辑电路,此电路能检测到多种中断源产生的中断并进行优先级排队。当某个中断源产生中断时,如果在程序中有该中断源允许的指令并且有总中断允许的指令,该中断源产生的中断信号就可以送达 CPU,CPU 根据此中断源对应的中断号计算出其中断服务程序的入口地址,从该地址拿到该中断服务程序的首地址并放到 PC 中,该中断服务程序就会被自动执行。关于中断的详细内容在后面的章节中会讲到,现在先来编写一个中断初始化函数和中断服务函数。

1. 中断初始化函数

中断初始化函数的任务有以下几项。

（1）设置外部中断的触发方式是低电平有效还是下降沿有效，怎么设置呢？特殊功能寄存器TCON的8位里面有1位名称叫IT0，见图3.4，若IT0=0，则外部中断0产生的中断就是低电平有效；若IT0=1，则外部中断0产生的中断只能下降沿有效。

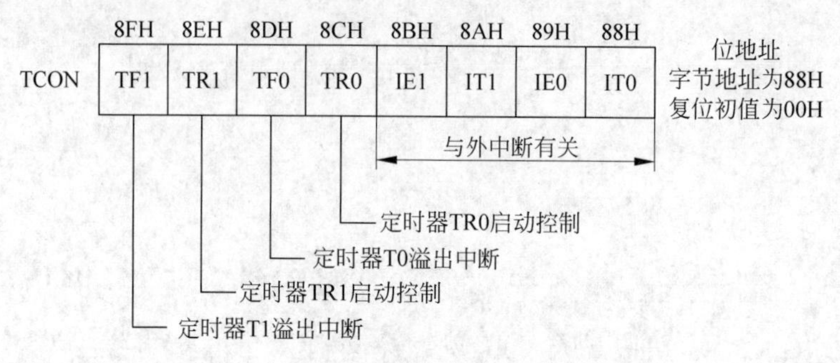

图3.4 51单片机的特殊功能寄存器TCON

（2）合上外部中断的分开关。有一个名称为IE的特殊功能寄存器，见图3.5，其最低位的名称叫EX0，如果EX0=0，则外部中断分开关就断开，不允许外部中断0产生的中断信号送达CPU；如果EX0=1，则外部中断分开关就被合上，允许外部中断0产生的中断信号送达CPU。

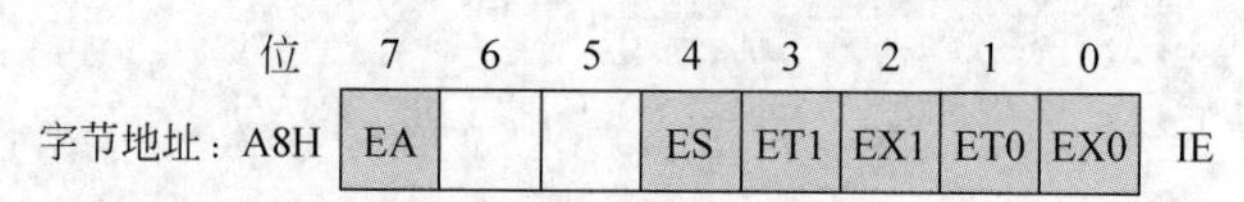

图3.5 51单片机的特殊功能寄存器IE

（3）合上CPU总中断开关。IE寄存器的最高位名称为EA，如果在程序中编写EA=0，则即使中断源对应的中断分开关合上也不允许其中断信号送达CPU；如果在程序中编写EA=1，则只要中断分开关合上就允许其中断信号送达CPU。

下面我们就来编写本电路的外部中断0初始化函数。

```
void EX0_init()
{
    IT0 = 1;                        //外部中断0产生的中断只能下降沿有效
    EX0 = 1;                        //接通外部中断0的中断允许分开关
    EA = 1;                         //接通单片机中断总开关
}
```

2. 中断服务函数

中断服务函数其实就是当某个中断发生后希望CPU要处理的一些事情，例如图3.1所示的电路，当按下按钮，即外部中断0产生中断时，让数码管的数加1。程序如下：

```
void EX0_int() interrupt 0
{
    j++;
    if(j > 9) j = 0;
}
```

说明：

(1) 中断服务函数的圆括号后面一定要跟上一个关键字 interrupt，此关键字后还要跟上一个数字，这个数字就是各个中断源对应的中断号，由于外部中断 0 的优先级最高，因此给其分配的中断号为 0。CPU 将中断号乘以 8 再加 3，就得到了存放中断服务程序首地址的地址。

(2) 在学习 C 语言时，除了 main()函数，其他函数都需要在某个或某几个函数中有调用它的语句，否则该函数就不会被执行，但在单片机的 C 语言程序中不需要出现中断服务函数的调用语句，所有的中断服务函数只要中断源发出了中断请求且合上该中断类型的分开关和单片机的中断总开关 EA，CPU 都会自动调用执行。本章只是概略地讲解中断，关于中断的详细知识在后面的章节还会介绍。

知识点总结

关于中断，归纳起来有以下几点。

(1) 51 单片机有 5 个中断源，按照中断的优先级顺序分别是外部中断 0、定时器 0 中断、外部中断 1、定时器 1 中断、串行中断。它们对应的中断号分别是 0、1、2、3、4。

(2) 要使用中断必须编写两个与中断有关的函数：一个是中断初始化函数；另一个是中断服务函数。中断初始化函数需要在 main()函数中调用一次；中断服务函数不需要任何函数调用，当某个中断发生时，单片机内部的 CPU 会自动根据中断号从 ROM 中找到该中断服务函数的存放地址执行。

扩展电路及创新提示

读者可以在本硬件系统的硬件基础上再增加一个按钮并将其接到外部中断 1 的输入端，然后编写程序，实现数码管显示的数字减少，但是有一个要求，减到 0 就不能再减了。

第4章 从做成一个定时器来初识单片机的定时器/计数器

4.1 硬件设计及连接步骤

4.1.1 硬件设计

1. 设计思路

我们要做的定时器要用到一个 6 位一体的共阴数码管,用到的数码管是 0.36in 的,另外需要接 3 个按钮用来设置定时时间,还要接一个蜂鸣器电路用来在定时时间到时提醒用户。

2. 原理图

原理图见图 4.1。

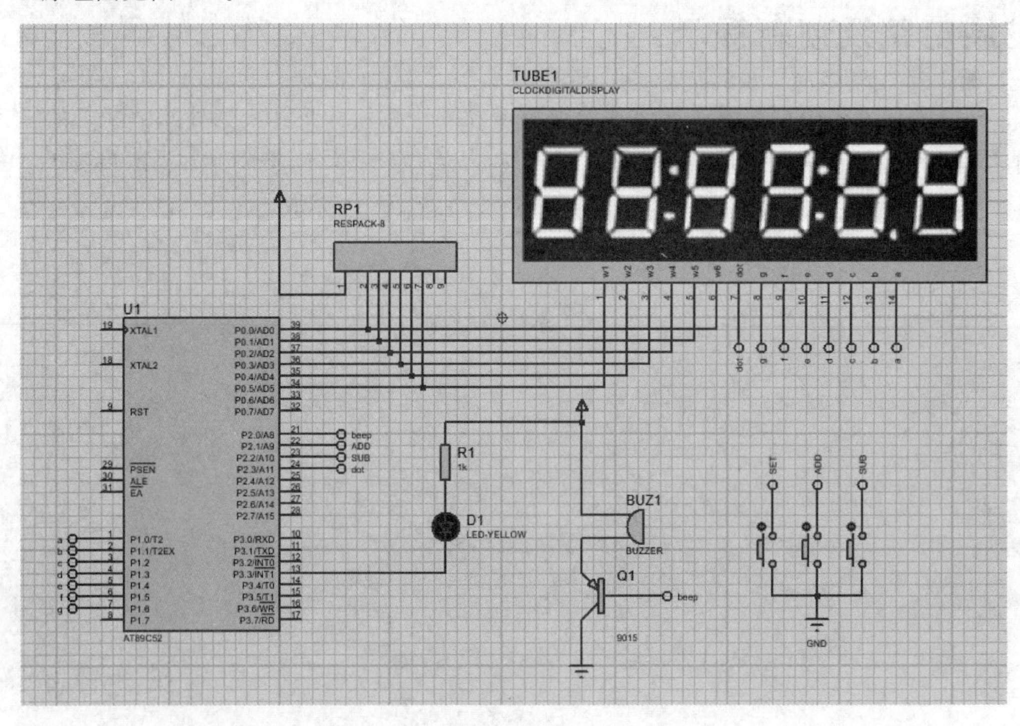

图 4.1　原理图

3. 元器件清单

实验用元器件见表 3.1。

表 4.1　实验用元器件

序　号	元器件名称	型号或容量	数量/个
1	单片机	STC89C52RC DIP40	1
2	晶振	12MHz	1
3	电容	30pF	2
4	0.36in 6 位一体 16 脚带时钟数码管共阴	AH3661	1
5	排阻	9 脚 1kΩ 排阻	1
6	电阻	1kΩ	1
7	发光二极管	LED	1
8	按钮	12×12×4.3，按键，轻触开关	3
9	蜂鸣器	5V 无源蜂鸣器	1
10	PNP 三极管	9015	1

4.1.2　硬件连接步骤

扫描右侧二维码在手机或平板计算机端一边观看硬件连接和用万用表检测电路的视频，一边动手进行硬件连接，硬件连接完成后一定要用万用表检测一下硬件连接得是否可靠，如果不可靠，一定要重新连接直至可靠无误。至此整个硬件电路的安装工作结束。接下来要动手做的就是编写程序了。

定时器硬件连接及运行视频

4.2　程序设计及下载

4.2.1　程序设计思路

需要定义两套存放时、分、秒的变量：一套用来表示设置的定时时间，变量名可以称为 h1、m1、s1，由于这 3 个时间值需要通过按钮来加和减，因此需要定义成 8 位带符号变量类型，可以用 char 来定义；另一套用来存放定时开始后的时间，可以称为 h、m、s，由于这 3 个时间值只增不减，因此用 8 位无符号型变量类型即可，可以用 unsigned char 来定义。

对于“设置”按钮来说，当其被按下后，要中断系统当前的任务并且显示要定时的时间，所以要定义一个标志变量，例如 Turn，当按第一下之后，进入定时时间设置状态并且可以调节秒，此时显示秒的二位数码亮度正常而显示分和小时的数码管亮度变暗；当按第二下时可以调节分，此时显示分的二位数码管亮度正常而显示小时和秒的数码管的亮度变暗；当按第三下时可以调节小时，此时显示小时的二位数码管的亮度正常而显示分和秒的数码管亮度变暗；当按第四下时，如果前面设置了定时时间就开始定时，如果没有设置定时时间，也就是 Tvalue 的值为 0，则不定时，仅显示秒的 00 数字。

为了在用户设置当前时间值时其他的时间单位显示变暗，例如正在设置秒时分和小时的数码管变暗，需要定义 3 个变量用来存放延时时间，当设置某个时间单位时其延时时间为

30，其余两个时间单位的显示延时为0。将这3个变量定义为 unsigned char sflash、unsigned char mflash、unsigned char hflash。

因为要显示需要设置的定时时间和开始定时后的时间，所以需要编写两个显示函数。这两个显示函数在 main()函数中根据标志变量 Turn 的值来选择调用。

要编写定时程序需要了解单片机内部的定时器的结构和工作原理，这部分内容等到我们把定时器做成功后再详细介绍，这里先给出完整的程序。

4.2.2 源程序

源程序如下：

```
#include <reg52.h>
#include <math.h>                         //因为要计算绝对值,所以要有数学头文件
typedef unsigned char u8;
typedef unsigned int u16;
u8 d[] = {0x3f,0x06,0x5b,0x4f,0x66,0x6d,0x7d,0x07,0x7f,0x6f};
u8 w[] = {0x1f,0x2f,0x37,0x3b,0x3d,0x3e}; //00011111,00101111,00110111,00111011,00111101,
00111110
u8 ms = 0,s = 0,m = 0,h = 0,sflash = 0,mflash = 0,hflash = 0,Turn = 0;
char s1 = 0,m1 = 0,h1 = 0;
u16 Tvalue = 0;
sbit beep = P2^0;                         //通过 P2.0 来控制蜂鸣器是否发声
sbit keyadd = P2^2;                       //通过 P2.2 来接收加 1 按钮的输入
sbit keysub = P2^1;                       //通过 P2.1 来接收减 1 按钮的输入
sbit Dot = P2^3;                          //通过 P2.3 来控制发光二极管是否亮
sbit keyset = P3^2;                       //通过 P3.2 来接收开始定时和暂停定时按钮的输入
sbit LED = P3^3;
/*********************************************************************
函数名称:        delay(u16 t)
函数功能:        产生时间延时
入口参数:        无
出口参数:        无
备 注:
*********************************************************************/
void delay(u16 t)
{
    u8 i;
    for(;t>0;t--)
        for(i = 19;i>0;i--);
}
/*********************************************************************
函数名称:        beepon()
函数功能:        蜂鸣器发声
入口参数:        无
出口参数:        无
备 注:
*********************************************************************/
void beepon()
{
    beep = 0;                             //让蜂鸣器响
    delay(500);                           //延时一小会儿
    beep = 1;                             //让蜂鸣器不响
```

```
}
/*********************************************************************
函数名称:         display()
函数功能:         显示定时时间
入口参数:         无
出口参数:         无
备 注:
*********************************************************************/
void display(void)
{

        P1 = d[h/10];                    //通过 P1 口给数码管输出小时的十位数段码
        P0 = w[0];                       //通过 P0 口让从左数第一个数码管亮,即输出位选信号
        delay(30);
        P0 = 0xff;
        P1 = d[h%10];                    //通过 P1 口给数码管输出小时的个位数段码
        P0 = w[1];                       //通过 P0 口让从左数第二个数码管亮
        delay(30);
        P0 = 0xff;

        P1 = d[m/10];                    //通过 P1 口给数码管输出分的十位数段码
        P0 = w[2];                       //通过 P0 口让从左数第四个数码管亮
        delay(30);
        P0 = 0xff;
        P1 = d[m%10];                    //通过 P1 口给数码管输出分的个位数段码
        P0 = w[3];                       //通过 P0 口让从左数第五个数码管亮
        delay(30);
        P0 = 0xff;

        P1 = d[s/10];                    //通过 P1 口给数码管输出秒的十位数段码
        P0 = w[4];                       //通过 P0 口让从左数第七个数码管亮
        delay(30);
        P0 = 0xff;
        P1 = d[s%10];                    //通过 P1 口给数码管输出秒的个位数段码
        P0 = w[5];                       //通过 P0 口让从左数第八个数码管亮
        delay(30);
        P0 = 0xff;
}
/*********************************************************************
函数名称:         dispalyT()
函数功能:         显示预置定时时间
入口参数:         无
出口参数:         无
备 注:
*********************************************************************/
void displayT(void)
{
        switch(Turn)
            {
                case 1:{sflash = 50;mflash = 0;hflash = 0;break;}
                case 2:{sflash = 0;mflash = 50;hflash = 0;break;}
                case 3:{sflash = 0;mflash = 0;hflash = 50;break;}
            }
```

```
        Dot = 0;

        P1 = d[h1/10];              //通过 P1 口给数码管输出预置小时的十位数段码
        P0 = w[0];                  //通过 P0 口让从左数第一个数码管亮,即输出位选信号
        delay(hflash);              //延时时间是个变量,当显示小时时,hflash = 30
        P0 = 0xff;                  //当不预置小时时,让 hflash = 0
        P1 = d[h1 % 10];            //通过 P1 口给数码管输出预置小时的个位数段码
        P0 = w[1];                  //通过 P0 口让从左数第二个数码管亮
        delay(hflash);
        P0 = 0xff;

        P1 = d[m1/10];
        P0 = w[2];
        delay(mflash);
        P0 = 0xff;
        P1 = d[m1 % 10];
        P0 = w[3];
        delay(mflash);
        P0 = 0xff;


        P1 = d[s1/10];
        P0 = w[4];
        delay(sflash);
        P0 = 0xff;
        P1 = d[s1 % 10];
        P0 = w[5];
        delay(sflash);

        P0 = 0xff;
}
/**********************************************************************
函数名称:        keyscan()
函数功能:        判断"加 1""减 1"键是否被按下,如果被按下则进行相应的处理
入口参数:        无
出口参数:        无
备 注:
**********************************************************************/
void keyscan()
{
    if(keyadd == 0)                   //是要对时、分、秒加 1 吗
    {
      delay(120);                     //延时消抖
      if(keyadd == 0)                 //再确认一下"加 1"键是否被按下
      {
        switch(Turn)                  //是预置"秒"还是预置分或者是时
        {
          case 1:{s1++;if(s1 > 59) s1 = 0;break;}        //对秒加 1
          case 2:{m1++;if(m1 > 59) m1 = 0;break;}        //对分加 1
          case 3:{h1++;if(h1 > 23) h1 = 0;break;}        //对时加 1
        }
        beepon();                     //按"加 1"键时让蜂鸣器响一声
      }
```

```
    }while(!keyadd);                    //按键松开去抖

    if(keysub == 0)                     //是要对时、分、秒减 1 吗
    {
        delay(120);                     //延时消抖
        if(keysub == 0)                 //再确认一下"减 1"键是否被按下
        {
            switch(Turn)
            {
                case 1:{s1 -- ;if(s1 < 0) s1 = 59;break;}        //对秒减 1
                case 2:{m1 -- ;if(m1 < 0) m1 = 59;break;}        //对分减 1
                case 3:{h1 -- ;if(h1 < 0) h1 = 23;break;}        //对时减 1
            }
            beepon();                   //按"减 1"键时让蜂鸣器响一声
        }
    }while(!keysub);
    //displayT();                       //显示设置时间
}
/*****************************************************************
函数名称:        T0_init()
函数功能:        定时器 0 中断初始化
入口参数:        无
出口参数:        无
备 注:
*****************************************************************/
void T0_init()
{
    TMOD |= 0x01;                       //让 TMOD 寄存器的 M0 置 1
    TMOD &= 0xf1;                       //让 TMOD 寄存器的 8 位成为 xxxx0001(x 表示 0 或者 1)
    ET0 = 1;                            //闭合定时器 0 中断分开关
    EA = 1;                             //闭合单片机中断的总开关
}
/*****************************************************************
函数名称:        T0_int() interrupt 1
函数功能:        产生时间并判断定时时间是否到
入口参数:        无
出口参数:        无
备 注:           定时器 0 的中断号是 1
*****************************************************************/
void T0_int() interrupt 1
{
//TH0 = (65536 - 50000)/256;
//TL0 = (65536 - 50000) % 256;          //给定时器 0 的 TH 和 TL 寄存器预装 15 536 个脉冲
  TH0 = 0x3C;
  TL0 = 0xB0;
  ms++;                                 //让变量 ms 来记录单片机每次发生的定时器 0 中断的次数
  if(ms % 10 == 0) Dot = !Dot;
  if(ms == 20)                          //当发生了 20 次定时器 0 中断,说明经历了 1s
  {
      ms = 0;                           //清除中断次数的记录
      s++;LED = !LED;                   //让秒加 1,且让发光二极管闪一下
      if(s > 59)                        //当秒加到 60 次时
      {
```

```
            s = 0;                          //让秒变量归 0
            m++;                            //让分加 1
            if(m > 59)                      //当分加到 60 次时
            {
                m = 0;                      //让分变量归 0
                h++;                        //让小时加 1
                if(h > 23) h = 0;           //当小时加到 24 时,让小时变量归 0
            }
        }
        if(h == h1&&m == m1&&s == s1) {TR0 = 0;beep = 0;LED = 0;}
    }   //当定时时间到的那一刻,停止计时,让蜂鸣器长响,让 LED 亮
}
/*********************************************************************
函数名称:        EX0_init()
函数功能:        单片机外部中断 0 中断初始化
入口参数:        无
出口参数:        无
备 注:
*********************************************************************/
void EX0_init()
{
    IT0 = 1;                                //设置外部中断 0 为下降沿触发中断方式
    EX0 = 1;                                //闭合外部中断 0 的中断分开关
    EA = 1;                                 //闭合单片机的中断总开关
}
/*********************************************************************
函数名称:        EX0_int() interrupt 0
函数功能:        如果设置键被按下则进行相应的处理
入口参数:        无
出口参数:        无
备 注:          外部中断 0 的中断号是 0
*********************************************************************/
void EX0_int() interrupt 0
{
u8 i;
if(keyset == 0)                             //"开始定时"/"设置"键被按下?
{
    for(i = 0;i < 150;i++);                 //延时消抖(为什么不用延时函数请读者思考)
    if(keyset == 0)                         // "开始定时"/"设置"键确实被按下
    {
        EX0 = 0;                            //打开外部中断 0 中断分开关,暂时不允许中断
        beepon();                           //让蜂鸣器响一声
    Turn++;
        if(Turn == 1)
        {
            TR0 = 0;                        //停止定时器 0 定时
            LED = 0;
            s1 = 0;
            m1 = 0;
            h1 = 0;
        }
        if(Turn > 3)                        //"开始定时"/"设置"键被按了 4 下
        {
```

```
                Turn = 0;                  //将 Turn 的值变回 0
                s = 0;
                m = 0;
                h = 0;                     //将需要走时的变量 h、m、s 赋值成对表时的时、分、秒
                Tvalue = h1 * 3600 + m1 * 60 + s1;      //计算 Tvalue 的值,看看是否设置
                if(Tvalue!= 0)
                    TR0 = 1;               //如果设置了对表时间才开始走表
            }
        }
    }while(!keyset);

}
/**********************************************************************
函数名称:       main()
函数功能:       初始化设置,循环往复地检验是否有按键被按下并调用显示函数以显示
入口参数:       无
出口参数:       无
备 注:
**********************************************************************/
main()
{
    P1 = 0xff;                             //让 P1 口输出 8 个 1
    EX0_init();                            //调用外部中断 0 初始化函数
    T0_init();                             //调用定时器 0 初始化函数
    Turn = 0;                              //清 0 标志变量
    while(1)
    {
        EX0 = 1;                           //开启外部中断 0
        keyscan();
        if(Turn)                           //如果 Turn 的值不为 0,则说明正在设置定时时间
        {
            sflash = 30;
            mflash = 30;
            hflash = 30;
            displayT();                    //显示设置时间
        }
        else display();
    }
}
```

4.2.3 定时器的操作

程序下载成功后,接上 5V 电源,8 位数码管仅有最低 2 位显示 00,先按下“开始定时/设置”键,此时数码管显示的小时和分都比较暗,秒正常显示,此时如果要设置定时时间的秒,可以通过按“加 1”键或“减 1”键来实现;设置好秒之后若还需要设置分,就再按一下“开始定时/设置”键,此时显示分的数码管变为正常显示,秒和小时数码管变暗,然后通过“加 1”键或“减 1”键来改变设置的分钟;如果还需要设置定时时间的小时,就再按一下“开始定时/设置”键,此时显示“小时”的数码管正常显示,显示“分”和“秒”的数码管变暗,然后通过“加 1”键或者“减 1”键来改变要定时的小时。当定时时间设置好后,再按一下“开始定时/设置”键,数码管就显示开始定时后的时间,当定时时间到后,数码管显示的时间停止变化,同

时 LED 亮并且蜂鸣器响。

以上程序读者可能不太明白，当我们初步了解了单片机的定时器结构和工作原理后，不仅可以明白，还可以自己编写出定时器的程序。

4.3 单片机定时器/计数器的结构及编程控制

4.3.1 定时器/计数器的结构

MCS-51 型单片机内部有 2 个定时器/计数器，增强型的 52 系列有 3 个。我们先来了解 MCS-51 单片机内部的定时器/计数器。要了解定时器，我们来打个比方。

假设有一个用来存放豆子的容器，容器被分成上、下两节，全部放满时能放 65 535 粒豆子，再放一粒就全部漏空了。再假设每 1μs 来一粒豆子，全部放满要花费 65 536μs，要想产生 1s 的时间，我们可以在容器内预先装上 15 536 粒豆子，想一想，是不是再来 50 000 粒豆子就溢出了？其间是不是经历了 50 000μs，也就是 50ms？如果当容器满了后能自动将 15 536 粒豆子预装到容器内并重复地往里放豆子，这样经过 20 次，不就能产生 1s 的时间间隔吗？单片机内部的定时器/计数器就是这样一个容器，这个容器是 2 个寄存器，分别叫 TLx 和 THx(x 代表 0、1 或 2，对于定时器/计数器 T0，x＝0，对于定时器/计数器 T1，x＝1)，但往这个容器放的不是豆子而是二进制数 1，存满能存放的数是 65 535 个，存满后若再来一个 1 就会溢出(即容器清 0)。存入容器的 1 可以从单片机系统内部也可以来自单片机的外部 T0 引脚(即 13 脚)，若来自系统内部，其功能就是定时器，其存入 1 的速度等于单片机的振荡周期除以 12，假设用的是 12MHz 的晶振，那么存入 1 的速度是 1μs。如果存入容器的 1 来自外部，其功能就是计数器。存入容器的 1 到底来自内部还是外部，取决于一个电子开关，这个开关的名称叫 $C/\overline{T}$，当其值为 1 时，存入容器的 1 来自外部，即定时器/计数器当作计数器用；当其值为 0 时，当作定时器用。可以通过位寻址的方法编程直接让 $C/\overline{T}=0$ 或 $C/\overline{T}=1$，也可以通过字节寻址来让这一位为 0 或为 1，一般是通过后者。为什么？过一会儿就会明白。

为了扩展定时器的功能，系统让我们通过编程把上面提到的容器 TLx 和 THx 作为 16 位容器来存入 1，也可以仅用其一半作为 8 位容器来存入 1，还可以用 16 位中的 13 位来存入 1。这几种选择是通过一个名为 TMOD 寄存器来实现的。先来看一下这个寄存器的 8 个位分别是什么，见图 4.2。

GATE	$C/\overline{T}$	M1	M0	GATE	$C/\overline{T}$	M1	M0

图 4.2 定时器/计数器方式寄存器 TMOD

其中，前 4 位用于 T1 的模式设置，后 4 位用于 T0 的模式设置，GATE 是用来设置计数器的触发方式的，我们先不要管它，M1 和 M0 是用来设置工作方式的，见表 4.2。

表 4.2 定时器/计数器的工作方式

M1	M0	定时器/计数器工作方式
0	0	方式 0：TLx 中低 5 位与 THx 中的 8 位构成 13 位定时器/计数器
0	1	方式 1：16 位定时器/计数器

续表

M1	M0	定时器/计数器工作方式
1	0	方式 2：8 位自装载定时器/计数器，当 TLx 溢出时将 THx 存放的值装入 TLx
1	1	方式 3：定时器 0 此时作为双 8 位定时/计数器。TL0 作为一个 8 位定时器/计数器，通过标准定时器 0 控制位控制。TH0 仅作为一个 8 位定时器，由定时器 1 控制位控制。在这种方式下定时器/计数器 T1 关闭

本章的系统用的是 16 位定时器，所以用方式 1，即让 M1＝0，M0＝1，这样我们可以用字节寻址的方法对 M1、M0 和 C/$\overline{T}$ 一同设置，由于本实验用 T0，但不能影响 T1 的设置，因此可以通过以下两条语句来设置：

```
TMOD | = 0x01;
TMOD & = 0xf1;
```

第一句因为是将 TMOD 原先的值与十六进制数 0x01 也就是二进制数 00000001 相或，所以最终的结果仅仅将 TMOD 的最低位设置成 1，TMOD 前 7 位的值没有受到影响；第二句的作用是将 TMOD 的高 4 位和 1 相与，所以 TMOD 的高 4 位不受影响，而低 4 位变成了 0001，前 2 位的 0 分别是 GATE＝0 和 C/$\overline{T}$＝0，而后 2 位的 0 和 1 正好使 M1＝0，M0＝1，即用方式 1。

不管是单片机系统内部发出的 1 还是外来的脉冲充当的 1，能不能被存入定时器中，还有一道关卡，这个关卡也是一个软开关，名称叫 TRx，对于本章的系统，要在定时器初始化函数中编写一条 TR0＝1 的指令。当定时时间到时，要有一条 TR0＝0 的指令，让定时器 0 停止定时；当第一次按下“设置/定时”键时，要在此键对应的函数中编写一条 TR0＝0 的指令，按第 4 下时，要编写一条 TR0＝1 的指令，让定时器开始定时。TR0 是特殊功能寄存器 TCON 的 8 位中的一位，这个寄存器的 8 位见图 4.3，TRx 相当于一个发令枪，一旦 TRx＝1，脉冲就可以进入 TLx 和 THx 两个相连的寄存器。

TF1	TR1	TF0	TR0	IE1	IT1	IE0	IT0

图 4.3　定时器/计数器的中断控制寄存器

与定时器/计数器有关的有 4 位，分别是 TF1、TR1、TF0、TR0。TRx 刚才已经介绍过了，它的全称是 Timer Run。TFx 的作用是溢出标志，当定时器/计数器溢出时系统会自动将 TFx 置 1 并申请中断，当 CPU 响应中断后，就会自动将其清 0。后 4 位中的 ITx 在第 3 章已经用过，它是用来设置外部中断的触发方式的，IEx 是外部中断请求标志，一般在编程时用不到，当外部中断发生时，系统会自动将其置 1，CPU 响应中断后会自动将其清 0。

定时器/计数器当存入 1 存满溢出时，可以向 CPU 提出中断申请，但该申请能不能被 CPU 接收，还需要对一个名称为 IE 的特殊功能寄存器的 2 位进行设置，如图 4.4 所示，第一位的名称叫 ET0，它是定时器的中断分开关，要在程序中编写 ET0＝1 的指令；第二位的名称叫 EA，此位在第 3 章提到过，它是 CPU 的中断总开关，要在程序中编写 EA＝1 的指令。

单片机的中断分开关和总开关系相当于房间中的电闸盒，见图 4.5，要想让某个电器通电，光接通此电器的分开关还不够，必须要接通整个电闸的总开关才可以。

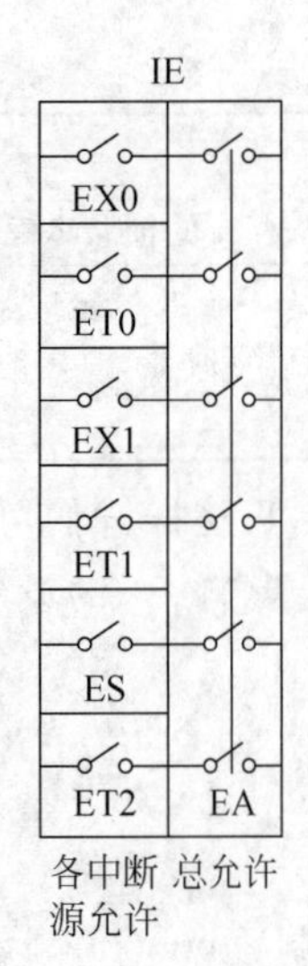

图 4.4 单片机的中断分开关和总开关

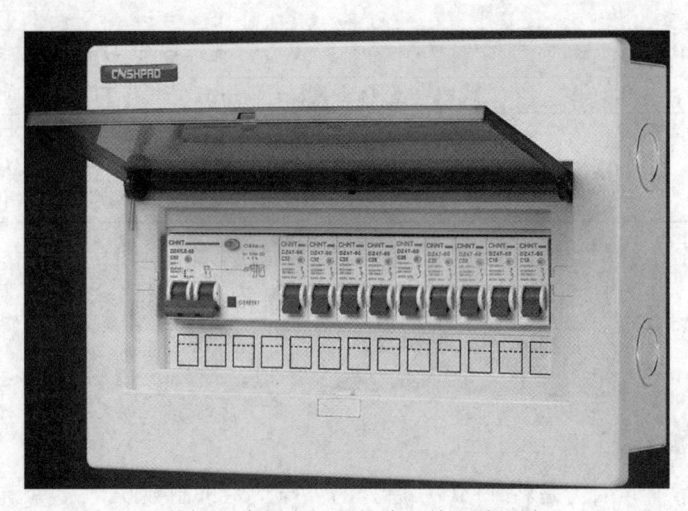

图 4.5 房间电闸盒的分开关和总开关

为了更好地理解单片机定时器/计数器的工作原理，先了解单片机的机器周期和指令周期等概念。

4.3.2 单片机的机器周期和指令周期

1. 时钟周期

时钟周期是单片机的基本时间单位。如果单片机的晶振振荡频率为 fosc，则时钟周期 Tosc＝1/fosc。

2. 机器周期

CPU 完成一个基本操作所需要的时间称为机器周期。MCS-51 单片机将 12 个时钟周期作为一个机器周期。假设单片机的晶振频率是 12MHz，则一个机器周期经历的时间＝12Tosc＝12×1μs/12＝1μs。

3. 指令周期

单片机在执行为它编写的每条指令时都要经历两个阶段：一个是从程序存储器取出指令的阶段；另一个是执行指令阶段。这两个阶段都要花费一定的时间，这段时间就称为指令周期。一个指令周期要经历多长时间呢？这要看单片机的类型和给单片机外接的晶振频率，对于 MS-51 单片机，假设晶振频率是 12MHz，则一个指令周期经历的时间是 1μs。

前面提到这么一句话“假设用的是 12MHz 的晶振，那么存入 1 的速度是 1μs。”有的读者可能不太明白为什么在定时器计数时，往 THx 和 TLx 中存入 1 的速度是 1μs，见图 4.6。

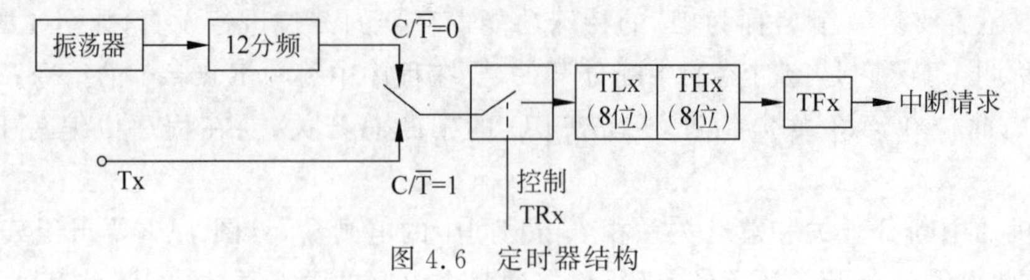

图 4.6 定时器结构

图 4.6 中的“振荡器”就是指晶振，更准确地说是晶振产生的振荡脉冲，假设晶振频率是12MHz，那么振荡脉冲经过 12 分频后就变成了 1MHz，周期当然就是 1μs，也就是每隔 1μs 让 TLx 和 THx 中加进一个 1。

在给定时器初始化编程时为什么要让 $C/\overline{T}=0$？我们可以把 $C/\overline{T}$ 看成一个“电子开关”，如果在程序中让 $C/\overline{T}=0$，相当于这个“电子开关”与上端接通，于是让定时器使用晶振产生的振荡脉冲；如果让 $C/\overline{T}=1$，相当于“电子开关”与下端接通，那么振荡脉冲只能从单片机的 Tx 引脚引入，那样定时器就作为计数器使用。

从图 4.6 中还可以看到在给定时器初始化编程时为什么要用 TRx=1 指令，其实 TRx 也相当于一个“电子开关”。因为只有在程序中有 TRx=1 指令才能将这个“电子开关”接通，才能让振荡脉冲进入 TLx 和 THx。

从图 4.6 中还可以看到定时器在存满 65 536 个 1 溢出时为什么会将 TFx 置 1，这就是一个标志位，用来标志定时器产生了溢出。

4.3.3　定时器/计数器的编程

使用定时器最关键的是编写其初始化函数和中断服务函数。

1. 定时器初始化函数

定时器初始化函数要完成的任务有以下 4 个。

(1) 定时器工作方式的设置，通过设置 TMOD 的值来完成。对于本实验用了 2 条语句：

```
TMOD | = 0x01;
TMOD & = 0xf1;
```

(2) 定时器容器初始值的预装，低 8 位和高 8 位要分别预装。对于本实验用如下语句：

```
TL0 = (65536 - 50000) % 256;
TH0 = (65535 - 50000)/256;
```

(3) 合上定时器中断分开关，对于本实验用语句 ET0=1 来实现。

(4) 合上单片机总中断开关，用 EA=1 来实现。

2. 定时器中断服务函数

定时器中断服务函数与外部中断服务函数一样，也需要在函数的括号后面加关键字 interrupt 并在其后加一个中断号，定时器 0 的中断号是 1。定时器中断服务程序要完成的任务有以下 3 个。

(1) 预装初值。因为每当定时器的 THx 和 TLx 溢出后就被清 0，如果不预装初始值，就会从 0 开始存入 1。对于本实验，为了让每两次定时器中断中间经历的时间为 50ms，必须在定时器溢出中断时立即再将 TH0 和 TL0 的初值预装为 15 536。

(2) 要用一个变量 ms 来记录中断发生的次数并当其等于 20 时让其变回 0，同时让秒变量 s 加 1；当秒大于 59 时让 s 变回 0，同时让分变量 m 加 1；当分大于 59 时让 m 变回 0，同时让小时变量 h 加 1；当小时大于 23 时让 h 变回 0。

(3) 在每次 ms 加 1 时，要将此时的小时 h、分 m 和秒 s 与设置的定时时间 h1、m1、s1

比较，一旦相等，就停止定时（让 TR0＝0），同时让蜂鸣器响（beep＝0）和发光二极管亮（LED＝0）。

知识点总结

本章通过做成一个单片机定时器，学习了怎样在单片机系统中使用定时器/计数器，本章的知识点有两个。

(1) 定时器/计数器的结构和工作原理，归纳起来如下。

- 增强型 MS-51 单片机内部有 3 个定时器/计数器，既可以用来定时又可以用来计数。
- 每个定时器/计数器都有 4 种工作方式：方式 0、方式 1、方式 2 和方式 3。每种方式有其各自的用途，本章做的定时器采用的是方式 1。
- 要让定时器/计数器工作必须要编写两个函数：一个是定时器/计数器初始化函数；另一个是定时器/计数器中断服务函数。初始化函数的任务有：设置定时器/计数器的工作方式，即对 TMOD 编程；合上定时器中断分开关（ETx＝1）；合上单片机中断总开关（EA＝1）；开启定时器定时（TRx＝1）。在编写定时器中断服务函数时一定要注意中断服务号，对于定时器 0 来说，其中断服务号是 1；对于定时器 1 来说，其中断服务号是 3。定时器中断服务函数中要编写的指令随应用系统的不同而不同，对于本系统来说是编写能够产生时、分、秒的指令。

(2) 对于中断，归纳起来有以下几点。

- 51 单片机有 5 个中断源，按照中断的优先级顺序分别是外部中断 0、定时器 0 中断、外部中断 1、定时器 1 中断、串行中断。它们对应的中断号分别是 0、1、2、3、4。
- 要使用中断必须编写两个与中断有关的函数：一个中断初始化函数；另一个是中断服务函数。中断初始化函数需要在 main()函数中调用一次；中断服务函数不需要任何函数调用，当某个中断发生时，单片机内部的 CPU 会自动根据中断号从 ROM 中找到该中断服务函数的存放地址执行。

扩展电路及创新提示

读者可以在本硬件系统的基础上编写程序，做出一个倒计时的秒表。

第5章 从做成一个声控数码管电子钟来进一步熟悉中断

5.1 硬件设计及连接步骤

5.1.1 硬件设计

1. 设计思路

我们要制作的电子钟用到的元器件和接法与第4章的基本一样，只是增加了一个声控电路，加此电路的目的是节约能源。

2. 原理图

具体硬件接法见图5.1。

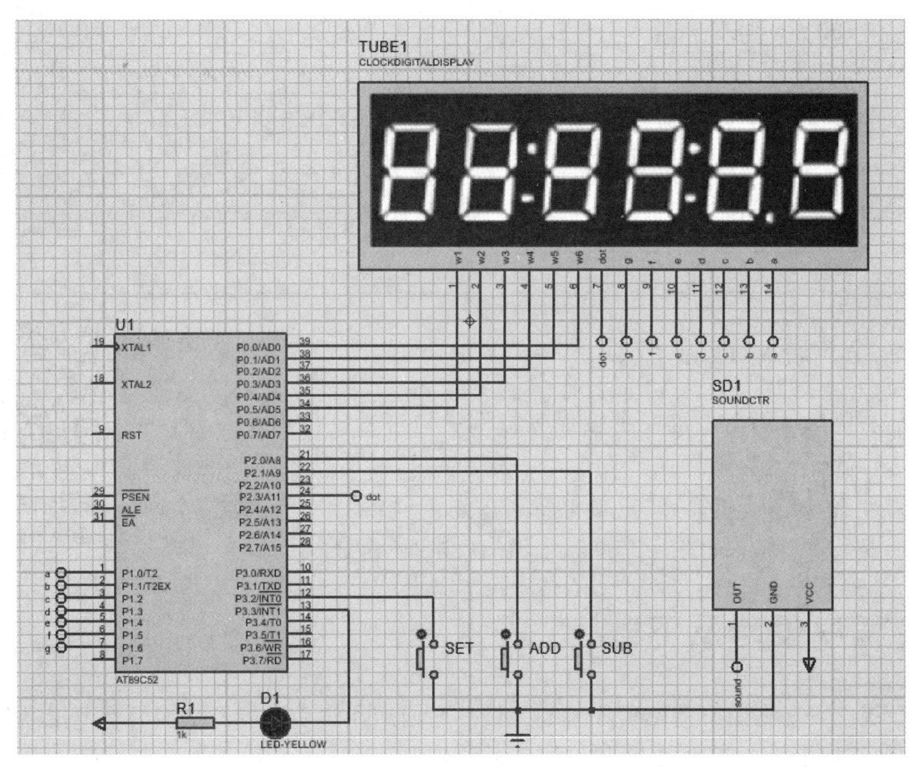

图5.1 原理图

声控电路的功能是这样的，当有一个较大的声音对着拾音器发声时，声控电路就输出一个信号给单片机，单片机通过程序让数码管显示当前时间；当显示一小会儿例如20s后，单片机通过程序让数码管停止显示。下面先给出声控模块图，见图5.2。

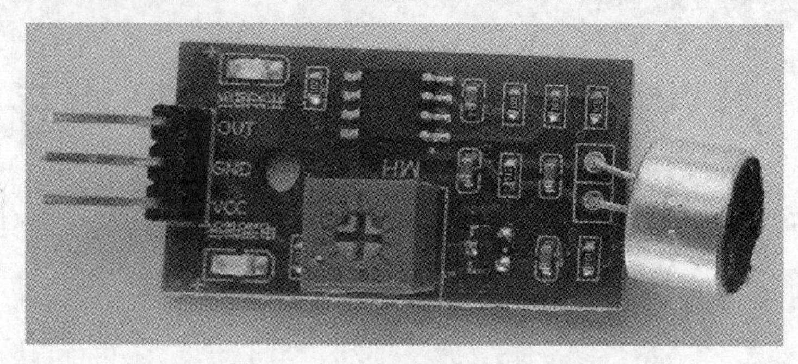

图5.2　声音传感器模块

3. 元器件清单

声控电路用到的元器件见表5.1。

表5.1　所需元器件

序　号	元器件名称	型号或容量	数量/个
1	单片机	STC89C52RC DIP40	1
2	晶振	12MHz	1
3	电容	30pF	2
4	0.36in 6位一体16脚带时钟数码管共阴	AH3661	1
5	1kΩ 9脚排阻	A102	1
6	按钮	12×12×4.3，按键，轻触开关	4
7	蜂鸣器	5V无源蜂鸣器	1
8	PNP三极管	9015	1
9	声音传感器模块		1
10	发光二极管	任意演示	1
11	电阻	1kΩ	1

5.1.2　硬件连接步骤

声控数码管电子钟硬件连接及运行视频

扫描右侧二维码在手机或平板计算机端一边观看硬件连接视频，一边动手进行硬件连接，硬件连接完成后一定要用万用表检测一下硬件连接得是否可靠，如果不可靠，一定要重新连接直至可靠无误。至此整个硬件电路的安装工作结束。接下来要动手做的就是编写程序了。

5.2　程序设计及下载

本系统的程序在定时器的程序基础上做一些增加和改动即可。增加的是声控电路的程序，改动的是把定时功能改成电子钟功能，先给出源程序。

5.2.1　源程序

源程序如下：

```
#include<reg52.h>
#include<math.h>                          //因为要计算绝对值,所以要有数学头文件
typedef unsigned char u8;
typedef unsigned int u16;
u8 d[] = {0x3f,0x06,0x5b,0x4f,0x66,0x6d,0x7d,0x07,0x7f,0x6f};
u8 w[] = {0x1f,0x2f,0x37,0x3b,0x3d,0x3e};
u8 ms = 0, s = 0, m = 0, h = 0, sflash = 0, mflash = 0, hflash = 0, Turn = 0, Ifdisplay = 1, DisTime,
lighting = 0;
char s1 = 0,m1 = 0,h1 = 0;
u16 Tvalue = 0;
sbit beep = P2^0;                         //通过 P2.0 来控制蜂鸣器是否发声
sbit keyadd = P2^2;                       //通过 P2.2 来接收加 1 按钮的输入
sbit keysub = P2^1;                       //通过 P2.1 来接收减 1 按钮的输入
sbit Dot = P2^3;                          //通过 P2.3 来控制发光二极管是否亮
sbit keyset = P3^2;                       //通过 P3.2 来接收"开始定时"和"暂停定时"按钮的输入
sbit Sound = P2^5;
sbit led = P3^3;
/**********************************************************************
函数名称:        delay(u16 t)
函数功能:        产生时间延时
入口参数:        无
出口参数:        无
备 注:
**********************************************************************/
void delay(u16 t)
{
    u8 i;
    for(;t>0;t--)
        for(i=19;i>0;i--);
}
/**********************************************************************
函数名称:        beepon()
函数功能:        蜂鸣器发声
入口参数:        无
出口参数:        无
备 注:
**********************************************************************/
void beepon()
{
    beep = 0;                             //让蜂鸣器响
    delay(500);                           //延时一小会儿
    beep = 1;                             //让蜂鸣器不响
}
/**********************************************************************
函数名称:        display()
函数功能:        显示定时时间
入口参数:        无
出口参数:        无
备 注:
**********************************************************************/
```

```
void display(void)
{
        P1 = d[h/10];                          //通过 P1 口给数码管输出小时的十位数段码
        P0 = w[0];                             //通过 P0 口让从左数第一个数码管亮,即输出位选信号
        delay(30);
        P0 = 0xff;
        P1 = d[h % 10];                        //通过 P1 口给数码管输出小时的个位数段码
        P0 = w[1];                             //通过 P0 口让从左数第二个数码管亮
        delay(30);
        P0 = 0xff;

        P1 = d[m/10];                          //通过 P1 口给数码管输出分的十位数段码
        P0 = w[2];                             //通过 P0 口让从左数第四个数码管亮
        delay(30);
        P0 = 0xff;
        P1 = d[m % 10];                        //通过 P1 口给数码管输出分的个位数段码
        P0 = w[3];                             //通过 P0 口让从左数第五个数码管亮
        delay(30);
        P0 = 0xff;

        P1 = d[s/10];                          //通过 P1 口给数码管输出秒的十位数段码
        P0 = w[4];                             //通过 P0 口让从左数第七个数码管亮
        delay(30);
        P0 = 0xff;
        P1 = d[s % 10];                        //通过 P1 口给数码管输出秒的个位数段码
        P0 = w[5];                             //通过 P0 口让从左数第八个数码管亮
        delay(30);
        P0 = 0xff;
}
/*************************************************************************
函数名称:        dispalyT()
函数功能:        显示预置定时时间
入口参数:        无
出口参数:        无
备 注:
*************************************************************************/
void displayT(void)
{Dot = 0;
        switch(Turn)
            {
                case 1:{sflash = 0;mflash = 0;hflash = 50;break;}
                case 2:{sflash = 0;mflash = 50;hflash = 0;break;}
                case 3:{sflash = 50;mflash = 0;hflash = 0;break;}
            }
        if(Turn == 1)
        {
            P1 = d[h1/10];                     //通过 P1 口给数码管输出预置小时的十位数段码
            P0 = w[0];                         //通过 P0 口让从左数第一个数码管亮,即输出位选信号
            delay(hflash);                     //延时时间是一个变量,当显示小时时,hflash = 30
            P0 = 0xff;                         //当不预置小时时,让 hflash = 0
            P1 = d[h1 % 10];                   //通过 P1 口给数码管输出预置小时的个位数段码
            P0 = w[1];                         //通过 P0 口让从左数第二个数码管亮
            delay(hflash);
```

```
        P0 = 0xff;
    }
    if(Turn == 2)
    {
        P1 = d[m1/10];
        P0 = w[2];
        delay(mflash);
        P0 = 0xff;
        P1 = d[m1 % 10];
        P0 = w[3];
        delay(mflash);
        P0 = 0xff;
    }
    if(Turn == 3)
    {
        P1 = d[s1/10];
        P0 = w[4];
        delay(sflash);
        P0 = 0xff;
        P1 = d[s1 % 10];
        P0 = w[5];
        delay(sflash);
    }
    P0 = 0xff;
}
/*************************************************************************
函数名称:          keyscan()
函数功能:          判断"加 1""减 1"键是否被按下,如果被按下则进行相应的处理
入口参数:          无
出口参数:          无
备 注:
*************************************************************************/
void keyscan()
{
    if(keyadd == 0)                        //是要对"时""分""秒"加 1 吗?
    {
        delay(120);                        //延时消抖
        if(keyadd == 0)                    //再确认一下"加 1"键是否被按下
        {
            switch(Turn)                   //是预置秒还是预置分或者是时
            {
                case 1:{h1++;if(h1 > 23) h1 = 0;break;}        //对时加 1
                case 2:{m1++;if(m1 > 59) m1 = 0;break;}        //对分加 1
                case 3:{s1++;if(s1 > 59) s1 = 0;break;}        //对秒加 1
            }
            beepon();                      //当按"加 1"键时让蜂鸣器响一声
        }
    }while(!keyadd);                       //按键松开去抖

    if(keysub == 0)                        //是要对时、分、秒减 1 吗?
    {
        delay(120);                        //延时消抖
        if(keysub == 0)                    //再确认一下"减 1"键是否被按下
```

```
            {
                switch(Turn)
                {
                    case 1:{h1 -- ;if(h1 < 0) h1 = 23;break;}         //对时减 1
                    case 2:{m1 -- ;if(m1 < 0) m1 = 59;break;}         //对分减 1
                    case 3:{s1 -- ;if(s1 < 0) s1 = 59;break;}         //对秒减 1
                }
                beepon();                   //当按"减 1"键时让蜂鸣器响一声
            }
        }while(!keysub);
        displayT();                         //显示设置时间
}
/********************************************************************
函数名称:          T0_init()
函数功能:          定时器 0 中断初始化
入口参数:          无
出口参数:          无
备 注:
********************************************************************/
void T0_init()
{
    TMOD | = 0x01;                          //让 TMOD 寄存器的 M0 置 1
    TMOD & = 0xf1;                          //让 TMOD 寄存器的 8 位成为:xxxx 0001(x 表示 0 或者 1)
    ET0 = 1;                                //闭合定时器 0 中断分开关
    EA = 1;                                 //闭合单片机中断的总开关
}
/********************************************************************
函数名称:          T0_int() interrupt 1
函数功能:          产生时间并判断定时时间是否到
入口参数:          无
出口参数:          无
备 注:             定时器 0 的中断号是 1
********************************************************************/
void T0_int() interrupt 1
{
    TH0 = (65536 - 50000)/256;
    TL0 = (65536 - 50000) % 256;            //给定时器 0 的 TH 和 TL 寄存器预装 15 536 个脉冲
    ms++;                                   //让变量 ms 来记录单片机每次发生的定时器 0 中断的次数
    if(ms % 10 == 0)
    {
        Dot = !Dot ;
        if(lighting == 1)led = !led;
    }
    if(ms == 20)                            //若发生了 20 次定时器 0 中断,则说明经历了 1s
    {
        ms = 0;                             //清除中断次数的记录
        s++;
        if(s > 59)                          //当秒加到 60 次时
        {
            s = 0;                          //让秒变量归 0
            m++;                            //让分加 1
            if(m > 59)                      //当分加到 60 次时
            {
```

```
                m = 0;                      //让分变量归 0
                h++;                        //让小时加 1
                if(h > 23) h = 0;           //当小时加到 24 时,让小时变量归 0
            }

        }
        //if(h == h1&&m == m1&&s == s1) {TR0 = 0;beep = 0;LED = 0;}
    }   //当定时时间到的那一刻,停止计时,让蜂鸣器长响,让 LED 亮
}
/*****************************************************************************
函数名称:        EX0_init()
函数功能:        单片机外部中断 0 中断初始化
入口参数:        无
出口参数:        无
备 注:
*****************************************************************************/
void EX0_init()
{
    IT0 = 1;                                //设置外部中断 0 为下降沿触发中断方式
    EX0 = 1;                                //闭合外部中断 0 的中断分开关
    EA = 1;                                 //闭合单片机的中断总开关
}
/*****************************************************************************
函数名称:        EX0_int() interrupt 0
函数功能:        如果"设置"键被按下则进行相应的处理
入口参数:        无
出口参数:        无
备 注:          外部中断 0 的中断号是 0
*****************************************************************************/
void EX0_int() interrupt 0
{
u8 i;
if(keyset == 0)                             //"开始定时"/"设置"键被按下?
{
    for(i = 0;i < 150;i++);                 //延时消抖(为什么不用延时函数请读者思考)
    if(keyset == 0)                         // "开始定时"/"设置"键确实被按下
    {
        EX0 = 0;                            //打开外部中断 0 中断分开关,暂时不允许中断
        beepon();                           //让蜂鸣器响一声
    Turn++;
        if(Turn == 1)
        {
            TR0 = 0;                        //停止定时器 0 定时
            s1 = 0;
            m1 = 0;
            h1 = 0;
        }
        if(Turn > 3)                        //"开始定时"/"设置"按钮被按了 4 下
        {
                Turn = 0;                   //将 Turn 的值变回到 0
                s = s1;
                m = m1;
                h = h1;                     //将需要走时的变量 h、m、s 赋值成对表时的时、分、秒
```

```
                Tvalue = h1 * 3600 + m1 * 60 + s1;          //计算 Tvalue 的值,看看是否设置
                if(Tvalue!= 0)
                    TR0 = 1;                                //如果设置了对表时间就开始走表
            }
        }
    }while(!keyset);

}
/*********************************************************************************
函数名称:        main()
函数功能:        初始化设置,循环往复地检验是否有按键被按下并调用显示函数显示
入口参数:        无
出口参数:        无
备 注:
*********************************************************************************/
main()
{
    P1 = 0xff;                              //让 P1 口输出 8 个 1
    EX0_init();                             //调用外部中断 0 初始化函数
    T0_init();                              //调用定时器 0 初始化函数
    Turn = 0;                               //清 0 标志变量
    TR0 = 1;
    while(1)
    {
        EX0 = 1;                            //开启外部中断 0
        if(Turn)                            //如果 Turn 的值不为 0,则说明正在设置定时时间
        {
            sflash = 30;
            mflash = 30;
            hflash = 30;
            keyscan();
        }
        if(Sound == 1&&Ifdisplay)           //如果检测到声音,声控模块的信号端会短暂输出 1
        {
            lighting = 1;
            Ifdisplay = 0;
            DisTime = s;
        }
        if(lighting == 1&&Turn == 0) display();
        if(abs(s - DisTime) == 20)
        {
            Ifdisplay = 1;
            lighting = 0;
            led = 1;
        }
    }
}
```

5.2.2 数码管声控电子钟的操作

将以上程序下载到单片机中后，首先按下最左边的“对表”按钮，此时等待对小时，再按一下“对表”按钮，可以对分，再按一下“对表”按钮可以对秒，不管对秒、对分或者对小时，都

可以通过按“加 1”键和“减 1”键来实现，当对好表后，再按一下“对表”按钮，就可以走表了。

声控程序是通过一个特殊位变量 Sound 与标志变量 Ifsound 的 1 和 0 来控制数码管的显示与不显示的，在定义此变量时让其等于 0，及 u8 Ifdisplay＝0，平时没有声音时声控电路输出高电平，当声控模块接收到一个较大的声音时，声控电路输出低电平，由于声控电路接到了 P1 口的 P1.5，因此此时 P1.5 得到一个数字 0，在 main()函数中时时刻刻都检查特殊位变量 Sound 的值，一旦 Sound 变为 0，就让 Ifdisplay 变为 1，在 display()函数中设置一条 If 语句，即 If(Ifdisplay)。

完成了这个数码管电子钟的制作后我们再来深入了解一下单片机的中断。

5.3　深入了解单片机的中断

5.3.1　中断的有关概念

中断是计算机中非常重要的一个工作机制，有了中断，计算机才能高效率地工作。可以打个比方：设想一个有六个孩子的母亲，如果她一会儿问这个：“你饿不饿?”一会儿问那个：“你渴不渴?”问完这个又问另一个：“要不要上厕所?”问完又问下一个：“你有没有不舒服?”那这位母亲一天啥都不用干了。假如这位母亲告诉过她的这六个孩子“妈妈在给你们做衣服，你们有什么事就喊妈妈。”那她就在把她的孩子们安顿好后就可以不受打扰地用缝纫机做衣服了。假设当她做衣服做了一半时她的一个孩子说：“妈妈，我渴了，我要喝水。”她就得停下了正在做的衣服给她的这个孩子倒水喝。这对于她正在做的衣服这件事来说就是发生了“中断”。当她给那个孩子喝了水后，她就可以继续被“中断”了的做衣服工作。假设又过了一会儿她的另一个孩子说：“妈妈，我饿了。”她就得又一次停下做衣服去给这个孩子拿吃的，假设正当她打开冰箱取面包时她的另一个孩子说：“妈妈，我要大便。”这位母亲就得停下来取面包，关住冰箱门去领着这个孩子去厕所大便。这种情况就是发生了优先级更高的“中断”，也就是高优先级的中断可以中断低优先级的中断服务。当她伺候她的那个孩子大便完后就可以继续打开冰箱门给那个饿了的孩子取面包，当把面包给了那个饿了的孩子后她又继续被“中断”了的做衣服工作，这种情况叫“中断嵌套”。

增强型 MCS-51 单片机的 CPU 就像那位母亲，6 个中断源类似那位母亲的六个孩子，这 6 个中断源分别是外部中断 0、定时器/计数器 0、外部中断 1、定时器/计数器 1、串行中断和定时器 2 中断。它们的优先级就是按此顺序排列的，外部中断 0 的优先级最高，定时器/计数器 2 中断的优先级最低。但是它们的优先级是可以通过编程改变的。如何改变？下面会介绍。

5.3.2　中断响应全过程

要让 CPU 在中断发生后做特定的事情，必须编写中断服务程序。但是我们需要搞清楚 CPU 是怎么知道中断服务程序的存放地的。中断服务程序根据中断发生后要处理的事务不同而不同，有的中断服务程序可能编写得很短，也许只有几条程序；有的中断服务程序可能很长，也许会达到几十条、几百条或者更多。我们都知道，在增强型 MCS-51 单片机的 ROM 中保留了 48B 的存储区域专门用来存放各个中断服务程序的入口地址，每个中断分配 8B。假如把中断服务程序全部放到这 8B 里肯定放不下，但是，若把一个中断服务程序的首地址放到一个 8B 的存储空间就完全放得下，而中断服务程序在下载到 ROM 中时其所存放的区域首地址会自动被存放到对应的入口地址存放地中。表 5.2 列出了增强型 51 单片机 6 个中断源的中断服务程序入口地址，例如，外部中断 0 的中断号是 0，其中断服务程序的入口地址被存放在 0003H 到 000A 的 8B 中，定时器/计数器 0 的中断号是 1，其中断服务程序的首地址仿真从 000BH 到 0012H 共 8B 中。

表 5.2　中断源及其对应的中断号和中断服务程序入口地址

中　断　源	中断标志	中断服务程序入口	中断号	优先级顺序
外部中断 0(INT0)	IE0	0003H	0	高
定时器/计数器 0(T0)	TF0	000BH	1	↓
外部中断 1(INT1)	IE1	0013H	2	
定时器/计数器 1(T1)	TF1	001BH	3	
串行口	RI 或 TI	0023H	4	
定时器/计数器 2(T2)	TF2	002BH	5	低

每个中断源的中断服务程序的入口地址和中断号有一个计算公式，计算公式为

$$\text{中断服务程序的入口地址} = \text{中断号} \times 8 + 3$$

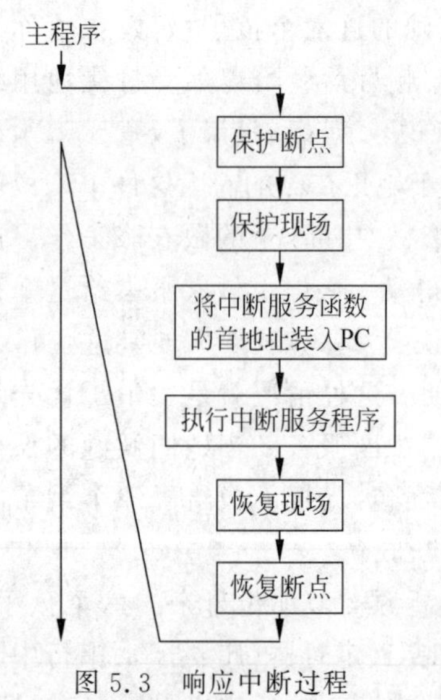

图 5.3　响应中断过程

当表 5.2 中的某个中断源发生中断时，CPU 响应中断过程如图 5.3 所示。我们都知道，CPU 中有一个寄存器叫 PC，它里面存放着下一条要执行的指令地址，CPU 在响应中断时首先要将 PC 中的内容即下一条程序的地址压入堆栈保护起来，这个操作叫“保护断点”；接下来要将此时的一些重要寄存器的内容例如累加器 A 和 B 寄存器的内容压入堆栈，这个操作叫“保护现场”。为什么要保护现场呢？因为在发生中断之前在执行主程序的过程中有一些重要的数据被存放在累加器 A 等寄存器中，如果不保护起来，当 CPU 转到执行中断服务程序时，也会用到这些重要的寄存器，执行中断服务程序时会把这些重要的寄存器原先的内容覆盖，等到中断服务程序执行完再继续执行被中断了的主程序时就会发生数据错误。

保护完现场后，CPU 将中断服务函数名后面的中断号乘以 8 再加上 3，就找到当前的中断服务程序的首地址并将其装到 PC 中，于是就开始执行中断服务程序。

当中断服务程序执行完后，系统会自动将原先压入堆栈的重要寄存器的值弹回对应的寄存器中，这个操作叫“恢复现场”，然后再将原先压入堆栈的断点地址弹回 PC，这个操作叫“恢复断点”，于是 CPU 就可以接着执行被中断了的主程序了。

5.3.3　中断优先级的改变

前面提到增强型 MCS-51 单片机有 6 个中断源，假如某个时刻有 2 个或 2 个以上中断源同时提出中断申请，那 CPU 该先响应哪个中断后响应哪个中断呢？我们知道，MCS-51

单片机的 6 个中断源是有优先级的，默认的中断优先级如表 5.2 所示，但允许通过编写程序来改变中断的优先级别。如何改变呢？见图 5.4。

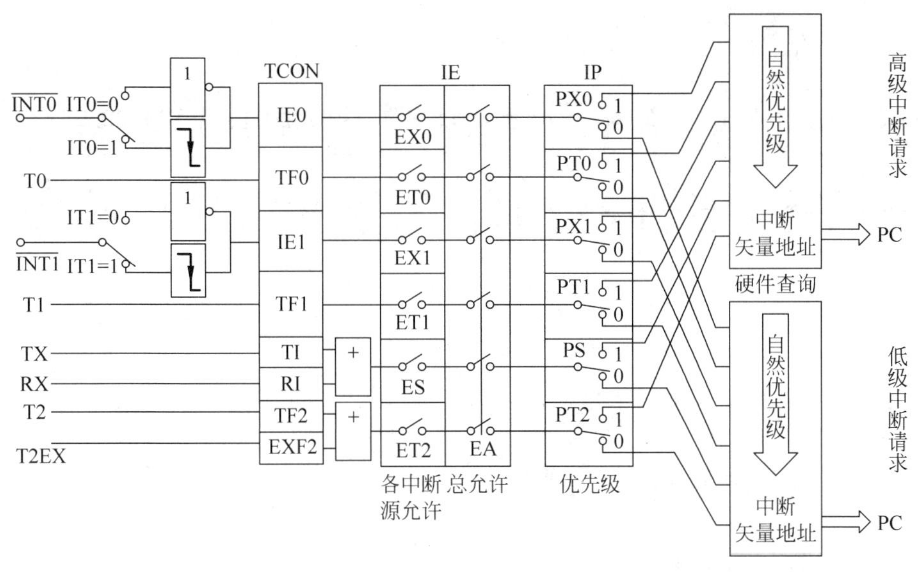

图 5.4　增强型 MCS-51 单片机中断系统结构

单片机内部有一个中断优先级控制寄存器，名称叫 IP，见图 5.5。其最高位和次高位没有意义，从 D5 位到 D0 位分别是定时器/计数器 2 的优先级控制位 PT2、串行中断的优先级控制位 PS、定时器/计数器 1 的中断优先级控制位 PT1、外部中断 1 的中断优先级控制位 PX1、定时器/计数器 0 的优先级控制位 PT0、外部中断 0 的优先级控制位 PX0。想让那个中断的优先级变高就把其对应的优先级控制位置 1，例如想让外部中断 1 的优先级变为最高，就编写一条 PX1=1 的指令即可；如果想让某个中断源的优先级变为最低，在程序中将其对应的优先级控制位清 0 即可。

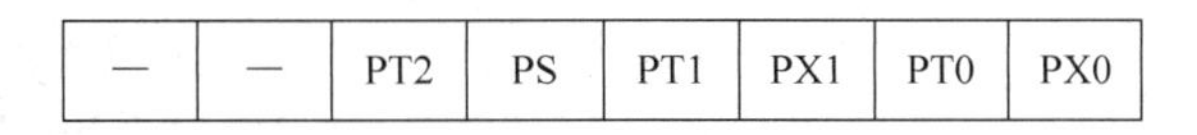

—	—	PT2	PS	PT1	PX1	PT0	PX0

图 5.5　中断优先级控制寄存器 IP 的 6 个位

知识点总结

本章的知识点是中断，要搞清楚单片机的 CPU 响应中断之前要做一些工作，例如保护断点、保护现场，响应中断其实就是执行我们编好的中断服务程序，响应完中断还要做一些工作，例如恢复现场、恢复断点。另外，虽然单片机有其默认中断优先级顺序，但可以通过编程改变此顺序。

扩展电路及创新提示

读者可以在本系统的基础上加上闹钟的功能。

第6章 从做成一个1602液晶显示器显示电子钟来进一步学习定时器/计数器

6.1 硬件设计及连接步骤

6.1.1 硬件设计

1. 设计思路

这次我们要制作的电子钟用1602液晶显示器来显示时间，1602液晶显示器可以显示2行英文字符，不能显示汉字。1602液晶显示器有8条数据线，这8条数据接到单片机的P0口，1602液晶显示器还有3条控制线，这3条控制线接到P1口的P1.0、P1.1和P1.2上，用4个按钮来让用户进行对表和设置闹钟。

2. 原理图

1602液晶显示器电子钟电路见图6.1。

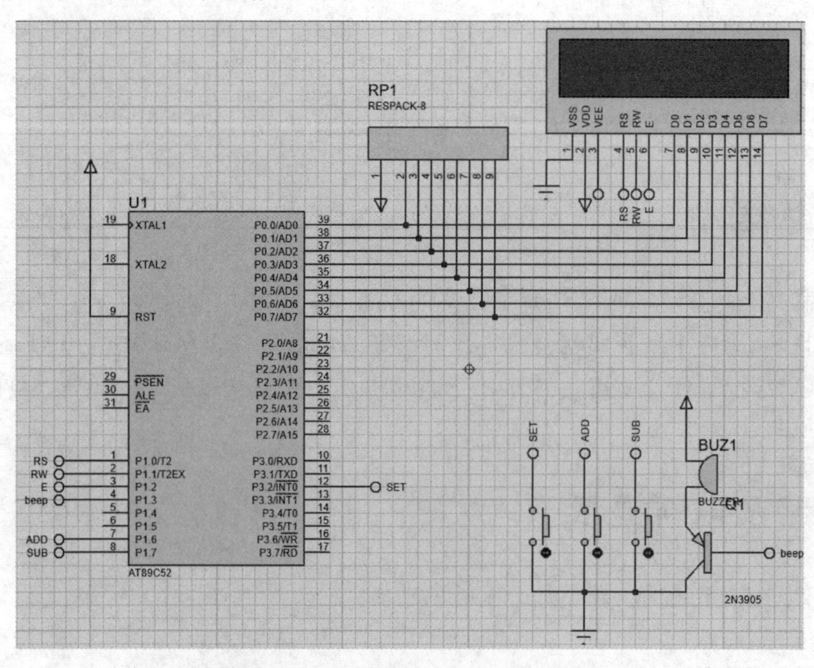

图6.1 1602液晶显示器电子钟电路

3. 元器件清单

本电路所需电子元器件见表 6.1。

表 6.1　本电路所需电子元器件

序　　号	元器件名称	型号或容量	数量/个
1	单片机	STC89C52RC DIP40	1
2	晶振	12MHz	1
3	电容	30pF	2
4	液晶显示器	1602	1
5	1kΩ 9 脚排阻	A102	1
6	按钮	12×12×4.3,按键,轻触开关	3
7	蜂鸣器(扩展电路用)	5V 无源蜂鸣器	1
8	PNP 三极管(扩展电路用)	9015	1
9	电位器	10kΩ	1
10	单排排针	间距 2.54mm 1×40P 普通单排插针	1

要进行硬件连接必须先对 1602 液晶显示器有所了解。

6.1.2　1602 液晶显示器介绍

1. 1602 液晶显示器主要技术参数

显示容量：16×2 个字符。

芯片工作电压：4.5～5.5V。

工作电流：2.0mA(5.0V)。

模块最佳工作电压：5.0V。

字符尺寸：2.95mm×4.35mm(宽×高)。

1602 液晶显示器正面如图 6.2 所示，背面如图 6.3 所示，引脚如表 6.2 所示。

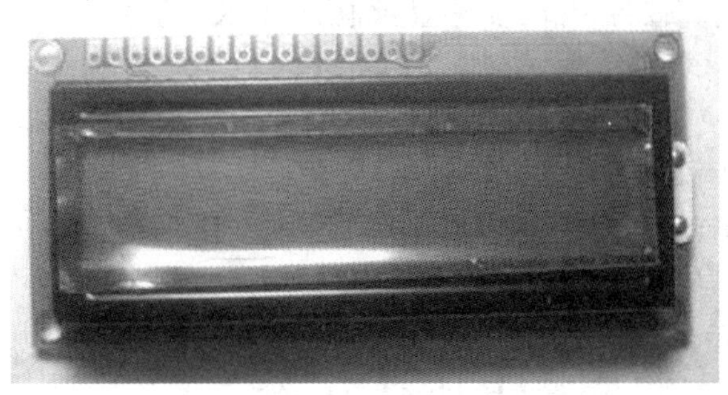

图 6.2　1602 液晶显示器正面图

图 6.3　1602 液晶显示器背面图

表 6.2 1602 液晶显示器引脚

编　号	符　号	引 脚 说 明
1	VSS	电源地
2	VDD	电源正极
3	VL	液晶显示偏压
4	RS	数据/命令选择
5	R/W	读/写选择
6	E	使能信号
7	D0	数据
8	D1	数据
9	D2	数据
10	D3	数据
11	D4	数据
12	D5	数据
13	D6	数据
14	D7	数据
15	BLA	背光源正极
16	BLK	背光源负极

2. 1602 液晶显示器引脚说明

第 1 脚：VSS 为电源地。

第 2 脚：VDD 接 5V 正电源。

第 3 脚：VL 为液晶显示器对比度调整端，接正电源时对比度最弱，接地时对比度最高，对比度过高时会产生“鬼影”，使用时可以通过一个 10kΩ 的电位器调整对比度。

第 4 脚：RS 为寄存器选择，高电平时选择数据寄存器、低电平时选择指令寄存器。

第 5 脚：R/W 为读/写信号线，高电平时进行读操作，低电平时进行写操作。当 RS 和 R/W 共同为低电平时可以写入指令或者显示地址，当 RS 为低电平、R/W 为高电平时可以读忙信号，当 RS 为高电平、R/W 为低电平时可以写入数据。

第 6 脚：E 端为使能端，当 E 端由高电平跳变成低电平时，液晶模块执行命令。

第 7～14 脚：D0～D7 为 8 位双向数据线。

第 15 脚：背光源正极，接 V_{CC}。

第 16 脚：背光源负极，接地。

3. 1602 液晶显示器内部的控制指令说明

1602 液晶模块内部的控制器共有 11 条控制指令，如表 6.3 所示。

表 6.3 控制指令

序号	指　令	RS	R/W	D7	D6	D5	D4	D3	D2	D1	D0
1	清显示	0	0	0	0	0	0	0	0	0	1
2	光标返回	0	0	0	0	0	0	0	0	1	*
3	置输入模式	0	0	0	0	0	0	0	1	I/D	S
4	显示开/关控制	0	0	0	0	0	0	0	D	C	B
									1：开显示	1：有光标	1：光标闪烁
									0：关显示	0：无光标	0：光标不闪烁

续表

序号	指　　令	RS	R/W	D7	D6	D5	D4	D3	D2	D1	D0
5	光标或字符移位	0	0	0	0	0	1	S/C 1：移动文字 0：移动光标	R/L 0：左移 1：右移	*	*
6	置功能	0	0	0	0	1	DL	N	F	*	*
7	字符发生存储器地址	0	0	0	1	字符发生存储器地址					
8	置数据存储器地址	0	0	1	显示数据存储器地址						
9	读忙标志或地址	0	1	BF	计数器地址						
10	写数据到存储器	1	0	要写的数据内容							
11	从存储器读数据	1	1	读出的数据内容							

1602液晶模块的读/写操作、屏幕和光标的操作都是通过指令编程来实现的(表6.3中,1为高电平、0为低电平)。

指令1：清显示,指令码为01H,光标复位到地址00H位置。

指令2：光标复位,光标返回地址00H。

指令3：光标和显示模式设置。I/D：光标移动方向,高电平右移,低电平左移；S：屏幕上所有文字是否左移或者右移。高电平表示有效,低电平表示无效。

指令4：显示开/关控制。D：控制整体显示的开与关,高电平表示开显示,低电平表示关显示；C：控制光标的开与关,高电平表示有光标,低电平表示无光标；B：控制光标是否闪烁,高电平闪烁,低电平不闪烁。

指令5：光标或字符移位。S/C：高电平时移动显示的文字,低电平时移动光标。

指令6：功能设置命令。DL：高电平时为4位总线,低电平时为8位总线；N：低电平时为单行显示,高电平时为双行显示；F：低电平时显示5×7的点阵字符,高电平时显示5×10的点阵字符。

指令7：字符发生器RAM地址设置。

指令8：DDRAM地址设置。

指令9：读忙信号和光标地址。BF：忙标志位,高电平表示忙,此时模块不能接收命令或者数据,如果为低电平则表示不忙。

指令10：写数据。

指令11：读数据。

6.1.3 硬件安装步骤

下面用文字描述硬件安装和连接的详细过程。

(1) 将排针掰取16个针,如图6.4所示。

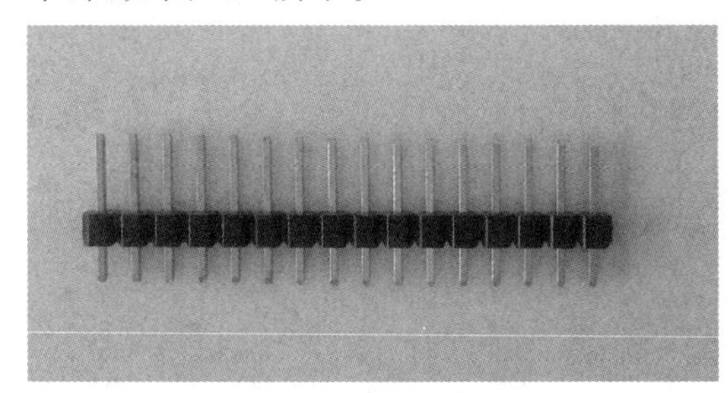

图6.4　掰取16个针的排针

(2) 将排针短的那一端插到1602液晶显示器的16个引脚上并焊接，如图6.5所示。

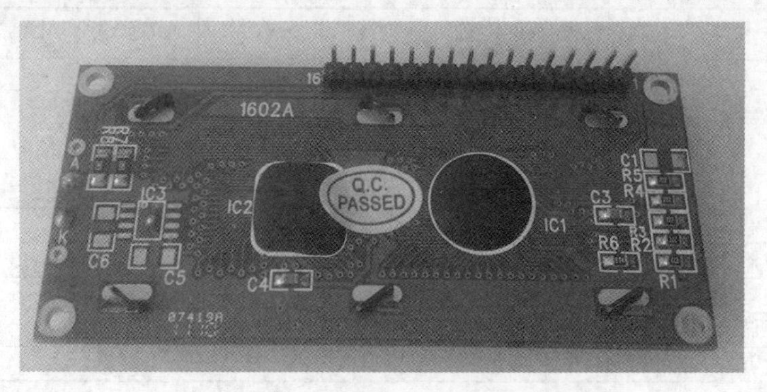

图6.5 焊上排针的1602液晶显示器

扫描如下二维码在手机或平板计算机端一边观看硬件连接和用万用表检测电路的视频，一边动手进行硬件连接，硬件连接完成后一定要用万用表检测一下硬件连接得是否可靠，如果不可靠，一定要重新连接直至可靠无误。至此整个硬件电路的安装工作结束，如图6.6所示。接下来要动手做的就是编写程序了。

1602液晶显示电子钟
硬件连接及运行视频

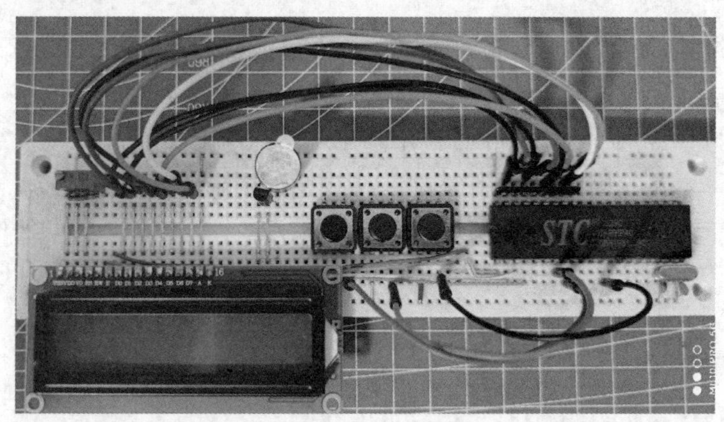

图6.6 安装并连好线后的1602液晶显示器电子钟

6.2 程序设计及下载

6.2.1 源程序

将以下程序下载到单片机中。本章的重点是学会1602液晶显示器编程，所以没有给出闹钟程序，望读者自己加上闹钟程序。

```
#include <reg52.h>
#define u8 unsigned char
#define u16 unsigned int
sbit RS = P1^0;
sbit RW = P1^1;
sbit E = P1^2;
```

```
sbit beep = P1^3;
sbit Ksub = P1^7;
sbit Kadd = P1^6;
sbit Kset = P3^2;
u8 ms,s,hm,zc;
int h,m;
void Write_cmd(u8 com);
void Write_char(u8 x,u8 y,u8 value);
/************************************************************************
 函数名称:        delay(u16 t)
 函数功能:        产生延时
 入口参数:        t
 出口参数:        无
 备 注:
************************************************************************/
void delay(u16 t)
{
    u8 i;
    while(t--)
    {
        for(i = 0;i < 19;i++);
    }
}
/************************************************************************
 函数名称:        delay(u16 t)
 函数功能:        产生延时,在晶振 12MHz 的频率下,大约延时 50ms
 入口参数:        t
 出口参数:        无
 备 注:
************************************************************************/
void delay_50ms(u16 t)
{
    u8 j;
    for(;t > 0;t--)
        for(j = 6245;j > 0;j--);
}
/************************************************************************
 函数名称:        BeepOn()
 函数功能:        蜂鸣器响
 入口参数:        无
 出口参数:        无
 备 注:
************************************************************************/
void BeepOn()
{
    beep = 0;
    delay(100);
    beep = 1;
}
/************************************************************************
 函数名称:        EX0_init()
 函数功能:        外部中断 0 初始化
 入口参数:        无
```

```
 出口参数:          无
 备 注:
*********************************************************************/
void EX0_init()
{
    IT0 = 1;
    EX0 = 1;
    EA = 1;
}
/*********************************************************************
 函数名称:          EX0_int() interrupt 0
 函数功能:          用来检测是否"时间设置"按钮被按下
 入口参数:          无
 出口参数:          无
 备 注:             外部中断 0 的中断号是 0
*********************************************************************/
void EX0_int() interrupt 0
{
    u8 i;
    if(Kset == 0)
    {
        for(i = 0;i < 200;i++);
        if(Kset == 0)
        {
            EX0 = 0;
            BeepOn();
            hm++;
            if(hm == 1)
            {
                TR2 = 0;
                zc = ms;
            }
            if(hm > 2)
            {
                ms = zc;
                TR2 = 1;
                hm = 0;
            }
        }
    }
}
/*********************************************************************
 函数名称:          keyscan()
 函数功能:          检测是 "加 1"键还是"减 1"键被按下
 入口参数:          无
 出口参数:          无
 备 注:
*********************************************************************/
void KeyScan(void)
{
    if(Kadd == 0)
    {
        delay(100);
```

```
        if(Kadd == 0)
        {
            BeepOn();
            switch(hm)
            {
                case 1:
                {
                    h++;
                    if(h > 23) h = 0;
                    break;
                }
                case 2:
                {
                    m++;
                    if(m > 59) m = 0;
                    break;
                }
            }
        }

    }
    if(Ksub == 0)
    {
        delay(100);
        if(Ksub == 0)
        {
            BeepOn();
            switch(hm)
            {
                case 1:
                {
                    h--;
                    if(h < 0) h = 23;
                    break;
                }
                case 2:
                {
                    m--;
                    if(m < 0) m = 59;
                    break;
                }
            }
        }

    }
}
/************************************************************************
 函数名称:        Write_cmd(u8 com)
 函数功能:        向 1602 液晶显示器中写命令
 入口参数:        com
 出口参数:        无
 备 注:
************************************************************************/
```

```
void Write_cmd(u8 com)
{
    RS = 0;
    RW = 0;
    P0 = com;
    delay(10);
    E = 1;
    delay(20);
    E = 0;
}
/**********************************************************************
 函数名称:        Write_data(u8 dat)
 函数功能:        向 1602 液晶显示器中写数据
 入口参数:        dat
 出口参数:        无
 备 注:
**********************************************************************/
void Write_data(u8 dat)
{
    RS = 1;
    RW = 0;
    P0 = dat;
    delay(10);
    E = 1;
    delay(20);
    E = 0;
}
/**********************************************************************
 函数名称:        LCD_init()
 函数功能:        对 1602 液晶显示器初始化
 入口参数:        无
 出口参数:        无
 备 注:
**********************************************************************/
void LCD_init()
{
    Write_cmd(0x38);
    delay(100);
    Write_cmd(0x0c);
    Write_cmd(0x06);
    Write_cmd(0x01);
}
/**********************************************************************
 函数名称:        Write_char(u8 x,u8 y,u8 value)
 函数功能:        向 1602 液晶显示器中写一个字符
 入口参数:        x,y,value
 出口参数:        无
 备 注:
**********************************************************************/
void Write_char(u8 x,u8 y,u8 value)
{
    if(y == 0) Write_cmd(0x80 + x);
    else Write_cmd(0xC0 + x);
```

```
    Write_data(value);
}
/*************************************************************************
 函数名称:        Write_String(u8 x,u8 y,u8 * s)
 函数功能:        向 1602 液晶显示器中写一个字符串
 入口参数:        x,y, * s
 出口参数:        无
 备 注:
*************************************************************************/
void Write_String(u8 x,u8 y,u8 * s)
{
    while( * s)
    {
        Write_char(x,y, * s);
        x++;
        s++;
    }
}
/*************************************************************************
 函数名称:        LCD_Clear()
 函数功能:        对 1602 液晶显示器清除屏幕显示内容
 入口参数:        无
 出口参数:        无
 备 注:
*************************************************************************/
void LCD_Clear(void)
 {
     Write_cmd(0x01);
     delay(5);
 }
/*************************************************************************
 函数名称:        T2_init()
 函数功能:        对单片机内部的定时器 2 初始化
 入口参数:        无
 出口参数:        无
 备 注:
*************************************************************************/
void T2_init()
{
    RCAP2H = 3036/256;                    //重装载计数器赋初值
    RCAP2L = 3036 % 256;
    ET2 = 1;                              //开定时器 2 中断
    EA = 1;                               //开总中断
    TR2 = 1;                              //开启定时器,并设置为自动重装载模式
}
/*************************************************************************
 函数名称:        T2_int() interrupt 5
 函数功能:        通过定时器 2 的中断服务函数来产生秒、分和小时
 入口参数:        无
 出口参数:        无
 备 注:           定时器/计数器 2 的中断服务号是 5
*************************************************************************/
void T2_int() interrupt 5
```

```
{
    static ms;
    ms++;
    TF2 = 0;
    if(ms == 16)
    {
        ms = 0;
        s++;
        if(s > 59)
        {
            s = 0;
            m++;
            if(m > 59)
            {
                m = 0;
                h++;
                if(h > 23) h = 0;
            }
        }
    }
}
/***********************************************************************
 函数名称:          main()
 函数功能:          通过定时器2的中断服务函数来产生秒、分和小时
 入口参数:          无
 出口参数:          无
 备 注:
***********************************************************************/
void main()
{
    u8 i = 0;
    T2_init();
    EX0_init();
    LCD_init();
    LCD_Clear();
    Write_String(0,0,"Hello everybody!");

    while(1)
    {
        EX0 = 1;
        if(hm == 1) {Write_char(4,1,' ');Write_char(5,1,' ');delay(100);}
        Write_char(4,1,h/10 + 0x30);
        Write_char(5,1,h % 10 + 0x30);
        Write_char(6,1,':');
        if(hm == 2) {Write_char(7,1,' ');Write_char(8,1,' ');delay(100);}
        Write_char(7,1,m/10 + 0x30);
        Write_char(8,1,m % 10 + 0x30);
        Write_char(9,1,':');
        Write_char(10,1,s/10 + 0x30);
        Write_char(11,1,s % 10 + 0x30);
        KeyScan();                          //扫描键盘
    }
}
```

6.2.2　1602 液晶显示器显示电子钟的操作

本章制作的电子钟的操作与第 5 章制作的数码管电子钟没有多大区别，也是上电之后先对表。上电之后在 1602 液晶显示器的第一行显示“Hello everybody!”，第二行显示“00：00：00”并且数字秒会自动加 1，等对好表后就会走时。

本章做的单片机应用系统首次用到了液晶显示器，熟练掌握使用 1602 液晶显示器的关键是学会对其编程，下面就介绍对 1602 液晶显示器的编程。

6.3　学会对 1602 液晶显示器编程

要学会对 1602 液晶显示器的编程需要看懂相关资料，其中最关键的要注意以下几点：

1. 1602 液晶显示器的读写时序

在对 1602 液晶显示器进行硬件连接时知道该液晶显示器有 3 个控制引脚，它们分别是 RS(第 4 脚)、R/W(第 5 脚)、E(第 6 脚)。

当 RS=1 时，是对 1602 液晶显示器的数据存储器读写；当 RS=0 时，是对 1602 液晶显示器的指令存储器读写。

当 R/W=1 时，是读操作；当 R/W=0 时，是写操作。

不管是读操作还是写操作，都需要通过 E 端给 1602 液晶显示器发一个脉冲。对以上 3 个控制引脚的要求明白了后，来看 1602 液晶显示器的时序图就容易了。由于电路中只需对 1602 液晶显示器写命令和写数据，因此只需读懂 1602 液晶显示器的写操作时序即可。以写命令时序为例来读一下时序图 6.7。

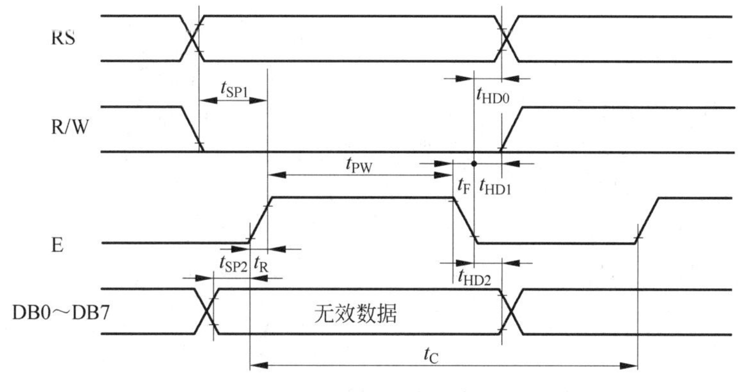

图 6.7　写操作时序

首先让 RS=0(写命令)，然后让 R/W=0(写操作)，同时让单片机的 P0 口送出要写入 1602 液晶显示器的指令，延时一小会儿(t_{SP1} 时间，大约 20μs)，让 E=1，即产生脉冲的上升沿，E 的高电平要保持一段时间(t_{PW}，大约 40μs)，然后让 E=0，脉冲结束，最后将 R/W 变回 1，即 R/W=1。这样我们就可以编出 1602 液晶显示器写命令的函数。

```
void Write_cmd(u8 com)
{
    RS = 0;
    RW = 0;
```

```
    P0 = com;
    delay(10);
    E = 1;
    delay(20);
    E = 0;
    RW = 1;
}
```

写数据函数与写命令函数仅在函数名以及第1条和第3条指令不同，其余都相同。

```
void Write_data(u8 dat)
{
    RS = 1;
    RW = 0;
    P0 = dat;
    delay(10);
    E = 1;
    delay(20);
    E = 0;
    RW = 1;
}
```

2. 1602液晶显示器的初始化

根据1602液晶显示器的使用说明书，1602液晶显示器的初始化是按照以下步骤进行的。

延时15ms。

写指令38H(不检测忙信号)。

延时5ms。

写指令38H(不检测忙信号)。

延时5ms。

写指令38H(不检测忙信号)。

以后每次写指令、读/写数据操作均需要检测忙信号。

写指令38H：显示模式设置。

写指令08H：显示关闭。

写指令01H：显示清屏。

写指令06H：显示光标移动设置。

写指令0CH：显示开及光标设置。

其实，写指令38H没有必要写4次，写1次就可以，另外也没必要关闭显示，所以无须写指令08H。据此，就可以编写出1602液晶显示器的初始化程序如下。

```
void LCD_init()
{
    Write_cmd(0x38);
    delay(100);
    Write_cmd(0x0c);
    Write_cmd(0x06);
    Write_cmd(0x01);
}
```

3. 在 1602 液晶显示器上显示一个字符的程序

要编写出在 1602 液晶显示器上显示一个字符的程序必须要了解 1602 液晶显示器这 2 行 16 列的地址是怎么排列的。我们来看一下 1602 液晶显示器说明书上的图，见图 6.8。但是 1602 液晶显示器里面的 DDRAM 的地址准确来说应该是 DDRAM 地址＋80H 之后的值，因为在向数据总线写数据时，命令字的最高位 D7 要求恒定为高电平 1，例如第 2 行第 1 个字符的地址是 40H，实际地址应该是 01000000B(40H)＋10000000(80H)＝11000000B(C0H)。

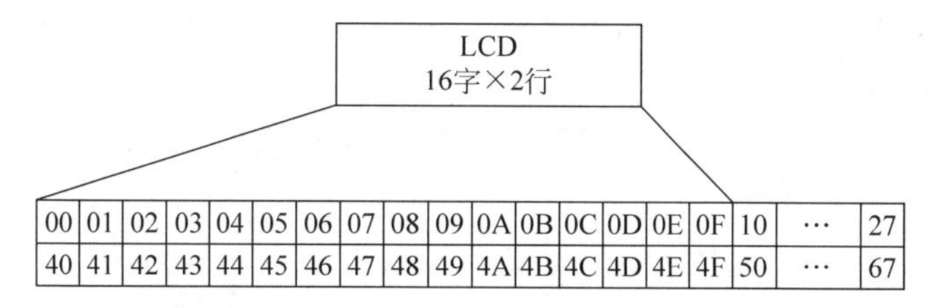

图 6.8　1602 液晶显示器屏幕地址

根据屏幕地址就可以编写出在屏幕任意位置显示一个字符的函数，其思路是这样的：定义 3 个形参，即 x、y 和 value，x 表示水平方向的地址，y 表示是第 1 行还是第 2 行，value 表示要写的字符。1602 液晶模块内部的字符发生存储器(CGROM)已经存储了 160 个不同的点阵字符图形(参见 1602 液晶显示器说明书)，这些字符有阿拉伯数字、英文字母(大小写均可)、常用的符号和日文假名等，每个字符都有一个固定的代码，例如大写的英文字母 A 的代码是 01000001B(41H)，显示时模块把地址 41H 中的点阵字符图形显示出来，这样就能看到字母 A。

```
void Write_char(u8 x,u8 y,u8 value)
{
    if(y == 0) Write_cmd(0x80 + x);
    If(y == 1) Write_cmd(0xC0 + x);
    Write_data(value);
}
```

4. 在 1602 液晶显示器上显示一个字符串的函数

显示一个字符串的函数也要定义屏幕的 x 和 y 坐标 2 个形参，第 3 个形参是一个指针变量。程序设计的思路是：考察每个由指针变量 s 所指向的单个字符，如果这个字符不是\0(其 ASCII 码为 0)，就调用刚才介绍过的显示一个字符的函数 Write_char()将这个字符显示在屏幕的 x、y 的位置，然后让 x 地址加 1，同时也让指针 s 指向下一个字符，当指针变量 s 指向的字符为\0 时，停止调用 Write_char()函数。

```
void Write_String(u8 x,u8 y,u8 * s)
{
    while( * s)  Hel
    {
        Write_char(x,y, * s);
        x++;
        s++;
    }
}
```

有了在1602液晶显示器屏幕上显示字符串的函数，在想要显示一串字符时调用它即可，例如想在屏幕的第一行显示“Hello everybody!”，在main()函数中编写一条这样的语句即可：

```
Write_String(0,0,"Hello everybody!");
```

需要注意的是，字符串的字符不要超过16个。

5. 在1602液晶显示器上显示一个数字

前面已经说过，在1602液晶模块内部的字符发生存储器(CGROM)中已经存储了160个不同的点阵字符图形，这些字符都是ASCII码字符，从ASCII码表我们知道，数字0的ASCII码是30H，数字1的ASCII码是31H，以此类推。如果想显示小时、分和秒的值，只需将其变量加上30H即可，例如想在1602液晶显示器的第2行从第4个字符的位置开始显示小时，程序应该是这样的：

```
Write_char(4,1,h/10 + 0x30); Write_char(5,1,h % 10 + 0x30);
```

知道了显示小时的指令如何编写，显示分和秒的指令也就会编了。

本章所做的系统改用了STC89C52单片机内部的定时器/计数器2，所以有必要对这个硬件进行介绍。

6.4 增强型MCS-51单片机定时器2的使用

前面我们用过了单片机的定时器0，其工作方式有4种，我们用的是方式1，即16位定时器。对于定时器0和定时器1的16位定时方式，当定时器溢出时需要在定时器中断服务函数中预装初值。为了能让定时器定时更精确，第一应尽可能减少定时器中断发生的次数；第二应尽可能减少定时器中断服务函数中指令的条数。所以用T0或T1做定时器，其精度是不可能太高的。T2定时器内部有一个专门的自动重装载寄存器，当计数满了以后，它将我们预置进去的数自动地载入TH2和TL2，这样就能很好地保证精确定时。定时器/计数器T2增加了两个8位的寄存器，名称为RCAP2H和RCAP2L。T2寄存器还有一个和其他寄存器不一样的地方，就是它的中断标志位TF2要软件清0。

定时器/计数器2有3种工作模式：捕获、自动重新装载(递增或递减计数)和波特率发生器，这3种模式由T2CON中的位进行选择。T2结构如图6.9所示。

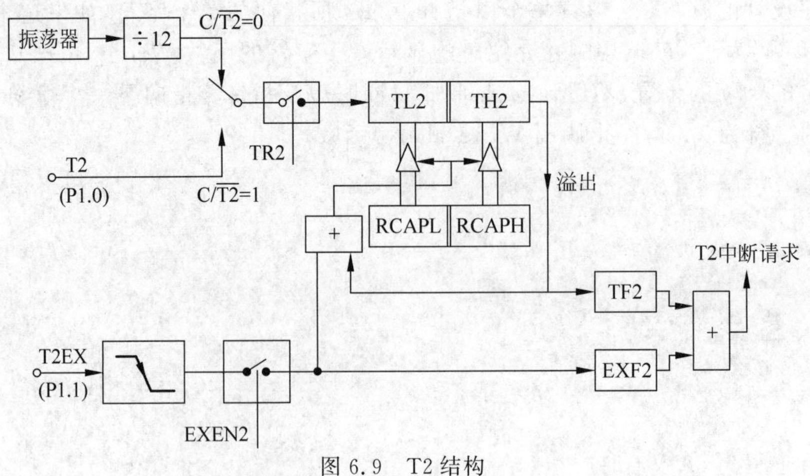

图6.9 T2结构

从图 6.9 可以看到，由于不需要在 T2 的中断服务函数中预装初值，因此对 T2 的编程更简单一些，对于定时器 2 的初始化函数来说，只需将 T0 的 TH0 和 TL0 换写成 RCAP2H 和 RCAP2L，将 ET0 换写成 ET2、将 TR0 换写成 TR2 即可。为了减少定时器 2 的溢出中断次数，又能够凑成一个 1s 的整数，给 T2 的 RCAP2H 和 RCAP2L 预装的数更小一些，给预装的数是 65 536－62 500＝3036，这样需要再来 62 500 个脉冲 T2 才能溢出。由于 62 500×16μs＝1 000 000μs，也就是 T2 溢出中断 16 次就经历了 1s 的时间，下面是 T2 的初始化函数。

```
void T2_init()
{
    RCAP2H = 3036/256;                  //重装载计数器赋初值
    RCAP2L = 3036 % 256;
    ET2 = 1;                            //开定时器 2 中断
    EA = 1;                             //开总中断
    TR2 = 1;                            //开启定时器,并设置为自动重装载模式
}
```

对于定时器 2 的中断服务函数来说，只需将 interrupt 后面的 1 换写成 5 即可。

```
void T2_int() interrupt 5
{
    static ms;
    ms++;
    TF2 = 0;
    if(ms == 16)
    {
        ms = 0;
        s++;
        if(s > 59)
        {
            s = 0;
            m++;
            if(m > 59)
            {
                m = 0;
                h++;
                if(h > 23) h = 0;
            }
        }
    }
}
```

本章在编写在 1602 液晶显示器上显示一个字符串时用到了指针变量，所以有必要对 C51 的指针使用进行介绍。

6.5　C51 指针的使用

指针在 PC 上的 C 语言中应用很广泛。在单片机中，由于不使用操作系统，指针的应用可以独立于变量，独立地指向所需要访问的存储空间位置。

本节通过例子来学习和认识 C51 指针的这种独立应用性。下面介绍两种利用指针访问存储区的方法。

6.5.1 通用指针

所谓通用指针就是通过该类指针可以访问所有的存储空间，在 C51 库函数中通常使用这种指针来访问。通用指针用 3B 存储，第一字节为指针所指向的存储空间区域，第二字节为指针的高字节，第三字节为指针地址的低字节。

通用指针的定义与一般 C 语言指针的定义相同，其格式为：

```
[存储类型]    数据类型    * 指针名 1[, * 指针名 2] [, … ]
```

例如：

```
unsigned  char  * cpt;
int  * dpt;
long  * lpt;
static  char  * ccpt;
```

6.5.2 存储器专用指针

所谓存储器专用指针，就是通过该类指针，只能够访问规定的存储空间区域。

指针本身占用 1B(data *，idata *，bdata *，pdata *)或 2B(xdata *，code *)。

存储器专用指针的一般定义格式为：

```
[存储类型]  数据类型  指向存储区   * [指针存储区  ]指针名 1 [, * [指针存储区]  指针名 2, … ]
```

使用指针直接访问存储器对 PC 是禁止的，但对于单片机来说是可以的。

使用指针直接访问存储器方法是先定义所需要的指针，给指针赋地址值，然后使用指针访问存储器。例如：

```
unsigned char xdata  * xcpt;
xcpt = 0x2000;
 * xcpt = 123;                              //给 0x2000 送数
xcpt++;  * xcpt = 234;                      //给 0x2001 送数
```

在数字滤波中有一种“中值滤波”技术，就是对采集的数据按照从大到小或者从小到大进行排序，然后取中间位置的数作为采样值。试编写一函数，对存放在片内数据存储器中，从 0x50 开始的 21 个单元的采样数据，用冒泡法排序进行中值滤波，并把得到的中值数据返回。

中值滤波函数如下：

```
unsigned char median_filter()
{
  u8 data  * point, i, j, n, d;
  for(i = 0; i < 20; i++)                   //外层循环 20 次
```

```
    {   point = 0x50;                           //point 指向 0x50 处
        n = 20 - i;                             //n 为内层循环次数
        for(j = 0;j < n;j++)                    //内层循环
        {   if( * point < * (point + 1))        //从大到小排
            {   d = * point;
                * point = * (point + 1);
                * (point + 1) = d;
            }
            point++;                            //指针指向下一个数
        }
    }
  point = 0x50 + 10;                            //指向位于中间的数
  return * point;                               //返回得到的中值
}
```

知识点总结

本章的知识点有两个。一个是定时器/计数器 2,这个定时器/计数器是增强型 MCS-51 单片机增加的,普通型的 MCS-51 单片机没有。定时器/计数器 2 有两个特殊的地方：一个是定时器内部有一个专门的自动重装载寄存器,当计数满了以后,它将我们预置进去的数自动载入；第二个是中断标志位 TF2 要软件清 0。通过本章的动手操作,需要学会对定时器/计数器 2 的编程。

本章的第二个知识点是指针。指针就是存放地址值的一种变量,对指针变量加 1,就是让其指向下一个数,在程序中如果需要访问当前指针变量所指的数,例如要把这个数放到变量 d 中,就可以这样写：

```
d = * point;
```

可以这么理解,对于指针变量 point 来说,point 中放的是一个地址值,而 * point 就是由 point 所指的内容。

扩展电路及创新提示

读者可以在本章制作好的电路基础上加上声控电路,再加上闹钟功能,还可以加上万年历的功能。提示：让 1602 液晶显示器屏幕的第一行显示年、月、日,第二行显示时、分、秒和星期。

第7章 从做成一个12864液晶显示器显示万年历来学会汉字显示

7.1 硬件设计及连接步骤

7.1.1 硬件设计

1. 设计思路

这次我们要做的万年历用12864液晶显示器来显示日期和时间,12864液晶显示器可以显示4行汉字,本章要做的系统准备在第一行显示日期,第二行显示时间,第三行显示星期,第四行显示"祝大家天天快乐!",12864液晶显示器的数据端接到单片机的P0口,12864液晶显示器的3条控制线接到P1口的P1.0、P1.1和P1.2上,用3个按钮来让用户进行对表。本电路新增加的元器件是12864液晶显示器,之所以称为12864液晶显示器,是因为这种液晶显示器在水平方向可以显示128个点,在垂直方向可以显示64个点。12864液晶显示器有20个引脚,其分布及定义见表7.2。

2. 原理图

12864液晶显示器原理图见图7.1。

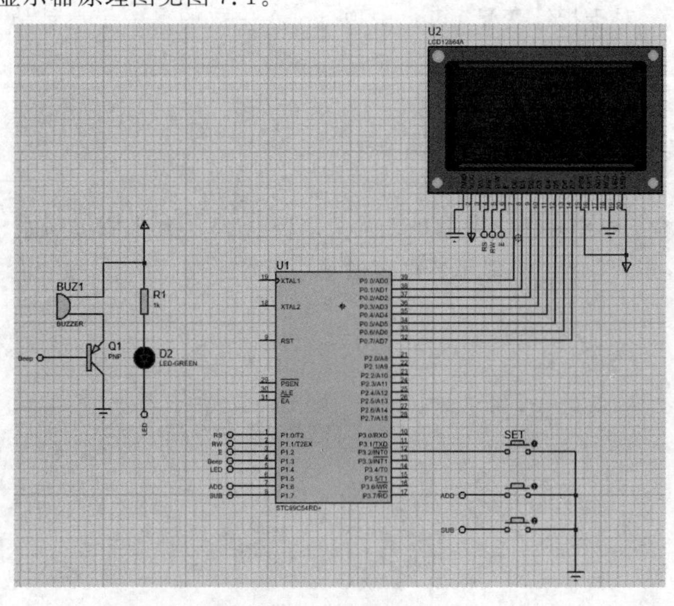

图7.1 原理图

3. 元器件清单

所需元器件见表 7.1。

表 7.1　所需元器件

序　号	元器件名称	型号或容量	数量/个
1	单片机	STC89C52RC DIP40	1
2	晶振	12MHz	1
3	电容	30pF	2
4	液晶显示器	12 864	1
5	按钮	12×12×4.3,按键,轻触开关	3
6	蜂鸣器	5V 有源蜂鸣器	1
7	PNP 三极管	9015	1
8	LED	任意颜色	1
9	限流电阻	1kΩ	1
10	排针	间距 2.54mm 1×40P 普通单排插针	1

注意,千万不要购买 12864A 液晶显示器,也就是不能买在 12864 后面带字母 A 的液晶屏。

7.1.2　12864 液晶显示器介绍

12864 液晶显示器是一种具有 4 位/8 位并行、2 线或 3 线串行多种接口方式,内部含有国标一级、二级简体中文字库的点阵图形液晶显示模块,其显示分辨率为 128×64, 内置 8192 个 16×16 点汉字和 128 个 16×8 点 ASCII 字符集。利用该模块灵活的接口方式和简单、方便的操作指令,可构成全中文人机交互图形界面。可以显示 8×4 行 16×16 点阵的汉字,也可完成图形显示。其正面见图 7.2。

图 7.2　液晶显示器正面

12864 液晶显示器有 20 个引脚,这些引脚的定义见表 7.2。另外,12864 液晶显示器既可以采用并行数据通信,也可以采用串行数据通信。

1. 12864 液晶显示器内部的存储器

12864 液晶显示器内部有几个存储器,它们是:

1) 字形产生 ROM(CGROM)

字形产生 ROM(CGROM)提供 8192 个 16×16 点汉字。

2) 显示数据 RAM(DDRAM)

模块内部显示数据 RAM 提供 64×2 个位元组的空间,最多可控制 4 行 16 字(64 个字)的中文字形显示,当写入显示数据 RAM 时,可分别显示 CGROM 与 CGRAM 的字形;此模块可显示 3 种字形,分别是半角英数字形(16×8)、CGRAM 字形及 CGROM 的中文字形,3 种字形由在 DDRAM 中写入的编码选择,在 0000H～0006H 的编码(其代码分别是 0000、0002、0004、0006 共 4 个)中将选择 CGRAM 的自定义字形,02H～7FH 的编码中将选择半角英数字的字形,至于 A1 以上的编码将自动地结合下一个位元组,组成两个位元组的编码形成中文字形的编码 BIG5(A140～D75F)和 GB(A1A0～F7FFH)。

3）字形产生 RAM(CGRAM)

字形产生 RAM 提供图像定义(造字)功能，可以提供 4 组 16×16 点的自定义图像空间，使用者可以将内部字形没有提供的图像字形自行定义到 CGRAM 中，便可和 CGROM 中的定义一样地通过 DDRAM 显示在屏幕中。

4）地址计数器 AC

地址计数器是用来存储 DDRAM/CGRAM 之一的地址，它可由设定指令暂存器来改变，之后只要读取或写入 DDRAM/CGRAM 的值，地址计数器的值就会自动加 1，当 RS 为 0 而 R/W 为 1 时，地址计数器的值会被读取到 DB6～DB0 中。

2. 12864 液晶显示器的基本特性

- 低电源电压(VDD：+3.0～5.5V)。
- 显示分辨率：128×64 点。
- 内置汉字字库，提供 8192 个 16×16 点阵汉字(简繁体均可选)。
- 内置 128 个 16×8 点阵字符。
- 2MHz 时钟频率。
- 显示方式：STN、半透、正显。
- 驱动方式：1/32DUTY，1/5BIAS。
- 视角方向：6 点。
- 背光方式：侧部高亮白色 LED，功耗仅为普通 LED 的 1/10～1/5。
- 通信方式：串行、并口可选。
- 内置 DC-DC 转换电路，无须外加负压。
- 无须片选信号，简化软件设计。
- 工作温度为 0～+55℃，存储温度为－20～+60℃。

表 7.2　12864 液晶显示器的引脚定义

引脚号	引脚名称	电平	引脚功能描述
1	VSS	0V	电源地
2	VCC	+5V	电源正极
3	V0	—	对比度(亮度)调整
4	RS(CS)	H/L	RS=“H”，表示 DB7～DB0 为显示数据 RS=“L”，表示 DB7～DB0 为显示指令数据
5	R/W(SID)	H/L	R/W=“H”，E=“H”，数据被读到 DB7～DB0 R/W=“L”，E=“H→L”，DB7～DB0 的数据被写到 IR 或 DR
6	E(SCLK)	H/L	使能信号
7	DB0	H/L	三态数据线
8	DB1	H/L	三态数据线
9	DB2	H/L	三态数据线
10	DB3	H/L	三态数据线
11	DB4	H/L	三态数据线
12	DB5	H/L	三态数据线
13	DB6	H/L	三态数据线
14	DB7	H/L	三态数据线

续表

引脚号	引脚名称	电平	引脚功能描述
15	PSB	H/L	H：8位或4位并口方式；L：串口方式
16	NC	—	空脚
17	/RESET	H/L	复位端，低电平有效
18	VOUT	—	LCD驱动电压输出端
19	A	VDD	背光源正端（+5V）
20	K	VSS	背光源负端

7.1.3　硬件连接步骤

12864液晶显示万年历硬件连接演示视频

扫描右侧二维码在手机或平板计算机端一边观看硬件连接和用万用表检测电路的视频，一边动手进行硬件连接，硬件连接完成后一定要用万用表检测一下硬件连接得是否可靠，如果不可靠，一定要重新连接直至可靠无误。至此整个硬件电路的安装工作结束。接下来要动手做的就是编写程序了。

（1）将40针的排针掰取20个针，如图7.3所示。

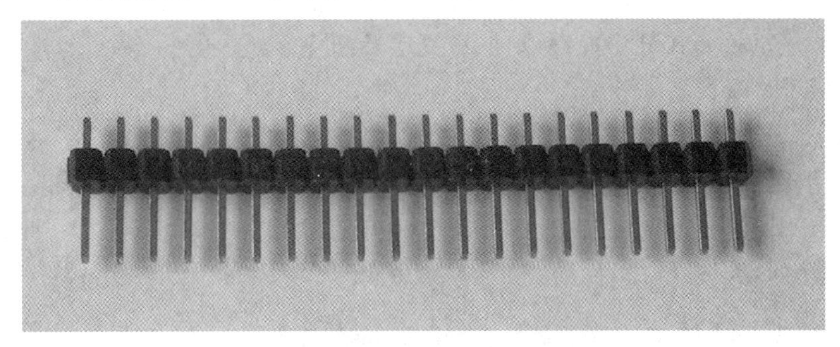

图7.3　掰取20个针的排针

（2）将排针引脚短的一端插到12864液晶显示器的20个引脚上并焊接，如图7.4所示。

图7.4　焊接了排针的液晶显示器

(3) 安装并连接好后的12864电子钟如图7.5所示。

图7.5 硬件连接完成后的电路实物图

至此整个硬件电路的安装工作结束。接下来要动手做的就是编写程序了。

7.2 程序设计及下载

先将以下程序输入Keil中并编译、下载到单片机中运行,再来了解12864液晶显示器的时序和如何对其编程。

7.2.1 源程序

源程序如下:

```
#include<reg52.h>
#include<math.h>
#define u8 unsigned char
#define u16 unsigned int

sbit RS = P2^1;           //12864液晶显示器的RS控制端,硬件接到P2.0,在此一定要写P2.1
sbit RW = P2^0;           //12864液晶显示器的RW控制端,硬件接到P2.0,在此一定要写P2.0
sbit E = P2^7;            //12864液晶显示器的使能控制端,硬件接到P2.7,在此一定要写P2.7
sbit beep = P1^3;
sbit LED = P1^4;
sbit Kset = P3^2;         //日期时间设置按钮,硬件接到P3.2
sbit Kadd = P1^0;         //"加1"键,硬件接到P1.6
sbit Ksub = P1^1;         //"减1"键,硬件接到P1.7

u8 table0[] = "0123456789";
u8 table1[] = " 00:00:00 ";
u8 table2[] = "0000年00月00日 ";
u8 table4[] = "开发设计:魏二有";
u8 ms = 0, zc, hm = 0, s = 0, adjh = 0, Md = 0, b1, b2, FastSlow = 0, day = 22, month = 01, week = 7,
Playflag = 0, num = 0, last = 0, t1 = 0, jishu = 0, cxs = 0;
u16 year = 2022;
int m = 0, h = 0;
void delay(u16 t);
void displaydate();
```

```
void T2_init();
/**********************************************************************
 函数名称:          delay(u16 t)
 函数功能:          产生延时
 入口参数:          t
 出口参数:          无
 备 注:
**********************************************************************/
void delay(u16 t)
{
    u8 i;
    while(t--)
    {
        for(i=0;i<19;i++);
    }
}
/**********************************************************************
函数名称:          BeepOn()
函数功能:          让蜂鸣器"嘟"一声
入口参数:          无
出口参数:          无
备 注:
**********************************************************************/
void BeepOn()
{
    beep=0;
    delay(200);
    beep=1;
}
/**********************************************************************
函数名称:          Write_cmd(u8 cmd)
函数功能:          向12864液晶显示器内部写一条命令
入口参数:          cmd
出口参数:          无
备 注:             P0口是液晶显示器的数据口
**********************************************************************/
void Write_cmd(u8 cmd)
{
    RS=0;
    RW=0;
    P0=cmd;
    delay(5);
    E=1;
    delay(10);
    E=0;
}
/**********************************************************************
函数名称:          Write_data(u8 dat)
函数功能:          向12864液晶显示器内部写1B数据
入口参数:          dat
出口参数:          无
备 注:
**********************************************************************/
```

```
void Write_data(u8 dat)
{
    RS = 1;
    RW = 0;
    P0 = dat;
    delay(5);
    E = 1;
    delay(10);
    E = 0;
}
/**********************************************************************
函数名称:        LCD_init()
函数功能:        对 12864 液晶显示器初始化,为动态显示字符做准备
入口参数:        无
出口参数:        无
备 注:          参考 12864 液晶显示器的说明书
**********************************************************************/
void LCD_init()
{
    delay(400);                          //延时大于 40ms
    Write_cmd(0x30);                     //功能设置
    delay(100);                          //延时大于 100us
    Write_cmd(0x30);                     //再写一次
    delay(37);                           //延时大于 37us
    Write_cmd(0x0c);                     //显示开关控制
    delay(10);                           //延时大于 100us
    Write_cmd(0x01);                     //清除显示
    delay(100);                          //延时 10ms
    Write_cmd(0x06);                     //进入模式设置
}

/**********************************************************************
函数名称:        int CaculateWeek(int y,int m, int d)
函数功能:        由年、月、日计算星期
入口参数:        y,m,d
出口参数:        w
备 注:          由年、月、日计算星期的算法(基姆·拉尔森计算公式)
W = (d + 2 * m + 3 * (m + 1)/5 + y + y/4 - y/100 + y/400) mod 7
公式中 d 表示日期中的日数,m 表示月份数,y 表示年数.
注意:计算时要将一月和二月看成上一年的十三月和十四月.
例:2012 - 1 - 10 需要换算成 2011 - 13 - 10 代入公式计算.
**********************************************************************/
int CaculateWeek(int y,int m, int d)     //由年、月、日计算星期函数
{
    int w;
    if(m < 3){m += 12; -- y;}
    w = (d + 2 * m + 3 * (m + 1)/5 + y + (y >> 2) - y/100 + y/400) % 7;
    return w;
}
/**********************************************************************
函数名称:        Timer2() interrupt 5
函数功能:        产生秒、分、时、日、月、年,而且根据年、月、日计算星期
入口参数:        无
```

```
出口参数:           无
备 注:              定时器 2 的中断号是 5
*************************************************************************/
void Timer2() interrupt 5                    //调用定时器 2,自动重装载模式
{
    static u8 i = 0;                         //定义静态变量 i
    TF2 = 0;                                 //定时器 2 的中断标志要软件清 0
    i++;                                     //计数标志自加 1
    if(i == 16)                              //判断是否到 1s
    {
        i = 0;                               //将静态变量清 0
        s++;
        if(s > 59)
        {
            s = 0;
            m++;
            if(m > 59)
            {
                m = 0;
                h++;
                adjh++;

                if(h > 23)
                {
                    h = 0;
                    day++;

    if(month == 1||month == 3||month == 5||month == 7||month == 8||month == 10||month == 12)
                    {
                        if(day >= 32)
                        {
                            day = 1;
                            month++;
                        }
                    }
                    else if(month == 4||month == 6||month == 9||month == 11)
                    {
                        if(day >= 31)
                        {
                            day = 1;
                            month++;
                        }
                    }
                    else if(month == 2)
                    {
                        if(((0 == year % 4)&&(0!= year % 100))||0 == year % 400)
                        {
                            if(day >= 30)
                            {
                                day = 1;
                                month++;
                            }
                        }
```

```
                        else
                        {
                            if(day >= 29)
                            {
                                day = 1;
                                month++;
                            }
                        }
                    }


                }
            }
            displaydate();
        }
    if (month >= 13)
        {
            year ++;
            month = 1;
        }
        week = CaculateWeek(year,month,day);        //根据年、月、日计算星期
  }

}
/***********************************************************************
函数名称:         Display_Char(u8 x,u8 y)
函数功能:         根据坐标 y 的值来确定是在哪一行显示;根据坐标
                  x 的值来确定在某一行的哪个字符位置上显示
入口参数:         x,y
出口参数:         无
备 注:
***********************************************************************/
void Display_Char(u8 x,u8 y)
{
    switch(y)
    {
        case 1:Write_cmd(0x80|x);break;
        case 2:Write_cmd(0x90|x);break;
        case 3:Write_cmd(0x88|x);break;
        case 4:Write_cmd(0x98|x);break;
    }
}
/***********************************************************************
函数名称:         displaydate()
函数功能:         显示日期
入口参数:         无
出口参数:         无
备 注:            u8 table0[] = "0123456789";
                  u8 table2[] = "0000 年 00 月 00 日 ";
***********************************************************************/
void displaydate()
{
    u8 i;
    table2[0] = table0[year/1000];
```

```
    table2[1] = table0[year/100 % 10];
    table2[2] = table0[year/10 % 10];
    table2[3] = table0[year % 10];
    table2[6] = table0[month/10];
    table2[7] = table0[month % 10];
    table2[10] = table0[day/10];
    table2[11] = table0[day % 10];
    table2[14] = ' ';
    table2[15] = ' ';
    Display_Char(0,1);
    for(i = 0;i < 16;i++)
        Write_data(table2[i]);
}
/*************************************************************************
函数名称:          display1()
函数功能:          显示时间
入口参数:          无
出口参数:          无
备 注:             u8 table0[] = "0123456789";
                   u8 table1[] = " 00:00:00 ";
*************************************************************************/
void display1()
{
    u8 j;
    table1[4] = table0[h/10];
    table1[5] = table0[h % 10];
    table1[7] = table0[m/10];
    table1[8] = table0[m % 10];
    table1[10] = table0[s/10];
    table1[11] = table0[s % 10];
    //Write_cmd(0x90);
    Display_Char(0,2);
    for(j = 0;j < 12;j++)
        Write_data(table1[j]);
}
/*************************************************************************
函数名称:          display3()
函数功能:          显示星期，先显示 6 个空格
入口参数:          无
出口参数:          无
备 注:             0xD0、0xC7 的汉字是"星";0xC6、0xDA 的汉字是"期"
*************************************************************************/
void display3()
{
    Write_cmd(0x88);Write_data(' ');Write_data(' ');        //在"星"字的前面显示 2 个空格
    Write_cmd(0x89);Write_data(' ');Write_data(' ');        //在"星"字的前面显示 2 个空格
    Write_cmd(0x8A);Write_data(' ');Write_data(' ');        //在"星"字的前面显示 2 个空格
    Write_cmd(0x8B);Write_data(0xD0);Write_data(0xC7);      //显示"星"字
    Write_cmd(0x8c);Write_data(0xC6);Write_data(0xDA);      //显示"期"字
    Write_cmd(0x8e);Write_data(' ');Write_data(' ');        //在"期"字后面显示 2 个空格
    Write_cmd(0x8f);Write_data(' ');Write_data(' ');        //再显示 2 个空格
    switch(week + 1)
    {
```

```
        case 1:
            Write_cmd(0x8d);
            Write_data(0xD2);
            Write_data(0xBB);
            break;                          //0xD2,0xBB 的汉字是"一"
        case 2:
            Write_cmd(0x8d);
            Write_data(0xB6);
            Write_data(0xFE);
            break;                          //0xD2,0xBB 的汉字是"二"
        case 3:
            Write_cmd(0x8d);
            Write_data(0xC8);
            Write_data(0xFD);
            break;                          //0xD2,0xBB 的汉字是"三"
        case 4:
            Write_cmd(0x8d);
            Write_data(0xCB);
            Write_data(0xC4);
            break;                          //0xD2,0xBB 的汉字是"四"
        case 5:
            Write_cmd(0x8d);
            Write_data(0xCE);
            Write_data(0xE5);
            break;                          //0xD2,0xBB 的汉字是"五"
        case 6:
            Write_cmd(0x8d);
            Write_data(0xC1);
            Write_data(0xF9);
            break;                          //0xD2,0xBB 的汉字是"六"
        case 7:
            Write_cmd(0x8d);
            Write_data(0xC8);
            Write_data(0xD5);
            break;                          //0xD2,0xBB 的汉字是"日"
    }
    Write_cmd(0x8E);
    Write_data(' ');
    Write_data(' ');
}
/**********************************************************************
函数名称:        display4()
函数功能:        在屏幕上显示"祝大家天天快乐!"
入口参数:        无
出口参数:        无
备 注:
**********************************************************************/
void display4()
{
    u8 j;
    Write_cmd(0x98);
    for(j = 0;j < 16;j++)
        Write_data(table4[j]);
```

```
}
/***********************************************************************
函数名称:          EX0_init()
函数功能:          外部中断 0 初始化
入口参数:          无
出口参数:          无
备 注:
***********************************************************************/
void EX0_init()
{
    IT0 = 1;
    EX0 = 1;
    EA = 1;
}
/***********************************************************************
函数名称:          EX0_int() interrupt 0
函数功能:          检测日期时间设置键是否被按下,如果被按下,每按下一次都要让一个变量记录
                   按下的次数
入口参数:          无
出口参数:          无
备 注:             外部中断 0 的中断号是 0
***********************************************************************/
void EX0_int() interrupt 0
{
    u8 i;
    if(Kset == 0)
    {
        for(i = 0;i < 120;i++);
        if(Kset == 0)
        {
            BeepOn();
            hm++;
            if(hm == 1)
            {
                TR2 = 0;
                zc = ms;
                displaydate();
            }
            else if(hm > 5)
            {
                ms = zc;
                hm = 0;
                TR2 = 1;
            }
        }while(!Kset);
    }
}

/***********************************************************************
函数名称:          KeyScan()
函数功能:          通过键盘扫描来区分是"加 1"键被按下还是"减 1"键被按下
入口参数:          无
出口参数:          无
```

```
备 注:
***********************************************************************/
void KeyScan()
{
    if(Kadd == 0)
    {
        delay(100);
        if(Kadd == 0)
        {
            BeepOn();
            switch(hm)
            {
                case 1:
                    year++;
                    if(h > 65535) year = 0;
                    displaydate();
                    break;
                case 2:
                    month++;
                    if(h > 12) month = 1;
                    displaydate();
                    break;
                case 3:
                    day++;
                    if(day > 31) day = 1;
                    displaydate();
                    break;
                case 4:
                    h++;
                    if(h > 23) h = 0;
                    break;
                case 5:
                    m++;
                    if(m > 59) m = 0;
                    break;

            }
        }while(!Kadd);
    }

    if(Ksub == 0)
    {
        delay(100);
        if(Ksub == 0)
        {
            BeepOn();
            switch(hm)
            {
                case 1:
                    year -- ;
                    if(year < 1) year = 1;
                    displaydate();
                    break;
```

```
                case 2:
                    month--;
                    if(month<1) month=12;
                    displaydate();
                    break;
                case 3:
                    day--;
                    if(day<1) day=31;
                    displaydate();
                    break;
                case 4:
                    h--;
                    if(h<0) h=23;
                    display1();
                    break;
                case 5:
                    m--;
                    if(m<0) m=59;
                    display1();
                    break;

            }

        }while(!Ksub);
    }

    week=CaculateWeek(year,month,day); //根据年、月、日计算星期
}
/*******************************************************************************
函数名称:        T2_init()
函数功能:        定时器 2 初始化
入口参数:        无
出口参数:        无
备 注:
*******************************************************************************/
void T2_init()
{
    RCAP2H=3036/256;                        //重装载计数器赋初值
    RCAP2L=3036%256;
    ET2=1;                                  //允许定时器 2 中断
    EA=1;                                   //闭合单片机的总中断开关
    TR2=1;                                  //开启定时器,并设置为自动重装载模式
}
/*******************************************************************************
函数名称:        main()
函数功能:        对表并显示
入口参数:        无
出口参数:        无
备 注:
*******************************************************************************/
void main()
{
    LCD_init();
```

```
    T2_init();
    EX0_init();
    displaydate();
    display3();
    display4();

    while(1)
    {
        KeyScan();

        display1();
        display4();
        last = num;
        display3();
        switch(hm)
        {
        case 1:
        {
            Write_cmd(0x80);
            Write_data(' ');
            Write_data(' ');
            Write_cmd(0x81);
            Write_data(' ');
            Write_data(' ');
            delay(30);
            Write_cmd(0x87);
            Write_data(' ');
            Write_data(' ');
            Write_cmd(0x80);
            Write_data(year/1000 + 0x30);
            Write_data(year/100 % 10 + 0x30);
            Write_cmd(0x81);
            Write_data(year/10 % 10 + 0x30);
            Write_data(year % 10 + 0x30);
            KeyScan();
            break;
        }
        case 2:
        {
            Write_cmd(0x83);
            Write_data(' ');
            Write_data(' ');
            delay(30);
            Write_cmd(0x87);
            Write_data(' ');
            Write_data(' ');
            Write_cmd(0x83);
            Write_data(month/10 + 0x30);
            Write_data(month % 10 + 0x30);
            KeyScan();
            break;
        }
        case 3:
```

```
            {
                Write_cmd(0x85);
                Write_data(' ');
                Write_data(' ');
                delay(30);
                Write_cmd(0x87);
                Write_data(' ');
                Write_data(' ');
                Write_cmd(0x85);
                Write_data(day/10 + 0x30);
                Write_data(day % 10 + 0x30);
                KeyScan();
                break;
            }
            case 4:
            {
                Write_cmd(0x92);
                Write_data(' ');
                Write_data(' ');
                delay(30);
                Write_cmd(0x97);
                Write_data(' ');
                Write_data(' ');
                Write_cmd(0x92);
                Write_data(h/10 + 0x30);
                Write_data(h % 10 + 0x30);
                KeyScan();
                break;
            }
            case 5:
            {
                Write_cmd(0x93);
                Write_data(':');
                Write_data(' ');
                Write_data(' ');
                delay(30);
                Write_cmd(0x97);
                Write_data(' ');
                Write_data(' ');
                Write_cmd(0x93);
                Write_data(':');
                Write_data(m/10 + 0x30);
                Write_data(m % 10 + 0x30);
                KeyScan();
                break;
            }
            }
        }
    }
```

注意，有的汉字如果显示乱码，例如“明”字不能正确显示，则可以采取下面的语句来实现正确显示，也就是在某个汉字的前后都加上\xfd 即可。

```
u8 table4[] = "开发设计: 王小\xfd 明\xfd";
```

7.2.2 12864液晶显示器显示电子钟的操作

程序下载成功后，按“设置”键，显示的时间会停止变化，显示“年份”的数字会闪烁，通过按“加1”或“减1”键可以增大或减小年份；再按“设置”键，显示“月份”的数字会闪烁，通过按“加1”或“减1”键来调整月份；再按“设置”键，显示“日”的数字会闪烁，通过按“加1”或“减1”键来调整日；再按“设置”键，显示“小时”的数字会闪烁，通过按“加1”或“减1”按钮来调整小时；再按“设置”键，显示“分钟”的数字会闪烁，通过按“加1”或“减1”键来调整分钟；再按“设置”键会完成日期和时间的设置，显示时间的数字重新开始变化。

7.3 学会对12864液晶显示器编程

和1602液晶显示器一样，要学会对12864液晶显示器的编程需要看懂其资料，其中要注意以下几点。

1. 12864液晶显示器的读写时序

在对12864液晶显示器进行硬件连接时知道该液晶显示器有3个控制引脚，它们分别是RS(第4脚)、R/W(第5脚)、E(第6脚)。

当RS=1时，是对12864液晶显示器的数据存储器读写；当RS=0时，是对12864液晶显示器的指令存储器读写。

当R/W=1时，是读操作；当R/W=0时，是写操作。

不管是读操作还是写操作，都需要通过E端给12864液晶显示器发一个脉冲。明白了以上3个控制引脚的要求后，因此看12864液晶显示器的时序图就容易看懂了。由于我们的电路只需对12864液晶显示器写命令和写数据，因此只需读懂12864液晶显示器的写操作时序即可。我们以写命令时序为例来读一下时序图(见图7.6)。

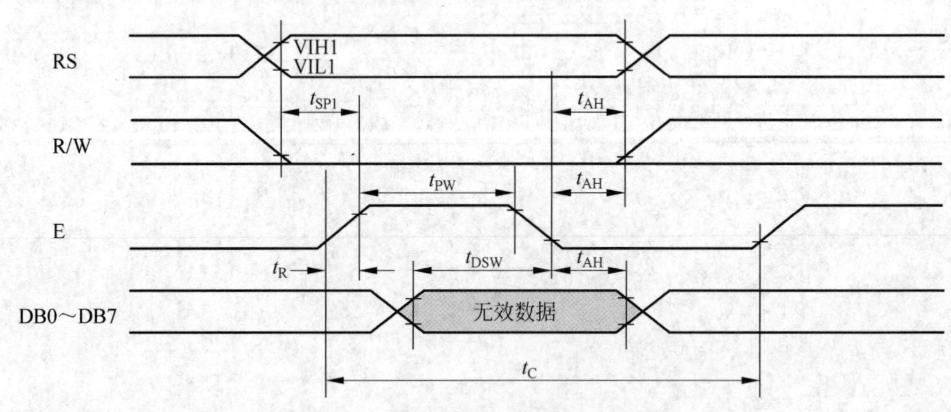

图7.6 12864液晶显示器的读写时序

首先让RS=0(写命令)，然后让R/W=0(写操作)，同时让单片机的P0口送出要写入12864液晶显示器的指令，延时一小会儿(t_{SP1}，大约20μs)，让E=1，即产生脉冲的上升沿，E的高电平要保持一段时间(t_{PW}，大约40μs)，然后让E=0，即产生脉冲的下降沿让脉冲结束，最后将R/W变回1，即R/W=1。这样我们就可以编出12864液晶显示器写命令的函数：

```
void Write_cmd(u8 com)
{
    RS = 0;                                   //向 12864 液晶显示器中写命令
    RW = 0;
    P0 = com;                                 //由 P0 口发出命令
    delay(10);
    E = 1;
    delay(20);
    E = 0;
    RW = 1;
}
```

写数据函数与写命令函数仅在函数名以及第1条和第3条指令不同，其余都相同。

```
void Write_data(u8 dat)
{
    RS = 1;                                   //向 12864 液晶显示器中写数据
    RW = 0;
    P0 = dat;                                 //由 P0 口发出要显示的数据
    delay(10);
    E = 1;
    delay(20);
    E = 0;
    RW = 1;
}
```

2. 12864液晶显示器的初始化

根据12864液晶显示器的使用说明书，12864液晶显示器的初始化是按照以下步骤进行的：

写指令30H(不检测忙信号)。

延时大约40ms。

再写一次指令30H(不检测忙信号)。

延时大约37μs。

写指令01H：显示清屏。

写指令06H：显示光标移动设置。

写指令0CH：显示开及光标设置。

据此，我们就可以编写出12864液晶显示器的初始化程序如下：

```
void LCD_init()
{
    delay(400);                               //延时大于 40ms
    Write_cmd(0x30);                          //功能设置
    delay(100);                               //延时大于 100us
    Write_cmd(0x30);                          //再写一次
    delay(37);                                //延时大于 37us
    Write_cmd(0x0c);                          //显示开关控制
    delay(10);                                //延时大于 100us
    Write_cmd(0x01);                          //清除显示
    delay(100);                               //延时 10ms
    Write_cmd(0x06);                          //进入模式设置
}
```

3. 在12864液晶显示器上显示一个字符的程序

要编写出在12864液晶显示器上显示一个字符的程序必须要了解12864液晶显示器这4行的地址是怎么排列的。

FYD12864-0402B每屏可显示4行8列共32个16×16点阵的汉字，每个显示RAM可显示1个中文字符或2个16×8点阵全高ASCII码字符，即每屏最多可实现32个中文字符或64个ASCII码字符的显示。FYD12864-0402B内部提供128×2B的字符显示RAM缓冲区(DDRAM)。字符显示是通过将字符显示编码写入该字符显示RAM实现的。根据写入内容的不同，可分别在液晶屏上显示CGROM(中文字库)、HCGROM(ASCII码字库)及CGRAM(自定义字形)的内容。3种不同字符/字形的选择编码范围为：0000～0006H(其代码分别是0000、0002、0004、0006共4个)显示自定义字形，02H～7FH显示半宽ASCII码字符，A1A0H～F7FFH显示8192种GB 2312中文字库字形。字符显示RAM在液晶模块中的地址80H～9FH。字符显示的RAM的地址与32个字符显示区域有着一一对应的关系，其对应关系如下。

80H	81H	82H	83H	84H	85H	86H	87H
90H	91H	92H	93H	94H	95H	96H	97H
88H	89H	8AH	8BH	8CH	8DH	8EH	8FH
98H	99H	9AH	9BH	9CH	9DH	9EH	9FH

根据屏幕地址就可以编写出在屏幕任意位置显示一个字符的函数，其思路是这样的：首先确定是在屏幕哪一行的哪一个字符位置显示，这由Display_Char(u8 x,u8 y)函数来实现，x表示水平方向的地址也就是行地址，y代表哪一行的地址，然后再调用。

```
void Display_Char(u8 x,u8 y)
{
    switch(y)
    {
        case 1:Write_cmd(0x80|x);break;
        case 2:Write_cmd(0x90|x);break;
        case 3:Write_cmd(0x88|x);break;
        case 4:Write_cmd(0x98|x);break;
    }
}
```

例如，要在屏幕的第3行的第6个字符位置显示汉字“一”，汉字“一”的编码为D2BB，于是，得到汉字“一”的程序为：

```
Display_Char(6,3);
Write_data(0xD2);
Write_data(0xBB);
```

知识点总结

本章的知识点是 12864 液晶显示器的读写时序和屏幕地址，对 12864 液晶显示器编程的要点是编写一个写命令函数、一个写数据函数、一个初始化函数和显示字符函数，掌握了这几个函数的编写就掌握了 12864 液晶显示器的精髓。

扩展电路及创新提示

读者在完成了本应用系统后，可以在此系统的基础上加上声音控制电路，通过声音来控制液晶显示器是否显示，这样可以达到节电的目的。提示：用一个三极管控制 12864 液晶显示器的背光源接地端(第 19 脚)。

第8章 从做成一个密码锁来学会单片机的键盘接口设计

8.1 硬件设计及连接步骤

8.1.1 硬件设计

1. 设计思路

用1602液晶显示器来显示输入的密码和其他信息，用一个3×4矩阵薄膜键盘来输入开锁密码，用一个发光二极管和蜂鸣器电路来提示密码正确或错误。1602液晶显示器的8条数据线接到单片机的P0口，3条控制线接到P1口的3个位，3×4矩阵薄膜键盘的7条线接到单片机的P2口的P2.7～P2.1这7个位上。

2. 原理图

原理图见图8.1。

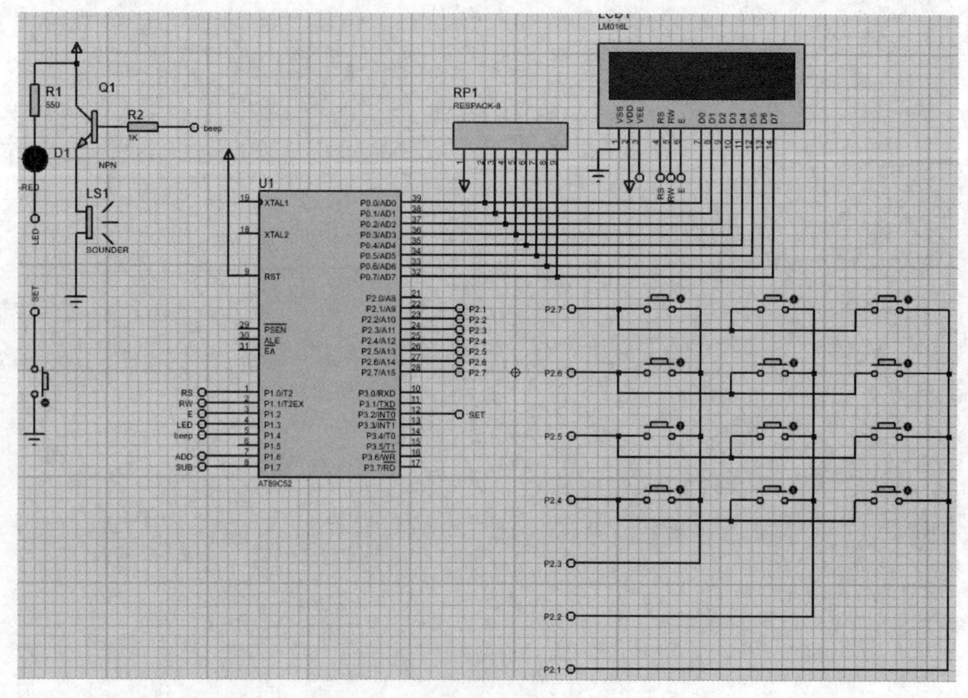

图8.1 原理图

3. 元器件清单

所需元器件见表 8.1。

表 8.1　所需元器件

序　号	元器件名称	型号或容量	数量/个
1	单片机	STC89C52RC DIP40	1
2	晶振	12MHz	1
3	电容	30pF	2
4	液晶显示器	1602	1
5	3×4 矩阵薄膜键盘		1
6	电位器	10kΩ	1
7	排阻	A102	1
8	PNP 三极管	9015	1
9	蜂鸣器	无源 5V	1
10	发光二极管	红色	1
11	电阻	1kΩ	1
12	排针	间距 2.54mm 1×40P 普通单排插针	1

4. 参照电路实图

参照电路见图 8.2。

图 8.2　参照电路

8.1.2　硬件连接步骤

下面是硬件连接步骤的文字描述。

(1) 在第 6 章 1602 液晶显示器显示电子钟电路的基础上用镊子拔掉 4 个按钮。

(2) 将排针掰取 7 个针，然后对这 7 个针脚用钳子的一端夹住排针的黑色塑料架，钳子的另一端分别压住每一个排针的较长端，一直到这个排针在黑色塑料架两端的长度大致相等。这样做的目的是让排针的一端能插到面包板，另一端能比较牢固地插到矩阵键盘的引线插槽内，压好的排针见图 8.3。

(3) 将压好的排针插到单片机的 P2.7～P2.1 前面的面包板插孔内，再将 3×4 矩阵键盘的插槽插到刚才插到面包板上的排针上，要注意的是矩阵键盘的引线是正反两面排列的印刷铜膜线，对于 3×4 矩阵键盘一面印刷了 4 条线，另一面印刷了 3 条线，见图 8.4，在往排针上插时要把 4 条线对应的那一段插到 P2.7～P2.4，反面印刷的 3 条线对应的插槽插到 P2.3～P2.1。插好后硬件连接的任务就完成了，接下来要编写程序了。先给出参考程序，读者可以将此程序输入 Keil 中并下载到单片机中运行，再来搞懂单片机矩阵键盘的工作原理。

图 8.3　压好的排针

图 8.4　3×4 矩阵键盘

扫描右侧二维码在手机或平板计算机端一边观看硬件连接和用万用表检测电路的视频，一边动手进行硬件连接，硬件连接完成后一定要用万用表检测一下硬件连接得是否可靠，如果不可靠，一定要重新连接直至可靠无误。至此整个硬件电路的安装工作结束。接下来要动手做的就是编写程序了。

密码锁硬件连接及运行视频

8.2 程序设计及下载

先将以下程序输入 Keil 中并编译、下载到单片机中运行，再来搞清楚单片机矩阵键盘的工作原理以及如何对其编程。

源程序如下：

```
#include <reg52.h>
#define u8 unsigned char
#define u16 unsigned int
sbit rs = P1^0;
sbit rw = P1^1;
```

```
sbit e = P1^2;
sbit beep = P1^4;
sbit LED = P1^3;
bit Flag,Lock = 0;
u8 num = 0;
u8 inputtimes = 0;                              //密码输入错误次数
u8 passwordtemp[8];                             //最大输入 8 个
void delay_50us(u8);
void LCD_Write_Char(u8 x,u8 y,u8 Data) ;
void PlayMusic();
u8 password[] = {1,2,3,4,5,6,7,8};              //可以更改此密码做多组测试
u8 code SONG_TONE[] = {212,212,190,212,159,169,212,212,190,212,
142,159,212,212,106,126,129,169,190,119,119,126,159,142,159,0};
u8 code SONG_LONG[] = {9,3,12,12,12,24,9,3,12,12,12,24,9,3,12,12,
12,12,12,9,3,12,12,12,24,0};
void DelayMS(u16 ms)
{
    u8 i;
    while(ms--)
        for(i = 0;i < 120;i++);
}
/*******************************************************************************
函数名称:          BeepOn()
函数功能:          让蜂鸣器"嘟"一声
入口参数:          无
出口参数:          无
备 注:
*******************************************************************************/
void BeepOn()
{
    beep = 0;
    delay_50us(500);
    beep = 1;
}
/*******************************************************************************
函数名称:          Write_Com(u8 cmd)
函数功能:          向 12864 液晶显示器内部写一条命令
入口参数:          cmd
出口参数:          无
备 注:
*******************************************************************************/
void LCD_Write_Com(u8 cmd)
{
    rs = 0;                                     //写指令,rs = L,rw = L, D0 - /D7 = 指令码,e = 高脉冲
    e = 0;
    rw = 0;
    P0 = cmd;
    delay_50us(10);
    e = 1;
    delay_50us(20);
    e = 0;
}
/*******************************************************************************
```

```
函数名称:          Write_Data(u8 dat)
函数功能:          向 12864 液晶显示器内部写一个字节数据
入口参数:          dat
出口参数:          无
备 注:
*********************************************************************/
void LCD_Write_Data(u8 dat)
{
    rs = 1;                  //写数据,rs = H,rw = L, D0 - /D7 = 数据,e = 高脉冲
    e = 0;
    rw = 0;
    P0 = dat;
    delay_50us(10);
    e = 1;
    delay_50us(20);
    e = 0;
}
/*********************************************************************
函数名称:          LCD_init()
函数功能:          LCD 初始化
入口参数:          无
出口参数:          无
备 注:
*********************************************************************/
void LCD_init(void)
{
    LCD_Write_Com(0x38);   //显示模式设置
    delay_50us(100);       //延时 5ms
    LCD_Write_Com(0x38);
    delay_50us(100);
    LCD_Write_Com(0x38);
    delay_50us(100);
    LCD_Write_Com(0x38);   //总共要写 4 次 0x38,参见 1602 液晶资料 p3
    LCD_Write_Com(0x08);   //显示关闭
    LCD_Write_Com(0x01);   //其他设置,显示清屏
    LCD_Write_Com(0x06);   //N = 1:当读或写一个字符后,地址指针加 1 且光标加 1
    LCD_Write_Com(0x0c);   //显示开及光标设置,D = 1:开光标,C = 1:显示光标,B = 0 光标不闪烁
}


/*********************************************************************
函数名称:          LCD_Clear()
函数功能:          清除液晶显示器显示内容
入口参数:          无
出口参数:          无
备 注:
*********************************************************************/
void LCD_Clear()
{
    LCD_Write_Com(0x01);
    delay_50us(5);
}
/*********************************************************************
```

```
函数名称：          LCD_Write_Char(u8 x,u8 y,u8 Dat)
函数功能：          向液晶显示器写入字符
入口参数：          x,y,Dat
出口参数：          无
备 注：
*********************************************************************/
void LCD_Write_Char(u8 x,u8 y,u8 Dat)
{
    if (y == 0)
        LCD_Write_Com(0x80 + x);
    else
        LCD_Write_Com(0xC0 + x);
    LCD_Write_Data(Dat);
}
/*********************************************************************
函数名称：          LCD_Write_String(u8 x,u8 y,u8 * s)
函数功能：          向液晶显示器写入字符串
入口参数：          x,y, * s
出口参数：          无
备 注：
*********************************************************************/
void LCD_Write_String(u8 x,u8 y,u8 * s)
{
while( * s)
   {
    LCD_Write_Char(x,y, * s);
    s++; x++;
   }
}
/*********************************************************************
函数名称：          KeyScan()
函数功能：          键盘扫描
入口参数：          无
出口参数：          无
备 注：            使用行列反转扫描法
*********************************************************************/
u8 KeyScan()
{
u8 cord_h,cord_l;                           //行列值中间变量
P2 = 0x0f;                                  //行线输出全为 0
cord_h = P2&0x0f;                           //读入列线值
EX0 = 1;
if(cord_h!= 0x0f)                           //先检测有无按键被按下
{
    delay_50us(100);                        //去抖
    if((P2&0x0f)!= 0x0f)                    //说明有键被按下
    { BeepOn();
      LED = 0;
      cord_h = P2&0x0f;                     //读入列线值
      P2 = cord_h|0xf0;                     //输出当前列线值
      cord_l = P2&0xf0;                     //读入行线值
      while((P2&0xf0)!= 0xf0);              //等待松开并输出
      return(cord_h + cord_l);              //键盘最后组合码值
```

```
        }
    }return(0xff);                                    //返回该值
}
/*******************************************************************************
函数名称:           u8 KeyPro()
函数功能:           键值处理
入口参数:           无
出口参数:           返回扫键值
备 注:
*******************************************************************************/
u8 KeyPro(void)
{
 switch(KeyScan())
 {
  case 0x77:return 1;break;                  //1 万用表表笔一头接 P2.7,另一头接 P2.3,此时按下
                                              //数字"1"键会响,此时 P2 口的状态是 0111 0111
  case 0x7b:return 2;break;                  //2 万用表表笔一头接 P2.7,另一头接 P2.2,此时按下
                                              //数字"2"键会响,此时 P2 口的状态是 0111 1011
  case 0x7d:return 3;break;                  //3 万用表表笔一头接 P2.7,另一头接 P2.1,此时按下
                                              //数字"3"键会响,此时 P2 口的状态是 0111 1101

  case 0xb7:return 4;break;                  //4 万用表表笔一头接 P2.6,另一头接 P2.3,此时按下
                                              //数字"4"键会响,此时 P2 口的状态是 1011 0111
  case 0xbb:return 5;break;                  //5 万用表表笔一头接 P2.6,另一头接 P2.2,此时按下
                                              //数字"5"键会响,此时 P2 口的状态是 1011 1011
  case 0xbd:return 6;break;                  //6 万用表表笔一头接 P2.6,另一头接 P2.1,此时按下
                                              //数字"6"键会响,此时 P2 口的状态是 1011 1101

  case 0xd7:return 7;break;                  //7 万用表表笔一头接 P2.5,另一头接 P2.3,此时按下
                                              //数字"7"键会响,此时 P2 口的状态是 1101 0111
  case 0xdb:return 8;break;                  //8 万用表表笔一头接 P2.5,另一头接 P2.2,此时按下
                                              //数字"8"键会响,此时 P2 口的状态是 1101 1011
  case 0xdd:return 9;break;                  //9 万用表表笔一头接 P2.5,另一头接 P2.1,此时按下
                                              //数字"9"键会响,此时 P2 口的状态是 1101 1101

  case 0xe7:return 10;break;                 //*键,万用表表笔一头接 P2.4,另一头接 P2.3,此时按
                                              //下符号"*"键会响,此时 P2 口的状态是 1110 0111
  case 0xeb:return 11;break;                 //0,万用表表笔一头接 P2.4,另一头接 P2.2,此时按下
                                              //数字"0"键会响,此时 P2 口的状态是 1110 1011
  case 0xed:return 12;break;                 //#键,万用表表笔一头接 P2.4,另一头接 P2.1,此时按
                                              //下符号"#"键会响,此时 P2 口的状态是 1110 1101

  default:return 0xff;break;
 }
}
/*******************************************************************************
函数名称:           EX0_init()
函数功能:           外部中断 0 初始化
入口参数:           无
出口参数:           无
备 注:
*******************************************************************************/
void EX0_init()
```

```
{
    IT0 = 1;
    EX0 = 1;
    EA = 1;
}
/**********************************************************************
函数名称：      main()
函数功能：      检验输入的密码是否正确并确定是否开锁
入口参数：      无
出口参数：      无
备 注：
**********************************************************************/
void main()
{
    u8 i = 0,j,k,l;
    u8 passwordlength,PLEN;                    //输入密码长度,实际密码长度

    LED = 1;
    PLEN = sizeof(password)/sizeof(password[0]); //用于计算出实际密码长度
    EX0_init();
    LCD_init();                                //初始化液晶显示器屏幕
    delay_50us(10);                            //延时用于稳定,可以去掉
    LCD_Clear();                               //清屏
    LCD_Write_String(0,0," Welcome! ");        //写入第一行信息,主循环中不再更改此信息,
                                               //所以在 while 之前写入
    LCD_Write_String(0,1,"Input password!");   //写入第二行信息,提示输入密码

    while(1)
    {
        num = KeyPro();                        //扫描键盘

        if(num!= 0xff)                         //此时肯定有键被按下
        {
            if(i == 0)
                LCD_Write_String(0,1," ");
            if(i <= 8)
            {
                passwordtemp[i] = num;         //将输入的数字挨个存入 passwordtemp 数组中

                LCD_Write_Char(i,1,num + 0x30); //如果要显示 * ,则应该是 LCD_Write_Char
                                               //(i,1,'*');
                if(11 == num)                  //如果按下 0 键,则假定为退格键
                {
                    LCD_Write_String(--i,1," ");

                    i--;

                    LCD_Write_String(0,0,"Input numbers: ");
                    //LCD_Write_Char(14,0,(i + 1) + 0x30);这是用来检验用的,若程序运行正
                    //常就可以注释掉
                }
            i++;
            if(i > 8) i = 8;
```

```
LCD_Write_String(0,0,"Input numbers:");
}

if((12 == num))                                //如果按下#键
{
    LCD_Write_String(0,0,"Input numbers:");
    //LCD_Write_Char(14,0,i + 0x30);

    if(8 == i)                                 //如果按下了8个数字键
    {
        for(k = 0;k < 8;k++)
            password[k] = passwordtemp[k];     //将存入passwordtemp数组中的密
                                               //码逐个放到password数组中
        LCD_Write_String(0,1," ");             //清除该行
        LCD_Write_String(0,1,"New code set OK!");    //显示新密码设置OK
        for(l = 0;l < 8;l++)passwordtemp[l] = 0;
        Flag = 0;
    }
    else                                       //肯定没有按下8个数字键
    {
        LCD_Write_String(0,1," ");             //清除该行
        LCD_Write_String(0,1,"Not 8 characters");    //显示输入的密码个数不
                                                     //够8个字符
        //pressedNum = 0;
    }
    i = 0;                                     //回到第一列(第一个字符的位置)
}
if(10 == num)                                  //如果按下*键,则进行密码对比
{
    //LCD_Write_Char(5,0,i + 0x30);            //测试用
    passwordlength = i;                        //计算输入密码长度
    i = 0;                                     //计数器复位
    if(passwordlength == PLEN)                 //密码长度是否相等
    {
        Flag = 1;
        for(j = 0;j < PLEN;j++)
            Flag = Flag&&(passwordtemp[j] == password[j]);    //比较输入值和
            //已有密码
            //LCD_Write_Char(0,0,(u8)Flag + 0x30);    //测试用,来看看Flag的
            //值是1还是0
    }
    if(Flag)                                   //刚刚输入的密码正确
    {
        LCD_Write_String(0,1," ");             //清除该行
        LCD_Write_String(0,1,"Right! Open!>>>>");    //显示输入密码正确
        PlayMusic();
        LED = 0;                               //让发光二极管亮
        inputtimes = 0;                        //输入正确,则输入次数清0
        Flag = 0;
        for(l = 0;l < 8;l++)passwordtemp[l] = 0;  //把存放按键输入的密码数组清0
    }
    else                                       //刚刚输入的密码不正确
    {
```

```
                    //LCD_Write_Char(0,0,(u8)Flag + 0x30); //测试用,来看看 Flag 的值是 1
                                                          //还是 0
                    LCD_Write_String(0,1,"                ");   //清除该行
                    LCD_Write_String(0,1,"Wrong! Retry!");//密码错误,提示重新输入
                    inputtimes++;                          //连续输入错误,则次数累加
                    if(3 == inputtimes)
                      {
                      Lock = 1;
                      EX0 = 1;                             //接通外部中断 0 的分开关
                      LCD_Write_String(0,1,"                ");   //清除该行
                      LCD_Write_String(0,1,"Wrong 3 times!");    //密码错误,提示重新输入
                      while(Lock);
//停止在该位置,重启电源后才能输入,实际实用中也可以编程让等到一定时间后能再次输入
                    }
                  }
                }
              }
          }
}
/**********************************************************************
函数名称:        delay_50us(u8 t)
函数功能:        延时
入口参数:        t
出口参数:        无
备  注:
**********************************************************************/
void delay_50us(u8 t)
{
    u8 j;
    for(;t > 0;t -- )
        for(j = 19;j > 0;j -- );
}
/**********************************************************************
函数名称:        EX0_int() interrupt()
函数功能:        让屏幕恢复刚上电的显示内容并把发光二极管熄灭
入口参数:        无
出口参数:        无
备  注:          外部中断 0 的中断号是 0
**********************************************************************/
void EX0_int() interrupt 0
{
    u8 m;
    LED = 1;
    Lock = 0;                                              //解锁
    Flag = 0;
    //pressedNum = 0;
    for(m = 0;m < 8;m++)
    {
        password[m] = m + 1;      //将数字 1、2、3、4、5、6、7、8 这 8 个数字放到 password 数组中
        passwordtemp[m] = 0;
    }
    LCD_Write_String(0,1,"Input password!");
    inputtimes = 0;                                        //输入 1~9 数字的按键次数清 0
```

```
    EX0 = 0;                                         //外部中断 0 分开关断开
}

void PlayMusic()
{
    u16 i = 0,j,k;
    while(SONG_LONG[i]!= SONG_TONE[i]!= 0)           //SONG_LONG 为拍子的长度
    {
        for(j = 0;j < SONG_LONG[i] * 20;j++)
        {
            beep = ~beep;
            for(k = 0;k < SONG_TONE[i]/3;k++);       //SONG_TONE 延时表决定了每个音符的频率
        }
        DelayMS(20);
        i++;
    }
}
```

8.3 密码锁的操作

8.3.1 实际密码锁的仿真操作

扫描如下二维码在手机端观看密码锁的仿真操作演示,建议读者自己亲自设计仿真电路并下载程序,然后亲自进行密码锁的仿真操作。

虚拟仿真开锁改密码演示视频

8.3.2 实际密码锁的操作

接通电源后,1602 液晶显示器屏幕的第一行会显示“Welcome!”,第二行显示“Input password!”,密码锁的默认密码是 12345678 共 8 位,按下键盘上的 1～8 后,按一下 * 键(为了让密码输入者确认按键按到位了,每按一下键蜂鸣器都会响一下),此时屏幕的第二行会显示“Right! Open! >>>”且发光二极管亮。打开门后会触发一个开关,此开关会让屏幕恢复刚上电的显示内容并把发光二极管熄灭,蜂鸣器会播放一首歌曲。

如果想修改密码,例如新密码想改为 11111111 即 8 个 1,可以在输入完 8 位新密码后按一下键盘上的#,此时屏幕的第二行会显示“New code set OK!”,以后再开门时就可以用新密码了。

如果三次输入的密码都错误,密码锁会拒绝再次输入密码,只有按一下复位键才允许再次输入密码开锁。

本章所做的系统用到了矩阵键盘,矩阵键盘的编程与独立按键不同,所以需要做一下介绍。

8.4 键盘接口

8.4.1 键盘工作原理

为了搞懂程序,先用万用表测量一下矩阵键盘,具体操作如下。

(1) 引导读者得出数字“1”的键码值。将万用表表笔一头接 P2.7,另一头接 P2.3,见图 8.5。3×4 矩阵键盘行列与单片机 P2 口的接线如图 8.6 所示。此时按下矩阵键盘上的数字“1”键万用表会响,因为此时 P2.7=P2.3=0(等于 0 是程序先让行线为 0 所致),所以此时 P2 口的状态是 01110111,于是可以得出数字“1”的键码值是 0x77;我们把数字“1”键对应的二进制键码值 01110111 和十六进制键码值 0x77 填入表 8.2。

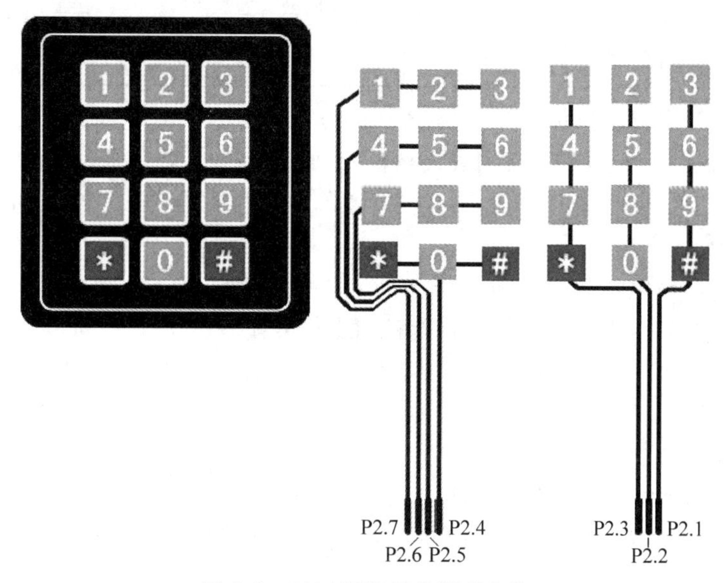

图 8.5 3×4 矩阵键盘行列走线

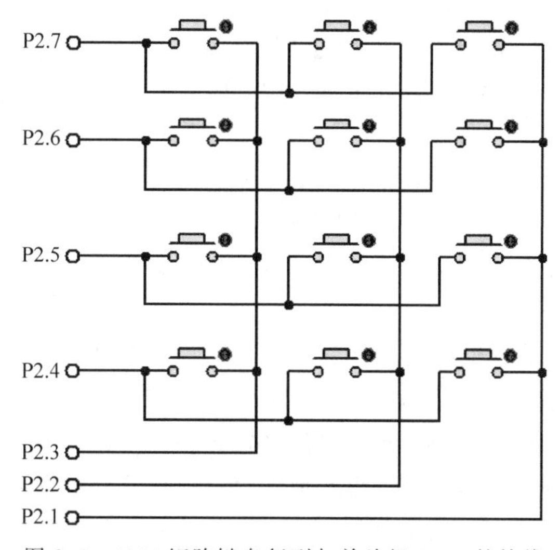

图 8.6 3×4 矩阵键盘行列与单片机 P2 口的接线

表 8.2　请用户写出的 3×4 矩阵键盘键码表

按键	P2.7	P2.6	P2.5	P2.4	P2.3	P2.2	P2.1	P2.0	对应的十六进制键码值
1									
2									
3									
4									
5									
6									
7									
8									
9									
*									
0									
#									

(2) 请读者亲自得出数字“2”的键码值。将万用表表笔一头接 P2.7，另一头接 P2.2，此时按下矩阵键盘上的数字“2”键万用表会响，因为此时 P2.7=P2.2=0，所以此时 P2 口的状态是 01111011，于是可以得出数字“2”的键码值。请将得出的键码值的二进制和十六进制数值填入表 8.2。

(3) 亲自得出数字“3”的键码值。将万用表表笔一头接 P2.7，另一头接 P2.1，此时按下矩阵键盘上的数字“3”键万用表会响，因为此时 P2.7=P2.1=0，所以可以得出此时 P2 口的状态(请读者自己得出)，于是可以得出数字“3”的键码值。请将得出的键码二进制和十六进制数值填入表 8.2。

(4) 亲自得出数字“4”的键码值。将万用表表笔一头接 P2.6，另一头接 P2.3，此时按下矩阵键盘上的数字“4”键万用表会响，因为此时 P2.6=P2.3=0，所以可以得出此时 P2 口的状态，于是可以得出数字“4”的键码值。请将得出的键码二进制和十六进制数值填入表 8.2。

(5) 亲自得出数字“5”的键码值。将万用表表笔一头接 P2.6，另一头接 P2.2，此时按下矩阵键盘上的数字“5”键万用表会响，因为此时 P2.6=P2.2=0，所以可以得出此时 P2 口的状态，于是可以得出数字“5”的键码值。请将得出的键码二进制和十六进制数值填入表 8.2。

(6) 亲自得出数字“6”的键码值。将万用表表笔一头接 P2.6，另一头接 P2.1，此时按下矩阵键盘上的数字“6”键万用表会响，因为此时 P2.6=P2.1=0，所以可以得出此时 P2 口的状态，于是可以得出数字“6”的键码值。请将得出的键码二进制和十六进制数值填入表 8.2。

(7) 亲自得出数字“7”的键码值。将万用表表笔一头接 P2.5，另一头接 P2.3，此时按下矩阵键盘上的数字“7”键万用表会响，因为此时 P2.5=P2.3=0，所以可以得出此时 P2 口的状态，于是可以得出数字“7”的键码值。请将得出的键码十六进制数值填入表 8.2。

(8) 亲自得出数字“8”的键码值。将万用表表笔一头接 P2.5，另一头接 P2.2，此时按下矩阵键盘上的数字“8”键万用表会响，因为此时 P2.5=P2.2=0，所以可以得出此时 P2 口的状态，于是可以得出数字“8”的键码值。请将得出的键码二进制和十六进制数值填入表 8.2。

(9) 亲自得出数字"9"的键码值。将万用表表笔一头接 P2.5,另一头接 P2.1,此时按下矩阵键盘上的数字"9"键万用表会响,因为此时 P2.5=P2.1=0,所以可以得出此时 P2 口的状态,于是可以得出数字"9"的键码值。请将得出的键码十六进制数值填入表 8.2。

(10) 亲自得出"*"的键码值。将万用表表笔一头接 P2.4,另一头接 P2.3,此时按下矩阵键盘上的"*"键万用表会响,因为此时 P2.4=P2.3=0,所以可以得出此时 P2 口的状态,于是可以得出数字"*"的键码值。请将得出的键码二进制和十六进制数值填入表 8.2。

(11) 亲自得出数字"0"的键码值。将万用表表笔一头接 P2.4,另一头接 P2.2,此时按下矩阵键盘上的数字"0"键万用表会响,因为此时 P2.4=P2.2=0,所以可以得出此时 P2 口的状态,于是可以得出数字"0"的键码值。请将得出的键码二进制和十六进制数值填入表 8.2。

(12) 亲自得出"#"的键码值。将万用表表笔一头接 P2.4,另一头接 P2.1,此时按下矩阵键盘上的"#"键万用表会响,因为此时 P2.4=P2.1=0,所以此时 P2 口的状态,于是可以得出"#"的键码值。请将得出的键码二进制和十六进制数值填入表 8.2。

亲自得出了 12 个按键的键码值,就可以用行列翻转扫描法编写出 12 键矩阵键盘的 C 语言程序了。

8.4.2 键盘按键处理程序设计

1. 行扫描法原理

我们以 16 键的矩阵键盘为例,见图 8.7,P2 口的高 4 位接 4 条列线,低 4 位接 4 条行线,行扫描法的原理是这样的:通过输出 0xFE 让第 0 行"接地"来检测第 0 行有无键被按下,然后读入 8 条线的状态即可知道第 0 行的哪个按键被按下;再输出 0xFD 让第 1 行"接地",来检测第 1 行有无键被按下……

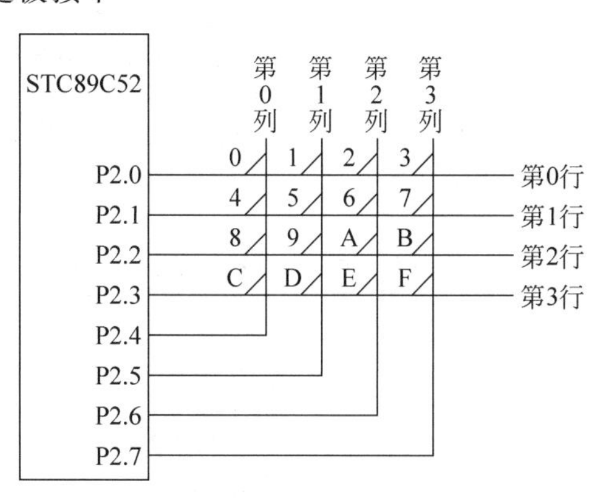

图 8.7 4×4 矩阵键盘

我们来深入剖析一下,首先程序让 P2 口输出 11111110B 即 0xFE,见图 8.8,此时相当于 P2.0 接地,假如数字"0"键被按下,第 0 行的"0"电平一定会通过数字"0"键把第 0 列也拉到"0"电平,即相当于第 0 列也接到了地,如图 8.9 所示,此时如果将行列线的状态读入 P2 口,P2 口的高 4 位肯定为 1110。

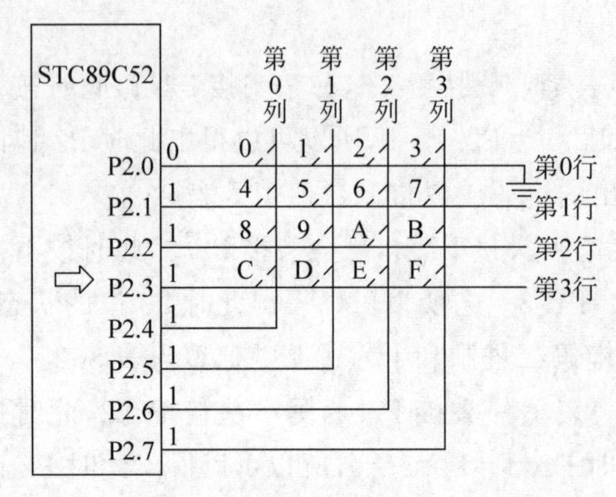

图 8.8　P2 口输出 0xFE 来检测第 0 行有无键被按下

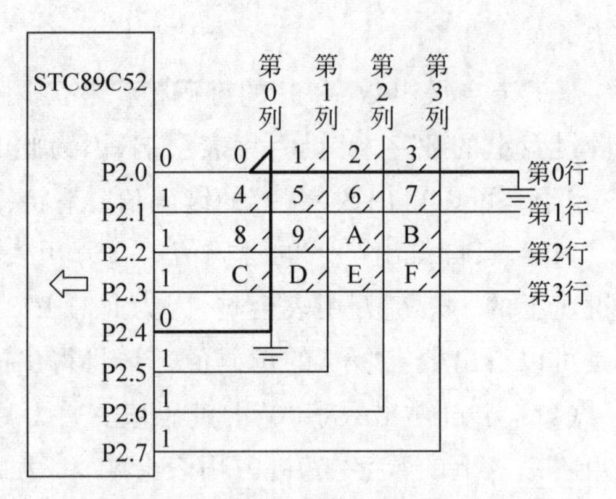

图 8.9　数字“0”键被按下的状态

假如数字“0”键没被按下，数字“1”键被按下，此时的行列状态如图 8.10 所示。此时如果将行列线的状态读入 P2 口，P2 口的高 4 位肯定为 1101。

如果数字“2”键被按下，此时的行列状态如图 8.11 所示。此时如果将行列线的状态读入 P2 口，P2 口的高 4 位肯定为 1011。

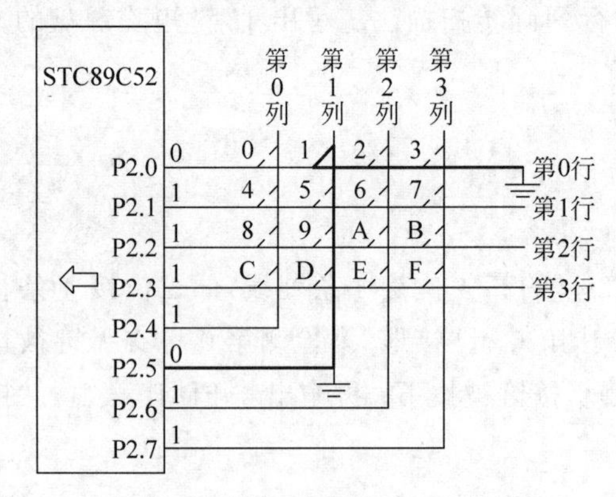

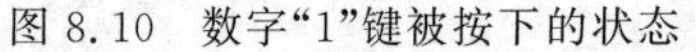

图 8.10　数字“1”键被按下的状态

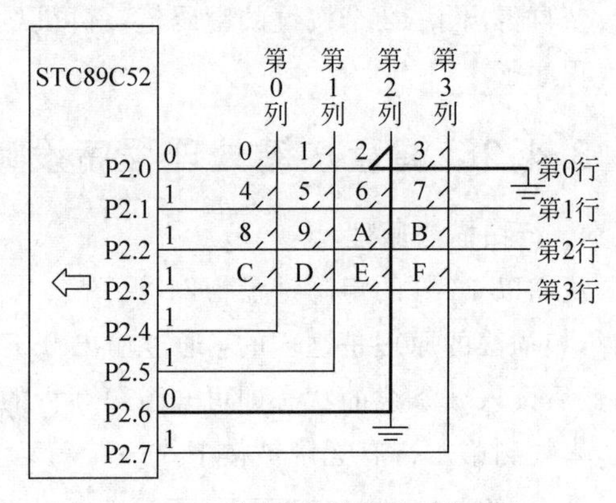

图 8.11　数字“2”键被按下的状态

如果数字“3”键被按下，此时的行列状态如图 8.12 所示。此时如果将行列线的状态读入 P2 口，P2 口的高 4 位肯定为 0111。

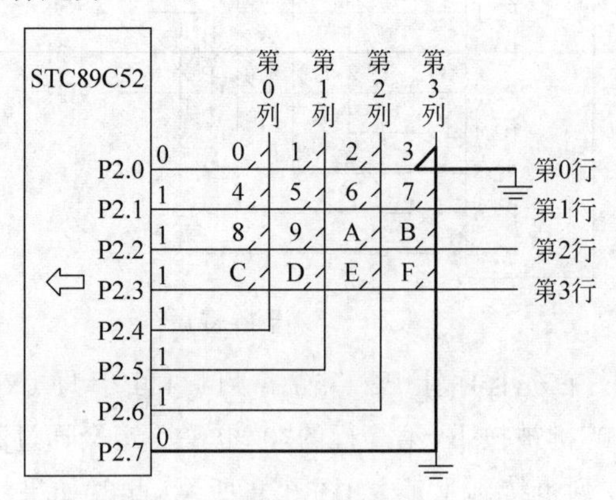

图 8.12　数字“3”键被按下的状态

第1行检测完后,在程序中要让P2输出11111101,即让第1行"接地",如果数字"4"键被按下,此时的行列状态如图8.13所示。此时如果将行列线的状态读入P2口,P2口的高4位肯定为1110。至于其余的那些键被按下后行列线的状态,读者应该非常清楚了。

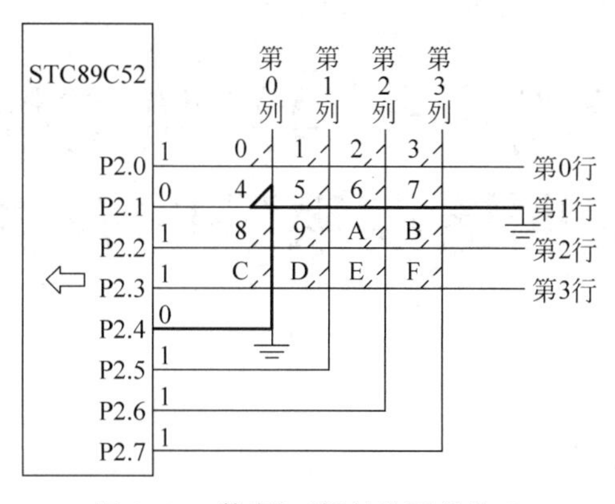

图8.13 数字"4"键被按下的状态

2. 行列翻转法原理

(1) 通过P2口把与其连接的键盘阵列行线都变成低电平,即输出P2=0x0F,然后将行线和列线的状态读回P2,如果P2不等于0x0F,就说明有键被按下,如果P2还等于0x0F,则说明没有键被按下。

(2) 将第(1)步读取到的列线输入值从列线输出,读取行线值。

(3) 定位求键值。根据第(2)步输出的列线值和读取到的行线值就可以确定所按下键所在的位置,从而查表确定键值。

知识点总结

本章通过做成一个密码锁,学习了在单片机系统中怎样使用矩阵键盘。本章的知识点有两个。

(1) 行扫描法的原理,归纳起来为,按照行的顺序先输出"0",其实就是分别让4行"接地",然后再输入,根据读入的行列值即可知道是哪个键被按下。

(2) 行列翻转法原理,归纳起来为,先让行线全部输出为"0",相当于让4条行线都"接地",让列线全部输出为"1",然后读入列线的值,如果列线不全部为"1",那肯定有键被按下,马上输出列线的值,然后读入行线的值,即可确定是哪个键被按下。

扩展电路及创新提示

读者可以购买一个4×4矩阵键盘,制作一个计算器,用行扫描法编写按键程序。

第9章 从做成一个单片机遥控电子钟来掌握遥控系统的开发

9.1 硬件设计及接线

9.1.1 硬件设计

1. 设计思路

这次我们要做的电子钟可以在第6章的基础上改进，将第6章电路中的4个按钮去掉改为插上一个遥控接收模块。

2. 原理图

单片机遥控系统原理图见图9.1。

3. 元器件清单

所需元器件见表9.1。

表9.1 所需元器件

序 号	元器件名称	型号或容量	数 量
1	单片机	STC89C52RC DIP40	1
2	晶振	12MHz	1
3	电容	30pF	2个
4	液晶显示器	12864	1个
5	无线遥控模块	无线遥控接收模块＋普通四键遥控器	1套
6	电位器	10kΩ	1个
7	排阻	A102	1个
8	PNP三极管	9015	1个
9	蜂鸣器	无源5V	1个
10	发光二极管	红色	1个
11	电阻	1kΩ	1个
12	排针	间距2.54mm 1×40P普通单排插针	1个

4. 参照电路实图

电路实图见图9.2。

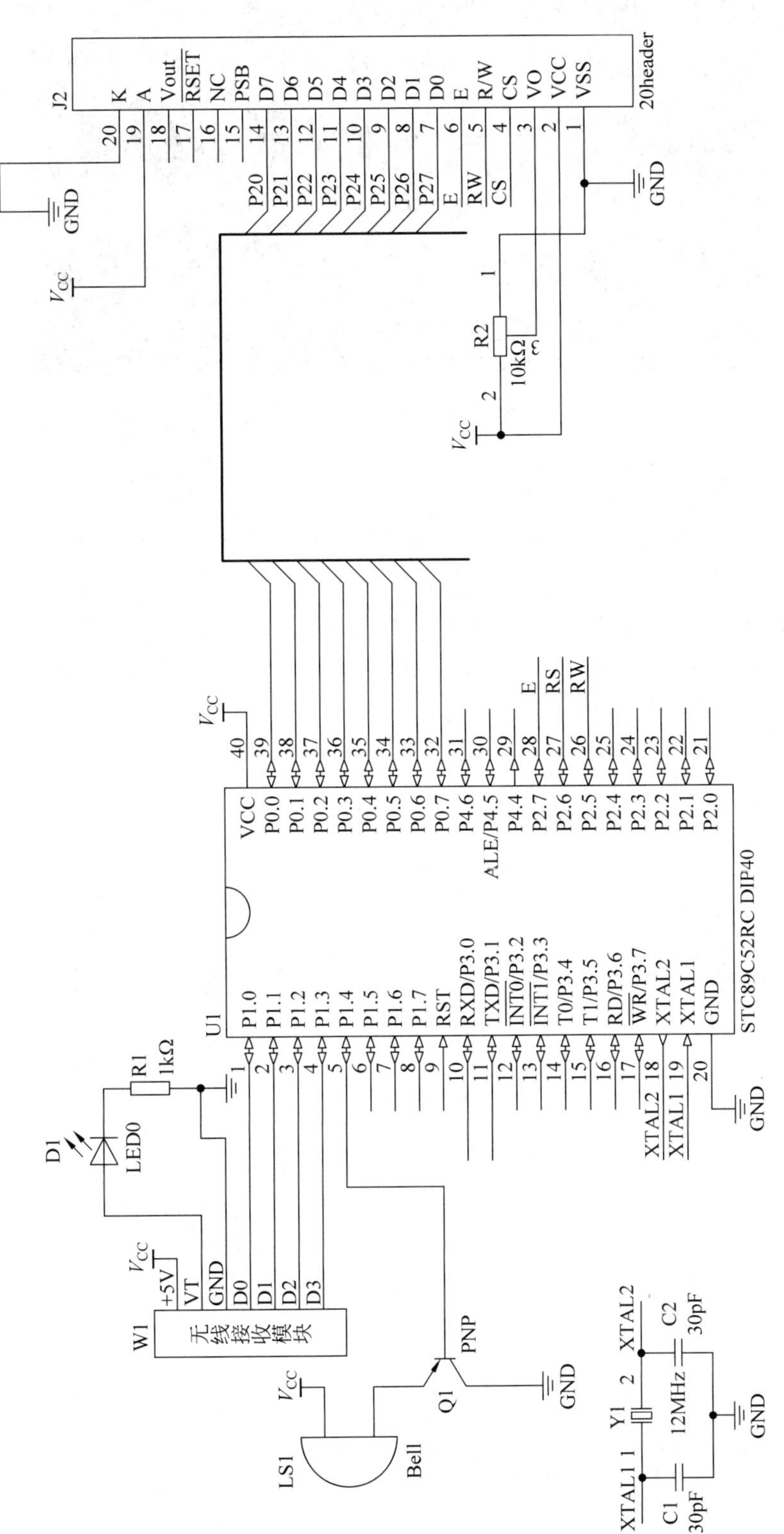

图 9.1　单片机遥控系统原理图

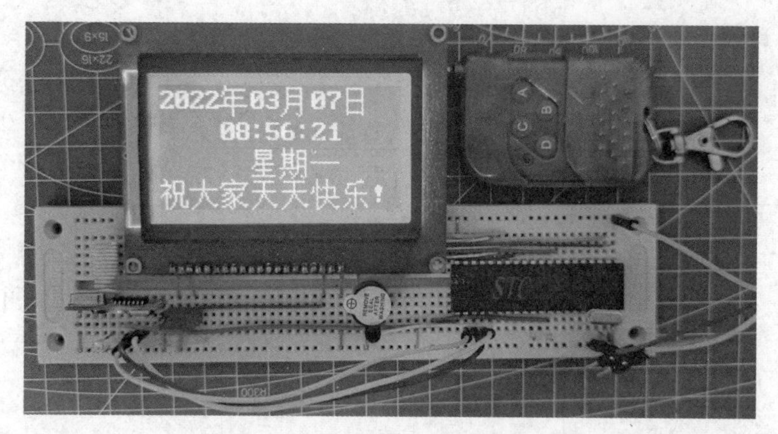

图 9.2　接好线的单片机遥控系统

9.1.2　硬件连接步骤

12864 液晶显示遥控万年历完整视频

扫描右侧二维码在手机或平板计算机端一边观看硬件连接和用万用表检测电路的视频，一边动手进行硬件连接，硬件连接完成后一定要用万用表检测一下硬件连接得是否可靠，如果不可靠，一定要重新连接直至可靠无误。至此整个硬件电路的安装工作结束。接下来要动手做的就是编写程序了。

9.2　程序设计及下载

先将以下程序输入 Keil 中并编译、下载到单片机中运行，再来弄清楚遥控模块的结构以及如何对其使用。

9.2.1　源程序

源程序如下：

```
#include<reg52.h>
#include<math.h>
#define u8 unsigned char
#define u16 unsigned int
sbit RS = P2^1;
sbit RW = P2^0;
sbit E = P2^7;
sbit beep = P1^4;
u8 table0[] = "0123456789";
u8 table1[] = " 00:00:00 ";
u8 table2[] = "0000 年 00 月 00 日 ";
u8 table4[] = "祝大家天天快乐！ ";
u8 dat,ms = 0,zc,hm = 0,s = 0,adjh = 0,Md = 0,b1,b2,FastSlow = 0,day = 10,month = 05,week = 5,
Playflag = 0,num = 0,last = 0,t1 = 0,jishu = 0,cxs = 0,ClockSet = 0;
u16 a = 3036,year = 2022;
int m = 0,h = 0;
void delay(u16 t);
```

```
void displaydate();
void T2_init();
/************************************************************************
 函数名称:          delay(u16 t)
 函数功能:          产生时间延时
 入口参数:          t
 出口参数:          无
 备 注:
************************************************************************/
void delay(u16 t)
{
    u8 i;
    while(t--)
    {
        for(i = 0;i < 19;i++);
    }
}
/************************************************************************
 函数名称:          BeepOn()
 函数功能:          让蜂鸣器嘟嘟响
 入口参数:          无
 出口参数:          无
 备 注:
************************************************************************/
void BeepOn()
{
    beep = 0;
    delay(400);
    beep = 1;
}
/************************************************************************
 函数名称:          Write_cmd(u8 cmd)
 函数功能:          往 12864 液晶显示器写命令
 入口参数:          cmd
 出口参数:          无
 备 注:
************************************************************************/
void Write_cmd(u8 cmd)
{
    RS = 0;
    RW = 0;
    P0 = cmd;
    delay(5);
    E = 1;
    delay(10);
    E = 0;
}
/************************************************************************
 函数名称:          Write_cmd(u8 dat)
 函数功能:          向 12864 液晶显示器写数据
 入口参数:          dat
 出口参数:          无
 备 注:
```

```
 ************************************************************************* /
void Write_data(u8 dat)
{
    RS = 1;
    RW = 0;
    P0 = dat;
    delay(5);
    E = 1;
    delay(10);
    E = 0;
}
/ *************************************************************************
 函数名称:         LCD_init()
 函数功能:         对 12864 液晶显示器初始化
 入口参数:         无
 出口参数:         无
 备 注:
 ************************************************************************* /
void LCD_init()
{
    delay(400);                               //延时大于 40ms
    Write_cmd(0x30);                          //功能设置
    delay(100);                               //延时大于 100us
    Write_cmd(0x30);                          //再写一次
    delay(37);                                //延时大于 37us
    Write_cmd(0x0c);                          //显示开关控制
    delay(10);                                //延时大于 100us
    Write_cmd(0x01);                          //清除显示
    delay(100);                               //延时 10ms
    Write_cmd(0x06);                          //进入模式设置
}
/ *************************************************************************
 函数名称:         int CaculateWeek(int y,int m, int d)
 函数功能:         由年、月、日计算星期
 入口参数:         代表年月日的形参 y,m,d
 出口参数:         代表星期的变量 w
 备 注:
由年、月、日计算星期的算法(基姆·拉尔森计算公式):
W = (d + 2 * m + 3 * (m + 1)/5 + y + y/4 - y/100 + y/400) mod 7
公式中 d 表示日期中的日数,m 表示月份数,y 表示年数.
注意:计算时要将一月和二月看成上一年的十三月和十四月.
例:2012 - 1 - 10 需要换算成 2011 - 13 - 10 代入公式计算.
 ************************************************************************* /
int CaculateWeek(int y,int m, int d)        //由年、月、日计算星期函数
{
     int w;
     if(m < 3){m += 12; -- y;}
     w = (d + 2 * m + 3 * (m + 1)/5 + y + (y >> 2) - y/100 + y/400) % 7;
     return w;
}
/ *************************************************************************
 函数名称:         Timer2() interrupt 5
 函数功能:         产生秒、分、时和日期并调用计算星期函数
```

```
 入口参数:          无
 出口参数:          无
 备 注:             定时器 2 的中断号是 5
**********************************************************************/
void Timer2() interrupt 5                    //调用定时器 2,自动重装载模式
{
    static u8 i = 0;                         //定义静态变量 i
    TF2 = 0;                                 //定时器 2 的中断标志要软件清 0
    i++;                                     //计数标志自加 1
    if(i == 16)                              //判断是否到 1s
    {
        i = 0;                               //将静态变量清 0
        s++;
        if(s > 59)
        {
            s = 0;
            m++;
            if(m > 59)
            {
                m = 0;
                h++;
                adjh++;

                if(h > 23)
                {
                    h = 0;
                    day++;
 if(month == 1||month == 3||month == 5||month == 7||month == 8||month == 10||month == 12)
                    {
                        if(day >- 32)
                        {
                            day = 1;
                            month++;
                        }
                    }
                    else if(month == 4||month == 6||month == 9||month == 11)
                    {
                        if(day >= 31)
                        {
                            day = 1;
                            month++;
                        }
                    }
                    else if(month == 2)
                    {
                        if(((0 == year % 4)&&(0!= year % 100))||0 == year % 400)
                        {
                            if(day >= 30)
                            {
                                day = 1;
                                month++;
                            }
                        }
```

```
                        else
                        {
                            if(day >= 29)
                            {
                                day = 1;
                                month++;
                            }
                        }
                    }

                }
            }
            displaydate();
        }
    if (month >= 13)
        {
            year ++;
            month = 1;
        }
        week = CaculateWeek(year,month,day);      //根据年、月、日计算星期
    }
}
/*******************************************************************************
 函数名称:        Display_Char(u8 x,u8 y)
 函数功能:        在 12864 液晶显示器上显示一个字符
 入口参数:        表示屏幕行和列的形参 x,y
 出口参数:        无
 备 注:
*******************************************************************************/
void Display_Char(u8 x,u8 y)
{
    switch(y)
    {
        case 1:Write_cmd(0x80|x);break;
        case 2:Write_cmd(0x90|x);break;
        case 3:Write_cmd(0x88|x);break;
        case 4:Write_cmd(0x98|x);break;
    }
}
/*******************************************************************************
 函数名称:        displaydate()
 函数功能:        显示日期
 入口参数:        无
 出口参数:        无
 备 注:           u8 table0[] = "0123456789";
                  u8 table2[] = "0000 年 00 月 00 日 ";
*******************************************************************************/
void displaydate()
{
    u8 i;
    table2[0] = table0[year/1000];
    table2[1] = table0[year/100 % 10];
    table2[2] = table0[year/10 % 10];
```

```
    table2[3] = table0[year % 10];
    table2[6] = table0[month/10];
    table2[7] = table0[month % 10];
    table2[10] = table0[day/10];
    table2[11] = table0[day % 10];
    table2[14] = '';
    table2[15] = '';
    Display_Char(0,1);
    for(i = 0;i < 16;i++)
        Write_data(table2[i]);
}
/*************************************************************************
 函数名称:          display1()
 函数功能:          在 12864 液晶显示器上显示时间
 入口参数:          无
 出口参数:          无
 备 注:             u8 table0[] = "0123456789";
                    u8 table1[] = " 00:00:00 ";
*************************************************************************/
void display1()
{
    u8 j;
    table1[4] = table0[h/10];
    table1[5] = table0[h % 10];
    table1[7] = table0[m/10];
    table1[8] = table0[m % 10];
    table1[10] = table0[s/10];
    table1[11] = table0[s % 10];
    //Write_cmd(0x90);
    Display_Char(0,2);
    for(j = 0;j < 12;j++)
        Write_data(table1[j]);
}
/*************************************************************************
 函数名称:          display3()
 函数功能:          在 12864 液晶显示器上显示星期
 入口参数:          无
 出口参数:          无
 备 注:             首先显示 6 个空格,0xD0,0xC7 的汉字是"星";0xC6,0xDA 的汉字是"期"
                    u8 table1[] = " 00:00:00 ";
*************************************************************************/
void display3()
{
    Write_cmd(0x88);Write_data('');Write_data('');      //在"星"字的前面显示 2 个空格
    Write_cmd(0x89);Write_data('');Write_data('');      //在"星"字的前面显示 2 个空格
    Write_cmd(0x8A);Write_data('');Write_data('');      //在"星"字的前面显示 2 个空格
    Write_cmd(0x8B);Write_data(0xD0);Write_data(0xC7); //显示"星"字
    Write_cmd(0x8c);Write_data(0xC6);Write_data(0xDA); //显示"期"字
    Write_cmd(0x8e);Write_data('');Write_data('');      //在"期"字后面显示 2 个空格
    Write_cmd(0x8f);Write_data('');Write_data('');      //再显示 2 个空格
    switch(week + 1)
    {
        case 1:
```

```
            Write_cmd(0x8d);
            Write_data(0xD2);
            Write_data(0xBB);
            break;                          //0xD2,0xBB 的汉字是"一"
        case 2:
            Write_cmd(0x8d);
            Write_data(0xB6);
            Write_data(0xFE);
            break;                          //0xD2,0xBB 的汉字是"二"
        case 3:
            Write_cmd(0x8d);
            Write_data(0xC8);
            Write_data(0xFD);
            break;                          //0xD2,0xBB 的汉字是"三"
        case 4:
            Write_cmd(0x8d);
            Write_data(0xCB);
            Write_data(0xC4);
            break;                          //0xD2,0xBB 的汉字是"四"
        case 5:
            Write_cmd(0x8d);
            Write_data(0xCE);
            Write_data(0xE5);
            break;                          //0xD2,0xBB 的汉字是"五"
        case 6:
            Write_cmd(0x8d);
            Write_data(0xC1);
            Write_data(0xF9);
            break;                          //0xD2,0xBB 的汉字是"六"
        case 7:
            Write_cmd(0x8d);
            Write_data(0xC8);
            Write_data(0xD5);
            break;                          //0xD2,0xBB 的汉字是"日"
    }
    Write_cmd(0x8E);
    Write_data(' ');
    Write_data(' ');
}
/*****************************************************************************
 函数名称:        display4()
 函数功能:        在 12864 液晶显示器上显示祝福语
 入口参数:        无
 出口参数:        无
 备 注:           u8 table4[] = "祝大家天天快乐!";
*****************************************************************************/
void display4()
{
    u8 j;
    Write_cmd(0x98);
    for(j = 0;j < 16;j++)
        Write_data(table4[j]);
}
```

```
/*********************************************************************************
 函数名称:          KeyScan()
 函数功能:          键盘扫描区分是遥控器上的 C 键(加 1 键)还是 D(减 1 键)按下
 入口参数:          无
 出口参数:          无
 备 注:
*********************************************************************************/
void KeyScan()
{   dat = (P1&0x0f);                  //从 P1 口的低 4 位输入无线接收模块检测到的按键状态
    if(02 == dat)                     //如果是 C 键(加 1 键)被按下
    {
        delay(400);                   //延时防抖
        if(02 == dat)                 //如果是 C 键(加 1 键)还在被按下中
        {
            BeepOn();
            switch(hm)                //来看看是调整年、月、日还是调整小时或分钟
            {
                case 1:               //调整年份
                    year++;
                    if(year > 65535) year = 0;
                    displaydate();
                    break;
                case 2:               //调整月份
                    month++;
                    if(month > 12) month = 1;
                    displaydate();
                    break;
                case 3:               //调整日
                    day++;
                    if(day > 31) day = 1;
                    displaydate();
                    break;
                case 4:               //调整小时
                    h++;
                    if(h > 23) h = 0;
                    break;
                case 5:               // 调整分钟
                    m++;
                    if(m > 59) m = 0;
                    break;

            }
        }
    }

    if(01 == dat)                     //如果是 D 键(减 1 键)被按下
    {
        delay(400);
        if(01 == dat)
        {
            BeepOn();
            switch(hm)
            {
```

```
                case 1:
                    year--;
                    if(year<1) year=1;
                    displaydate();
                    break;
                case 2:
                    month--;
                    if(month<1) month=12;
                    displaydate();
                    break;
                case 3:
                    day--;
                    if(day<1) day=31;
                    displaydate();
                    break;
                case 4:
                    h--;
                    if(h<0) h=23;
                    display1();
                    break;
                case 5:
                    m--;
                    if(m<0) m=59;
                    display1();
                    break;
            }
        }
    }
    week=CaculateWeek(year,month,day); //根据年、月、日计算星期
}
/*********************************************************************************
 函数名称:        T2_init()
 函数功能:        定时器2初始化
 入口参数:        无
 出口参数:        无
 备 注:
*********************************************************************************/
void T2_init()
{
    RCAP2H=a/256;                        //重装载计数器赋初值
    RCAP2L=a%256;
    ET2=1;                               //开定时器2中断
    EA=1;                                //开总中断
    TR2=1;                               //开启定时器,并设置为自动重装载模式
}

/*********************************************************************************
 函数名称:        main()
 函数功能:        判断遥控器上的对表键是否被按下,若是则进行对表
 入口参数:        无
 出口参数:        无
 备 注:
*********************************************************************************/
```

```
void main()
{
    LCD_init();
    T2_init();
    displaydate();
    display3();
    display4();
    while(1)
    {
        dat = (P1&0x0f);

        display1();
        display4();
        last = num;
        display3();
        if(0x04 == dat)
       {
        delay(400);
        if(0x04 == dat)
        {
            BeepOn();
            hm++;
            if(hm == 1)
            {
                TR2 = 0;
                zc = ms;
                displaydate();
            }
            else if(hm > 5)
            {
                ms = zc;
                hm = 0;
                TR2 = 1;
            }
        }
    }
        KeyScan();
        switch(hm)
        {
        case 1:                              //对年
        {
            Write_cmd(0x80);
            Write_data(' ');
            Write_data(' ');
            Write_cmd(0x81);
            Write_data(' ');
            Write_data(' ');
            delay(100);
            Write_cmd(0x87);
            Write_data(' ');
            Write_data(' ');
            Write_cmd(0x80);
            Write_data(year/1000 + 0x30);
```

```
        Write_data(year/100 % 10 + 0x30);
        Write_cmd(0x81);
        Write_data(year/10 % 10 + 0x30);
        Write_data(year % 10 + 0x30);
        KeyScan();
        break;
    }
    case 2:                              //对月
    {
        Write_cmd(0x83);
        Write_data(' ');
        Write_data(' ');
        delay(100);
        Write_cmd(0x87);
        Write_data(' ');
        Write_data(' ');
        Write_cmd(0x83);
        Write_data(month/10 + 0x30);
        Write_data(month % 10 + 0x30);
        KeyScan();
        break;
    }
    case 3:                              //对日
    {
        Write_cmd(0x85);
        Write_data(' ');
        Write_data(' ');
        delay(100);
        Write_cmd(0x87);
        Write_data(' ');
        Write_data(' ');
        Write_cmd(0x85);
        Write_data(day/10 + 0x30);
        Write_data(day % 10 + 0x30);
        KeyScan();
        break;
    }
    case 4:                              //对小时
    {
        Write_cmd(0x92);
        Write_data(' ');
        Write_data(' ');
        delay(100);
        Write_cmd(0x97);
        Write_data(' ');
        Write_data(' ');
        Write_cmd(0x92);
        Write_data(h/10 + 0x30);
        Write_data(h % 10 + 0x30);
        KeyScan();
        break;
    }
    case 5:                              //对分
```

```
        {
            Write_cmd(0x93);
            Write_data(':');
            Write_data(' ');
            Write_data(' ');
            delay(100);
            Write_cmd(0x97);
            Write_data(' ');
            Write_data(' ');
            Write_cmd(0x93);
            Write_data(':');
            Write_data(m/10 + 0x30);
            Write_data(m % 10 + 0x30);
            KeyScan();
            break;
        }
        }
    }
}
```

9.2.2 遥控电子钟的操作

上电后 12864 液晶显示器第一行显示日期，第二行显示时间，第三行显示星期，第四行显示“祝大家天天快乐!”。首先要进行的操作是调整日期和时间。

(1) 调整年份：按一下无线遥控器上的 B 键，会看到面包板上的发光二极管闪一下，同时会听到蜂鸣器响一声，此时会看到年份数字在闪，如果要增大年份数字，就按一下遥控器上的 C 键；如果要减小年份数字，就按一下遥控器上的 D 键。

(2) 调整月份：再按一下无线遥控器上的 B 键(按第二下 B 键)，会看到面包板上的发光二极管闪一下，同时会听到蜂鸣器响一声，此时会看到月份数字在闪，如果要增大月份数字，就按一下遥控器上的 C 键；如果要减小月份数字，就按一下遥控器上的 D 键。

(3) 调整日：再按一下无线遥控器上的 B 键(按第三下 B 键)，会看到面包板上的发光二极管闪一下，同时会听到蜂鸣器响一声，此时会看到日数字在闪，如果要增大日数字，就按一下遥控器上的 C 键；如果要减小日数字，就按一下遥控器上的 D 键。

(4) 调整小时：再按一下无线遥控器上的 B 键(按第四下 B 键)，会看到面包板上的发光二极管闪一下，同时会听到蜂鸣器响一声，此时会看到小时数字在闪，如果要增大小时数字，就按一下遥控器上的 C 键；如果要减小小时数字，就按一下遥控器上的 D 键。

(5) 调整分钟：再按一下无线遥控器上的 B 键(按第五下 B 键)，会看到面包板上的发光二极管闪一下，同时会听到蜂鸣器响一声，此时会看到分钟数字在闪，如果要增大分钟数字，就按一下遥控器上的 C 键；如果要减小分钟数字，就按一下遥控器上的 D 键。

(6) 调整完毕，开始走表：再按一下无线遥控器上的 B 键(按第六下 B 键)，如果没有调整好，就得重复以上操作重新来调整日期或时间。

本章所“做”的系统用到了无线收发模块，为了深入了解该模块内部结构和参数，有必要深入介绍一下。

9.3 遥控模块的结构及使用

图 9.3 遥控发射器

编码发射模块外形小巧、美观，与很多车辆防盗系统中的遥控器一样。根据功能的多少按键数也不一样，本章所用的发射模块为 A、B、C、D 4 个按键。编码发射模块主要由 PT2262 编码 IC 和高频调制、功率放大电路组成，常用的遥控发射器和编码电路分别如图 9.3 和图 9.4 所示。

遥控发射器工作电压为 DC 12V(电池供电)，尺寸为 58mm×39mm×14mm ，工作频率为 315MHz，工作电流为 13mA，编码类型为固定码(板上焊盘跳接设置)。应用说明：与各类型带解码功能的接收模块联合使用，解码输出后进行相应控制，如采用单片机进行读取接收并解码数据然后控制相应的灯或电源开关。其中编码部分电路由 PT2262 编码 IC 来组成，具体电路见图 9.4。

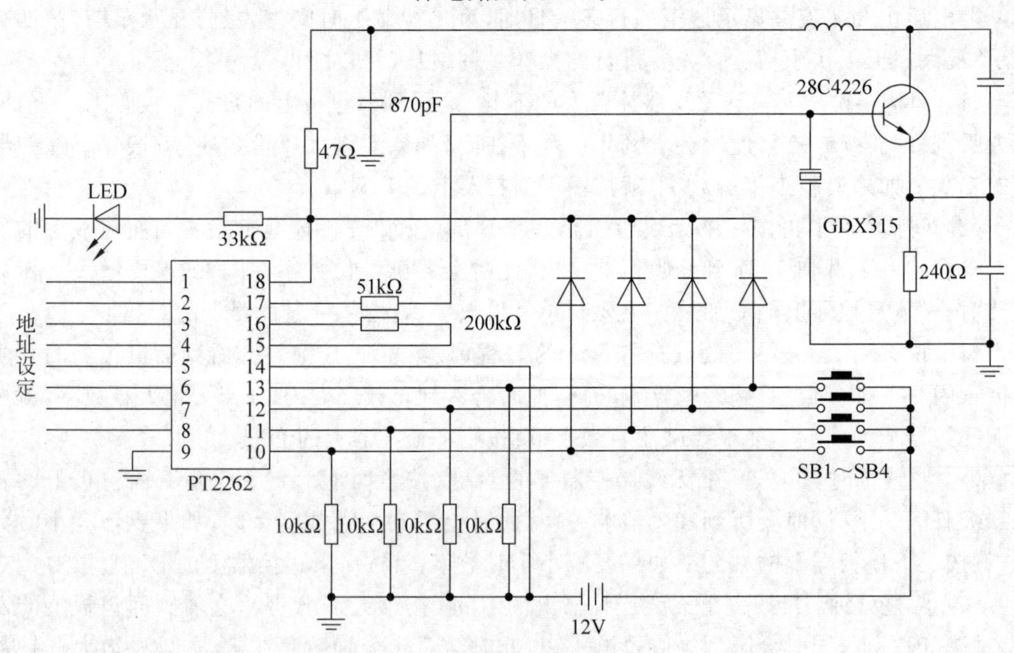

图 9.4 遥控发射器编码电路

解码接收模块包括接收头和解码芯片 PT2272 两部分。接收头将收到的信号输入 PT2272 的 14 脚(DIN)，PT2272 再将收到的信号解码。遥控器接收电路原理图如图 9.5 所示。

接收板工作电压为 DC 5V，接收灵敏度为－103dBm，尺寸为 49mm×20mm×7mm，工作频率为 315MHz，工作电流为 5mA，编码类型为固定码(板上焊盘跳接设置)。应用说明：

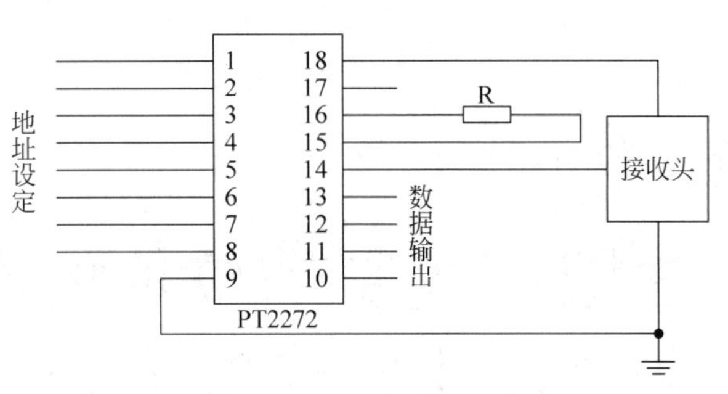

图 9.5　遥控器接收电路原理图

与各类型遥控器配合使用，解码输出后进行相应控制，如采用单片机进行读取接收并解码数据然后控制相应的灯或电源开关。

知识点总结

本章的知识点是无线遥控，分为硬件连接和软件编程。

遥控模块的硬件连接的关键是对无线接收模块的 7 个引脚的接线，无线接收模块上已经对 7 个引脚做了字符标注，要将其＋5V 那个引脚接面包板的 V_{CC} 接一个发光二极管的正极，GND 接到面包板的地，D0 接单片机的 P1.0，D1 接 P1.1，D2 接 P1.2，D3 接 P1.3。

对无线遥控单片机编程的关键是要清楚按下 A、B、C、D 键后单片机 P1 口的对应状态值，因为按下遥控发射模块上的这 4 个键相当于以前在面包板上按下的 4 个按钮，所以对这 4 个遥控按键的编程也需要进行键盘消抖，根据 P1 口得到的键值就可以进行不同的控制了。

扩展电路及创新提示

请读者对遥控发射模块上的 A 键编程，实现按下此键控制 12864 液晶显示器的背光电源的通断，即按第一下背光电源通电，再按一下背光电源断电，这样可以达到省电的目的。读者也可以根据图 9.4 和图 9.5 来自己做一套无线遥控接收模块。

第10章 从做成由温度控制的单片机步进电机控制系统来初步学会自动控制

10.1 硬件设计及连接步骤

10.1.1 硬件设计

1. 设计思路

用一个数字温度传感器DS18B20来测量温度，用一个步进电机作为被控装置，用一块4位一体数码管作为显示装置用来显示测量温度。当温度低于26℃时让步进电机正转；当温度为26～30℃时，让步进电机停止转动；当温度高于30℃时让步进电机反转。用P1口作为数码管的段选数据端，用P0口作为数码管的位选端，用P2口的4位与步进电机驱动芯片ULN2003的1～4脚相连，其对应的输出引脚与步进电机相连，P3口的P3.7位与DS18B20温度传感器相连，其余参照原理图接线即可。

2. 原理图

原理图见图10.1。

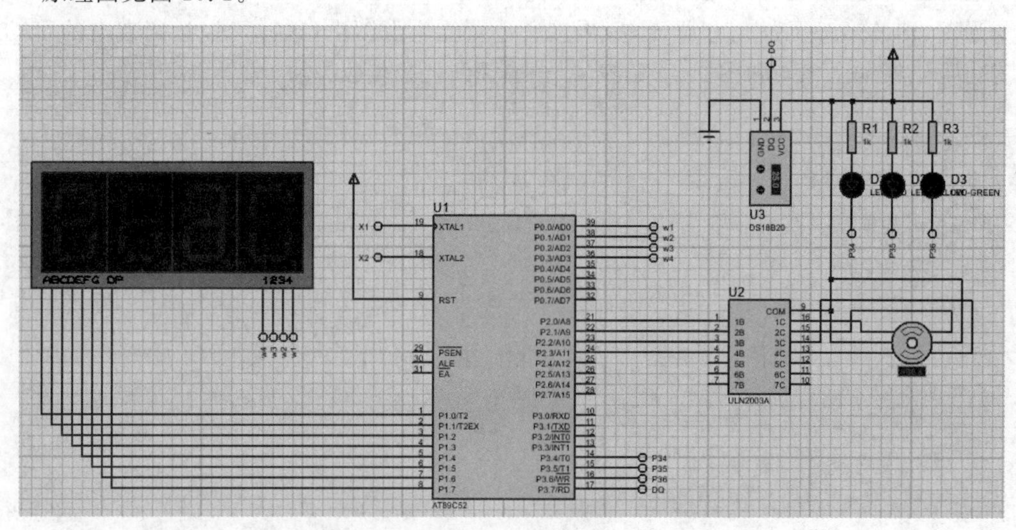

图10.1　原理图

3. 元器件清单

所需元器件见表 10.1。

表 10.1 所需元器件

序 号	元器件名称	型号或容量	数量/个
1	单片机	STC89C52RC DIP40	1
2	晶振	12MHz	1
3	电容	30pF	2
4	数码管	4 位一体 0.36in 共阴	1
5	达林顿阵列芯片	ULN2003	1
6	温度传感器	DS18B20	1
7	电阻 1	4.7kΩ	1
8	电阻 2	1kΩ	2
9	步进电机	28BYJ48	1
10	发光二极管	一红一绿	2

4. 参照电路实图

接好线并通电的硬件电路见图 10.2。

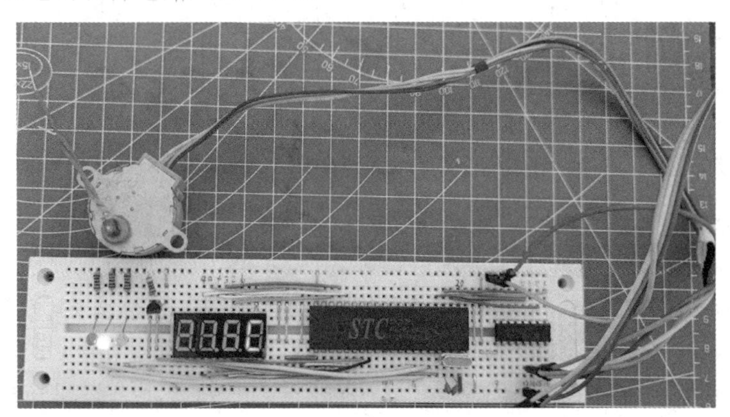

图 10.2 接好线并通电的硬件电路

5. 用 Proteus 创建原理图并实现虚拟仿真

原理图创建及虚拟仿真过程的视频请扫码观看并亲自实践，教师要对每个学生逐个检查并指导完成。

用 Proteus 设计温度自动控制步进电机电路图并仿真运行视频

10.1.2 单片机与 ULN2303 的接线

1. ULN2003 简介

ULN2003 是高耐压、大电流复合晶体管阵列，由 7 个硅 NPN 复合晶体管组成，该电路的特点如下。

ULN2003 的每一对达林顿晶体管都串联一个 2.7kΩ 的基极电阻，在 5V 的工作电压下它能与 TTL 和 CMOS 电路直接相连，可以直接处理原先需要标准逻辑缓冲器来处理的数据。ULN2003 工作电压高，工作电流大，灌电流可达 500mA，并且能够在关态时承受 50V 的电压，输出还可以在高负载电流下并行运行。ULN2003 采用 DIP-16 或 SOP-16 塑料封装。

ULN2003 内部还集成了一个消线圈反电动势的二极管，它的输出端允许通过的电流为 200mA，饱和压降 VCE 约为 1V，耐压 BVCEO 约为 36V。用户输出口的外接负载可根据以上参数估算。采用集电极开路输出，输出电流大，故可直接驱动继电器或固体继电器，也可直接驱动低压灯泡。通常单片机驱动 ULN2003 时，上拉 2kΩ 的电阻较为合适，同时，COM 引脚应该悬空或接电源。ULN2003 是一个非门电路，包含 7 个单元，单独每个单元驱动电流最大可达 350mA，9 脚可以悬空。例如 1 脚输入，16 脚输出，若负载接在 V_{CC} 与 16 脚之间可以不用 9 脚。

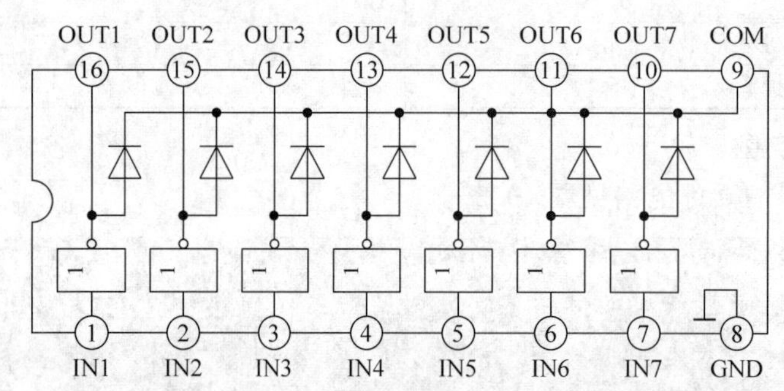

图 10.3　ULN2003 内部电路及引脚分布图

2. ULN2003 的接线

因为本系统用的步进电机是四相八拍电机，由 4 条绕组线，所以只需要 ULN2003 的 4 个晶体管阵列，将单片机的 P2.0 与 UNL2003 的 IN1(第 1 脚)相连，将 P2.1 与 IN2(第 2 脚)相连，将 P2.2 与 IN3(第 3 脚)相连，将 P2.3 与 IN4(第 4 脚)相连。见图 10.3。注意，图 10.4 将单片机和 ULN2003 尾对尾放置，也就是 ULN2003 是月牙朝右，而单片机是月牙朝左。

图 10.4　ULN2003 与单片机的连线

10.1.3　步进电机的结构及工作原理

1. 步进电机的结构

步进电机是一种将电脉冲转换为角位移的执行机构。通俗地讲，当步进驱动器接收到一个脉冲信号，它就驱动步进电机按设定的方向转动一个固定的角度(即步进角)。可以通过控制脉冲个数来控制角位移量，从而达到准确定位的目的；同时可以通过控制脉冲频率来控制电机转动的速度和加速度，从而达到调速的目的。我们先来看一下步进电机的外形和拆开后的内部结构，见图 10.5～图 10.9。

图 10.5 步进电机外形

图 10.6 步进电机的齿轮结构

图 10.7 步进电机的减速齿轮

图 10.8 步进电机的转子

图 10.9 步进电机的定子绕组

2. 步进电机的工作原理

先来看一下图 10.10，以三相三拍为例，假设先给 A 绕组通电，这时 A 绕组产生的磁场将转子的 1-2 标记吸引到和 A 绕组对齐，接下来 A 绕组断电，B 绕组通电，此时 B 绕组产生的磁场会将转子吸引过来，即 1-2 与 B 绕组对齐，接着 B 绕组断电，C 绕组通电，则 C 绕组产生的磁场能将转子的 1-2 标记吸引到与 C 绕组对齐，然后 C 绕组断电，A 绕组又通电，转子又与 A 绕组对齐，此后循环往复，这种通电方式的步进角度是 60°。

如果是三相六拍电机则是先给第一拍：A 绕组通电，第二拍：A 绕组和 B 绕组同时通电，第三拍：A 绕组断电，B 绕组单独通电，第四拍：B 绕组和 C 绕组同时通电……也就是 A-AB-B-BC-C-CA -A 的通电方式，这样的步进角度是 30°。

本章所“做”的系统用的是 28BYJ48 型四相八拍电机，电压为直流 5～12V。当对步进电机施加一系列连续不断的控制脉冲时，它可以连续不断地转动。每个脉冲信号对应步进电机的某一相或两相绕组的通电状态改变一次，也就对应转子转过一定的角度（一个步距角）。当通电状态的改变完成一个循环时，转子转过一个齿距。四相步进电机可以在不同的通电方式下运行，常见的通电方式有单（单相绕组通电）四拍（A-B-C-D-A……）、双（双相绕组通电）四拍（AB-BC-CD-DA-AB-……）和八拍（A-AB-B-BC-C-CD-D-DA-A……）。

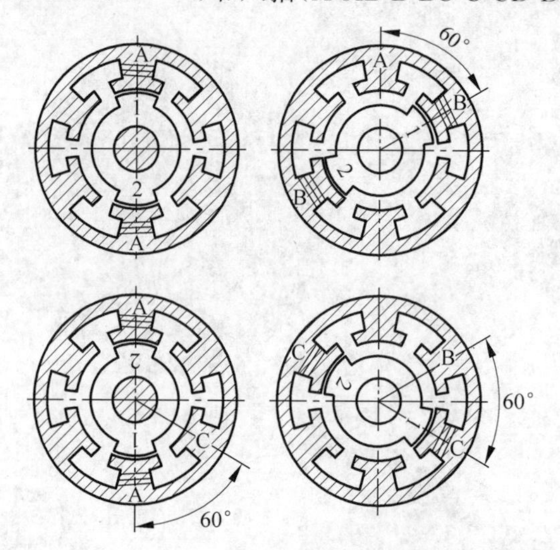

图 10.10　步进电机工作原理

10.1.4　ULN2303 与步进电机的接线

见图 10.1 和图 10.11，将一个排针掰成 4 个针的一段，然后用尖嘴钳将这 4 根针挤压成上下两端均匀分布，再将排针插入与 ULN2003 的 16、15、14、13 脚相连的面包板孔内。

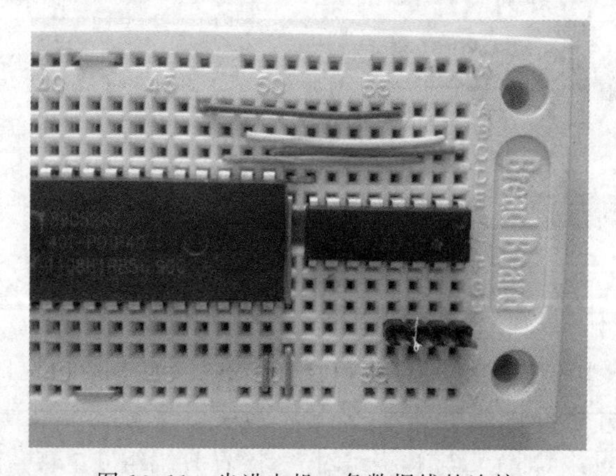

图 10.11　步进电机 4 条数据线的连接

10.1.5　数码管与单片机的连线

首先搞清楚 4 位一体 0.36in 数码管的引脚分布，见图 10.12，然后在面包板准备插数码管的上下两排较宽的地方标上这 12 个字母和数字。然后用 8 条导线将数码管的 a、b、c、d、e、f、g、dp 与单片机的 P1.0、P1.1、P1.2、P1.3、P1.4、P1.5、P1.6、P1.7 相连，如图 10.13 所示。用 4 条导线将数码管的 w1 与单片机的 P0.0 相连（图上标的 1），w2 与单片机的 P0.1 相连（图上标的 2），w3 与单片机的 P0.2 相连（图上标的 3），w4 与单片机的 P0.3 相连（图上标的 4）。

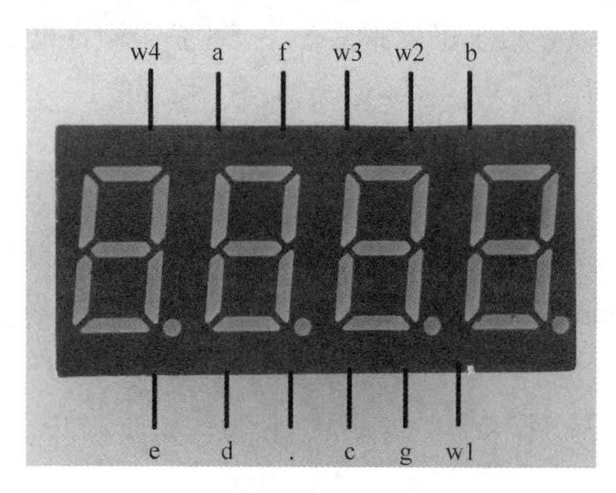

图 10.12 数码管的引脚分布

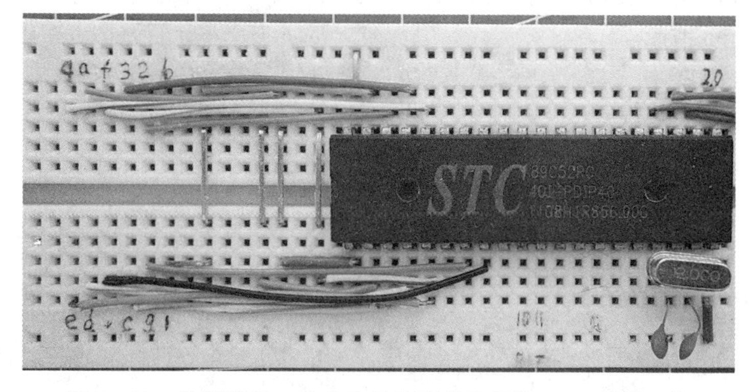

图 10.13 数码管的 4 条位选线接到单片机的 P0 口的前 4 位

10.1.6 DS18B20 温度传感器与单片机的连线

DS18B20 温度传感器只有 3 个引脚，1 脚是接地脚 GND，2 脚是单总线数据线，3 脚是电源脚，见图 10.14，用一个短订书钉将 DS18B20 温度传感器的第 1 脚接地，将 4.7kΩ 电阻的上端接到 V_{CC}，下端用一个正常订书钉与 DS18B20 温度传感器的第 2 脚相连，用 2 个正常的订书钉将 DS18B20 的第 3 脚接到 V_{CC}，用一根导线将单片机的 P3.7(第 17 脚)与 DS18B20 温度传感器的第 2 脚连通。

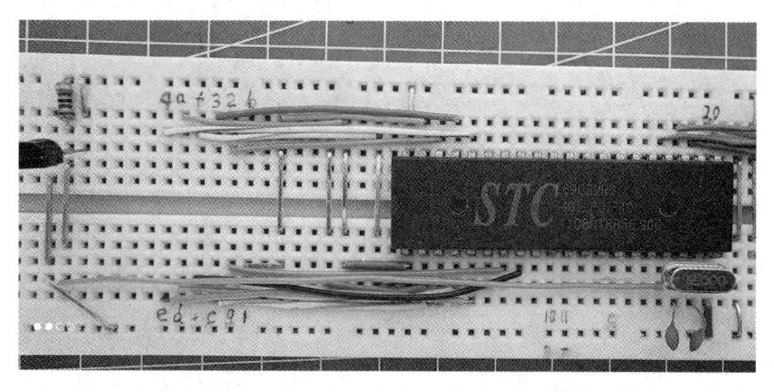

图 10.14 DS18B20 温度传感器的接线

扫描下页二维码在手机或平板计算机端一边观看硬件连接和用万用表检测电路的视频，一边动手进行硬件连接，硬件连接完成后一定要用万用表检测一下硬件连接得是否可靠，如果不可靠，一定要重新连接直至可靠无误。至此整个硬件电路的安装工作结束。接下来要动手做的就是编写程序了。

51 单片机温度自动控制系统的硬件连接和运行过程视频

10.2 程序设计及下载

先将以下程序输入 Keil 中并编译、下载到单片机中运行，再来弄清楚如何编写温度检测程序和步进电机程序。

10.2.1 源程序

源程序如下：

```
#include <reg52.h>
#define u8 unsigned char
#define u16 unsigned int
u8 d[] = {0x3f,0x06,0x5b,0x4f,0x66,0x6d,0x7d,0x07,0x7f,0x6f,0x39,40};
u8 w[] = {0xfe,0xfd,0xfb,0xf7,0xef,0xdf,0xbf,0x7f};
u8 code CCW[8] = {0x08,0x0c,0x04,0x06,0x02,0x03,0x01,0x09};  //逆时针旋转相序表
u8 code CW[8] = {0x09,0x01,0x03,0x02,0x06,0x04,0x0c,0x08};   //正时针旋转相序表
sbit DQ = P3^7;
sbit LEDgreen = P3^6;                                         //温度下限指示
sbit LEDred = P3^5;                                           //温度保持指示
sbit LEDyellow = P3^4;                                        //温度上限指示
u16 temp;
u8 S = 0;
/*************************************************************************
 函数名称:        delay(u16 t)
 函数功能:        产生延时
 入口参数:        t
 出口参数:        无
 备 注:
*************************************************************************/
void delay(u16 t)
{
    u8 i;
    while(t--)
    {
        for(i = 0;i < 19;i++);
    }
}
/*************************************************************************
 函数名称:        Tdelay(u16 t)
 函数功能:        产生延时
 入口参数:        t
 出口参数:        无
```

```
 备 注:
*************************************************************************/
void Tdelay(u16 t)
{
    while(t--);
}
/*************************************************************************
 函数名称:          delaynms(u16 t)
 函数功能:          产生 1ms 的延时
 入口参数:          t
 出口参数:          无
 备 注:
*************************************************************************/
void delaynms(u16 t)
{
  u8 i;
  while(t--)
  {
   for(i=0;i<115;i++);                  //1ms 基准延时程序
  }

}
/*************************************************************************
 函数名称:          display(u16 k)
 函数功能:          显示由 DS18B20 温度传感器测得的温度值
 入口参数:          k
 出口参数:          无
 备 注:
*************************************************************************/
void display(u16 k)
{
    if(S)
    {
        P2=d[11];
        P0=w[4];
        delay(20);
    }
    P1=d[k/100%10];
    P0=w[3];
    delay(15);

    P1=d[k/10%10]+0x80;
    P0=w[2];
    delay(15);

    P1=d[k%10];
    P0=w[1];
    delay(15);

    P1=d[10];
    P0=w[0];
    delay(15);
}
/*************************************************************************
```

```
 函数名称:         DS18B20_init()
 函数功能:         对 DS18B20 温度传感器初始化
 入口参数:         无
 出口参数:         无
 备 注:
*******************************************************************************/
void DS18B20_init()
{
    u8 r;
    DQ = 1;
    Tdelay(8);
    DQ = 0;
    Tdelay(80);
    DQ = 1;
    Tdelay(14);
    r = DQ;
    Tdelay(20);
}
/*******************************************************************************
 函数名称:         DS18B20_Write1Byte (u8 dat)
 函数功能:         将单片机要写的并行数据变成串行数据一位一位地写入
 入口参数:         dat
 出口参数:         无
 备 注:
*******************************************************************************/
void DS18B20_Write1Byte(u8 dat)
{
    u8 i;
    for(i = 8;i > 0;i -- )
    {
        DQ = 0;                          //首先 MCU 要将总线拉低并保持 1us
        DQ = dat&0x01;                   //如果写 0,此时 dat 的最低位应该是 0,与 0x01 相与后
                                         //仍然为 0;如果写 1,此时 dat 的最低位应该是 1,与 0x01
                                         //相与后这一位还是 1
        Tdelay(5);                       //要保持放到总线上的数据最少维持 60us
        DQ = 1;                          //然后释放总线
        dat >> = 1;                      //准备写下一位
    }
    Tdelay(4);
}
/*******************************************************************************
 函数名称:         u8 DS18B20_Read1Byte()
 函数功能:         从 DS18B20 温度传感器读一字节并且将串行数据变成并行数据
 入口参数:         无
 出口参数:         value
 备 注:
*******************************************************************************/

u8 DS18B20_Read1Byte()
{
    u8 i,value = 0;
    for(i = 8;i > 0;i -- )
    {
        DQ = 0;
        value >> = 1;
```

```
        DQ = 1;
        if(DQ) value |= 0x80;
        Tdelay(4);
    }
    return value;
}
/*************************************************************************
 函数名称:          u16 DS18B20_ReadTemperature()
 函数功能:          从 DS18B20 温度传感器将一个完整的温度值读出
 入口参数:          无
 出口参数:          tt
 备 注:
*************************************************************************/
u16 DS18B20_ReadTemperature()
{
    u8 l,h;
    u16 t;
    float tt;
    DS18B20_init();
    DS18B20_Write1Byte(0xcc);
    DS18B20_Write1Byte(0x44);
    Tdelay(300);
    DS18B20_init();
    DS18B20_Write1Byte(0xcc);
    DS18B20_Write1Byte(0xbe);
    l = DS18B20_Read1Byte();
    h = DS18B20_Read1Byte();
    t = h;
    t <<= 8;
    t |= l;
    tt = t * 0.0625;
    tt = tt * 10 + 0.5;
    return tt;

}
/*************************************************************************
 函数名称:          motor_ccw()
 函数功能:          让步进电机反转
 入口参数:          无
 出口参数:          无
 备 注:
*************************************************************************/

void motor_ccw(void)
{
    u8 i,j;
    for(j = 0;j < 8;j++)        //电机旋转一周不是外面所看到的一周,是里面的传动轮转了一周
    {

        for(i = 0;i < 8;i++)  //旋转 45 度
        {
            P2 = CCW[i];
            display(temp);
            delaynms(5);     //调节转速
        }
```

```
    }
}
/*************************************************************************
 函数名称:          motor_cw()
 函数功能:          让步进电机正转
 入口参数:          无
 出口参数:          无
 备 注:
*************************************************************************/
void motor_cw(void)
{
  u8 i,j;
  for(j = 0;j < 8;j++)
  {

     for(i = 0;i < 8;i++)                    //旋转 45 度
     {
         P2 = CW[i];
         display(temp);
         delaynms(5);                        //调节转速
     }
  }
}
/*************************************************************************
 函数名称:          main()
 函数功能:          检测温度并实现温度自动控制
 入口参数:          无
 出口参数:          无
 备 注:
*************************************************************************/
main()
{
    u8 r;
    u8 N = 64;      //因为步进电机的减速比是 1/64 ,所以 N = 64 时,步进电机主轴才转过一圈
    LEDred = 1;
    LEDgreen = 1;
    LEDyellow = 1;
    while(1)
    {
        temp = DS18B20_ReadTemperature();
        display(temp);

        for(r = 0;r < N;r++)
        {
            temp = DS18B20_ReadTemperature();
            display(temp);
            if(temp < 260)
            {
                LEDred = 0;
                LEDgreen = 1;
                LEDyellow = 1;
                motor_cw();
            }
```

```
            else if(temp >= 300)
            {
                LEDred = 1;
                LEDgreen = 1;
                LEDyellow = 0;
                motor_ccw();
            }
            else if((temp >= 260)&&(temp < 300))
            {
                LEDred = 1;
                LEDgreen = 0;
                LEDyellow = 1;
                P2 = 0xf0;
            }
        }
    }
}
```

10.2.2　温控系统的操作

上电后数码管会显示当前测得的温度值，假设读者所在空间当前的温度是27℃，若想让电机正转就打开空调制冷一会儿，当温度低于26℃时就会看到步进电机正转；若想让电机反转，请读者用大拇指和食指捏住DS18B20温度传感器，就会看到数码管的温度值会上升，当温度高于30℃时就会看到步进电机反转，然后松开手指，数码管显示的温度值就会变小，当温度为26～30℃时，步进电机就停止转动。

下面就来弄清楚DS18B20温度传感器的测温原理以及测温程序的编写。

10.2.3　DS18B20温度传感器的特性

DS18B20温度传感器接线方便，可应用于多种场合，主要根据应用场合的不同而改变其外观，如管道式、螺纹式、磁铁吸附式、不锈钢封装式。封装后的DS18B20温度传感器可用于电缆沟测温、高炉水循环测温、锅炉测温、机房测温、农业大棚测温、洁净室测温、弹药库测温等各种非极限温度场合。DS18B20温度传感器耐磨耐碰，体积小，使用方便，封装形式多样，适用于各种狭小空间设备数字测温和控制领域。

1. 技术性能描述

(1) 独特的单线接口方式。DS18B20温度传感器在与微处理器连接时仅需要一条线即可实现微处理器与DS18B20温度传感器的双向通信。

(2) 测温范围为－55～125℃，固有测温分辨率为0.5℃。

(3) 支持多点组网功能。多个DS18B20温度传感器可以并联在唯一的三线上，最多只能并联8个，实现多点测温，如果数量过多，会使供电电源电压过低，从而造成信号传输的不稳定。

(4) 工作电源为DC 3～5V。

(5) 在使用中不需要任何外围元件。

(6) 测量结果以9～12位数字量方式串行传送。

2. 接线说明

DS18B20 温度传感器采用独特的一线接口，只需要一条线通信，简化了分布式温度传感应用，无须外部元件，可用数据总线供电，电压范围为 3.0～5.5V，无须备用电源；测量温度范围为－55～125℃，从－10～85℃范围内精度为±0.5℃。

DS18B20 温度传感器的数字温度计提供 9～12 位，单片机与 DS18B20 温度传感器只需要一条线连接。读写以及温度转换可以从数据线本身获得能量，不需要外接电源。因为每个 DS18B20 温度传感器都包含一个独特的序号，多个 DS18B20 温度传感器可以同时存在于一条总线。这使得温度传感器可以放置在许多不同的地方。

DS18B20 温度传感器内部结构主要由 4 部分组成：64 位光刻 ROM、温度传感器、非挥发的温度报警触发器 TH 和 TL、配置寄存器。该装置信号线高时，内部电容器储存能量通过一线通信线路给芯片供电，而且在低电平期间为芯片供电直至下一个高电平的到来而重新充电。DS18B20 温度传感器的电源也可以从外部 3～5.5V 的电压得到。

DS18B20 温度传感器采用一线通信接口。一线通信接口必须在先完成 ROM 设定，否则记忆和控制功能将无法使用。DS18B20 温度传感器主要提供以下功能命令：读 ROM、ROM 匹配、搜索 ROM、跳过 ROM 和报警检查。

若指令成功地使 DS18B20 温度传感器完成温度测量，数据存储在 DS18B20 温度传感器的存储器。温度报警触发器 TH 和 TL 都有一字节 EEPROM 的数据。如果 DS18B20 温度传感器不使用报警检查指令，这些寄存器可作为一般的用户记忆使用。

DS18B20 温度传感器的测温原理如图 10.15 所示，图中低温度系数晶振的振荡频率受温度影响很小，用于产生固定频率的脉冲信号送给计数器 1。高温度系数晶振随温度变化其振荡率明显改变，所产生的信号作为计数器 2 的脉冲输入。

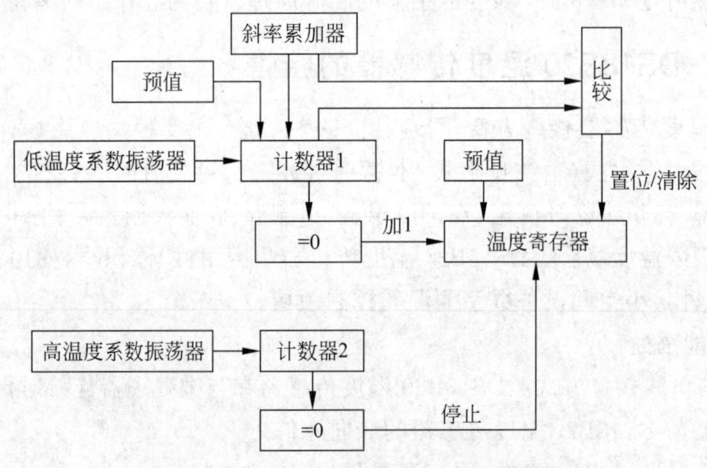

图 10.15　DS18B20 温度传感器的测温原理

初始时，温度寄存器被预置成－55℃，每当计数器 1 从预置数开始减计数到 0 时，温度寄存器中寄存的温度值就增加 1℃，这个过程重复进行，直到计数器 2 计数到 0 时便停止。

初始时，计数器 1 预置的是与－55℃相对应的一个预置值，以后计数器 1 每次循环的预置数都由斜率累加器提供。为了补偿振荡器温度特性的非线性性，斜率累加器提供的预置数也随温度相应变化。计数器 1 的预置数也就是在给定温度处使温度寄存器寄存值增加

1℃计数器所需要的计数个数。

DS18B20温度传感器内部的比较器以四舍五入的量化方式确定温度寄存器的最低有效位。在计数器2停止计数后,比较器将计数器1中的计数剩余值转换为温度值后与0.25℃进行比较,若低于0.25℃,温度寄存器的最低位就置0;若高于0.25℃,最低位就置1;若高于0.75℃,温度寄存器的最低位就进位然后置0。这样,经过比较后所得的温度寄存器的值就是最终读取的温度值了,其最后位代表0.5℃,四舍五入最大量化误差为±1/2LSB,即0.25℃。

温度寄存器中的温度值以9位数据格式表示,最高位为符号位,其余8位以二进制补码形式表示温度值。测温结束时,这9位数据转存到暂存存储器的前两字节中,符号位占用第一字节,8位温度数据占用第二字节。

3. DS18B20温度传感器的工作过程

DS18B20温度传感器的工作过程是初始化→ROM操作命令→存储器操作命令→处理数据。

1) 初始化

单总线上的所有处理均从初始化序列开始。初始化序列包括总线主机发出一复位脉冲,接着由从属器件送出存在脉冲。存在脉冲让总线控制器知道DS18B20温度传感器在总线上且已准备好操作。

2) ROM操作命令

一旦总线主机检测到从属器件的存在,它便可以发出器件ROM操作命令之一。所有ROM操作命令均为8位长。这些命令如表10.2所示。

表10.2　ROM操作命令

命　　令	预定代码	功　　能
读ROM	33H	读DS18B20温度传感器ROM中的编码(即64位地址)
符合ROM	55H	发出此命令后,接着发出64位ROM编码,访问单总线上与该编码相对应的DS18B20温度传感器并使之做出响应,为下一步对该DS18B20温度传感器的读写做准备
搜索ROM	F0H	用于确定挂接在同一总线上DS18B20温度传感器的各机器的64位ROM地址,为操作各个温度传感器做好准备
跳过ROM	CCH	忽略64ROM地址,直接向DS18B20温度传感器发温度变换命令,这个指令适用于单总线上只有一个DS18B20温度传感器的情况
报警搜索	ECH	执行后只有温度超过设定值上限或下限的DS18B20温度传感器才做出响应

(1) 读ROM(33H)。

此命令允许总线主机读DS18B20温度传感器的8位产品系列编码、唯一的48位序列号以及8位的CRC。此命令只能在总线上仅有一个DS18B20温度传感器的情况下可以使用。如果总线上存在多于一个的从属器件,那么当所有从片企图同时发送时将发生数据冲突的现象(漏极开路会产生线与的结果)。

(2) 符合ROM(55H)。

此命令后继以64位的ROM数据序列,允许总线主机对多点总线上特定的DS18B20温度传感器寻址。只有与64位ROM序列严格相符的DS18B20温度传感器才能对后继的存储器操作命令做出响应。所有与 64 位 ROM 序列不符的从片将等待复位脉冲。此命令在总线上有单个或多个器件的情况下均可使用。

(3) 搜索 ROM(F0H)。

当系统开始工作时，总线主机可能不知道单线总线上的器件个数或者不知道其 64 位 ROM 编码。搜索 ROM 命令允许总线控制器用排除法识别总线上的所有从机的 64 位编码。

(4) 跳过 ROM(CCH)。

在单点总线系统中，此命令通过允许总线主机不提供 64 位 ROM 编码而访问存储器操作来节省时间。如果在总线上存在多于一个的从属器件而且在跳过 ROM 命令之后发出读命令，那么由于多个从片同时发送数据，会在总线上发生数据冲突(漏极开路下拉会产生线与的效果)。

(5) 报警搜索(ECH)。

此命令的流程与搜索 ROM 命令相同。但是，仅在最近一次温度测量出现报警的情况下，DS18B20 温度传感器才对此命令做出响应。报警的条件定义为温度高于 TH 或低于 TL。只要 DS18B20 温度传感器一上电，报警条件就保持在设置状态，直到另一次温度测量显示出非报警值或者改变 TH 或 TL 的设置，使得测量值再一次位于允许的范围之内。存储在 EEPROM 内的触发器值用于报警。

3) 存储器操作命令

存储器操作命令如表 10.3 所示。

表 10.3 存储器操作命令

命　令	约定代码	功　能
温度变换	44H	启动 DS18B20 温度传感器进行温度转换，12 位转换时最长为 750ms(9 位为 93.75ms)。结果存入内部 9 字节 RAM 中
读暂存器	BEH	读内部 RAM 中 9 字节的内容
写暂存器	4EH	发出向内部 RAM 的 3、4 字节写上、下限温度数据命令，紧跟该命令之后，是传送 2 字节的数据
复制暂存器	48H	将 RAM 中第 3、4 字节的内容复制到 EEPROM 中
重调 EEPROM	B8H	将 EEPROM 中内容恢复到 RAM 中的第 3、4 字节
读供电方式	B4H	读 DS18B20 温度传感器的供电模式。寄生供电时 DS18B20 温度传感器发送 0，外接电源供电时 DS18B20 温度传感器发送 1

(1) 温度转换[44H]。

这条命令启动一次温度转换而无须其他数据。温度转换命令被执行，而后 DS18B20 温度传感器保持等待状态。如果总线控制器在这条命令之后跟着发出读时间隙，而 DS18B20 温度传感器又忙于做时间转换，DS18B20 温度传感器将在总线上输出 0，若温度转换完成，则输出 1。如果使用寄生电源，总线控制器必须在发出这条命令后立即起动强上拉，并保持 500ms。

(2) 读暂存器[BEH]。

这个命令读取暂存器的内容。读取将从字节 0 开始，一直进行下去，直到第 9(字节 8，CRC)字节读完。如果不想读完所有字节，控制器可以在任何时间发出复位命令来中止读取。

(3) 写暂存器[4EH]。

这个命令向DS18B20温度传感器的暂存器中写入数据，开始位置在地址2。接下来写入的2字节将被存到暂存器中的地址位置2和3。可以在任何时刻发出复位命令来中止写入。

(4) 复制暂存器[48H]。

这条命令把暂存器的内容复制到DS18B20温度传感器的EEPROM存储器中，即把温度报警触发字节存入非易失性存储器中。如果总线控制器在这条命令之后跟着发出读时间隙，而DS18B20温度传感器又正在忙于把暂存器复制到EEPROM存储器，DS18B20温度传感器就会输出一个0，如果复制结束，DS18B20温度传感器则输出1。如果使用寄生电源，总线控制器必须在这条命令发出后立即起动强上拉并最少保持10ms。

(5) 重调EEPROM[B8H]。

这条命令把存储在EEPROM中温度触发器的值重新调至暂存器。这种重新调出的操作在对DS18B20温度传感器上电时也自动发生，因此只要器件一上电，暂存器内就有了有效的数据。在这条命令发出之后，对于所发出的第一个读数据时间片，器件会输出温度转换忙的标识：0表示忙，1表示准备就绪。

(6) 读供电方式[B4H]。

对于在此命令发送至DS18B20温度传感器之后所发出的第一读数据的时间片，器件都会给出其电源方式的信号：0表示寄生电源供电，1表示外部电源供电。

4) 处理数据

DS18B20温度传感器的高速暂存器由9字节组成。当温度转换命令发布后，经转换所得的温度值以2字节补码形式存放在高速暂存器的第0字节和第1字节。单片机可通过单线接口读到该数据，读取时低位在前，高位在后。

图10.16是DS18B20温度传感器温度采集转化后得到的16位数据，存储在DS18B20温度传感器的两个8位RAM中，二进制中的前面5位是符号位，如果测得的温度大于或等于0，则这5位为0，只要将测到的数值乘以0.0625即可得到实际温度；如果温度小于0，则这5位为1，测到的数值需要取反加1再乘以0.0625即可得到实际温度。温度转换计算方法举例如下。

	bit 7	bit 6	bit 5	bit 4	bit 3	bit 2	bit 1	bit 0
LS	2^3	2^2	2^1	2^0	2^{-1}	2^{-2}	2^{-3}	2^{-4}

	bit 15	bit 14	bit 13	bit 12	bit 11	bit 10	bit 9	bit 8
MS	S	S	S	S	S	2^6	2^5	2^4

图10.16　DS18B20温度传感器测得的温度数据格式

假如当DS18B20温度传感器采集到的实际温度为+125℃，输出为07D0H，则

$$实际温度=07D0H\times0.0625=2000\times0.0625=125$$

假如当DS18B20温度传感器采集到的实际温度为−55℃，输出为FC90H，则应先将11位数据位取反加1得370H(符号位不变，也不作为计算)，则

$$实际温度=370H\times0.0625=880\times0.0625=55$$

表10.4是一些典型的温度及其对应的二进制、十六进制值。

表 10.4　典型的温度值及其对应的二进制、十六进制值

温度/℃	二　进　制	十 六 进 制
+125	0000 0111 1101 0000	07D0H
+85	0000 0101 0101 0000	0550H
+25.0625	0000 0001 1001 0001	0191H
+10.125	0000 0000 1010 0010	00A2H
+0.5	0000 0000 0000 1000	0008H
0	0000 0000 0000 0000	0000H
−0.5	1111 1111 1111 1000	FFF8H
−10.125	1111 1111 0101 1110	FF5EH
−25.0625	1111 1110 0110 1111	FE6FH
−55	1111 1100 1001 0000	FC90H

10.2.4　DS18B20 温度传感器的单总线数据传输程序设计

DS18B20 温度传感器的工作流程是初始化→ROM 操作指令→存储器操作指令→数据传输，其工作时序包括初始化时序、写时序、读时序。

主机首先发出一个 480～960μs 的低电平脉冲，然后释放总线变为高电平(图 10.17 中黑色粗实线表示主机将电平拉低)，并在随后的 480μs 内对总线进行检测，如果有低电平出现说明总线上有器件已做出应答，若无低电平出现一直都是高电平则说明总线上无器件应答。

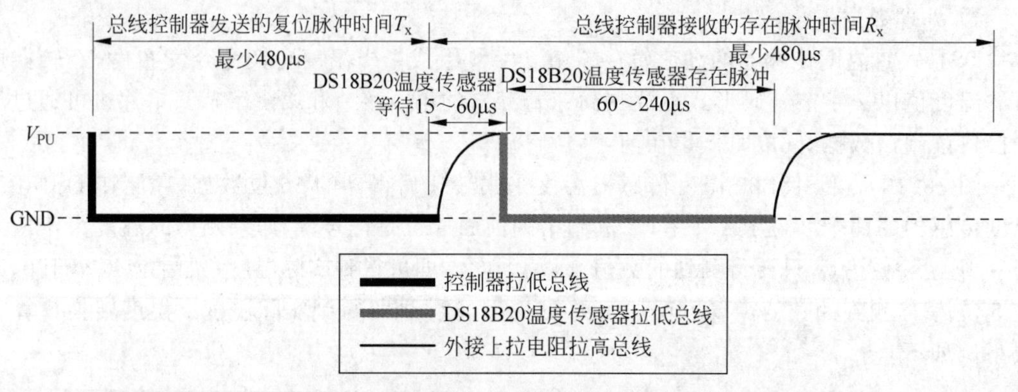

图 10.17　DS18B20 温度传感器初始化时序

作为从器件的 DS18B20 温度传感器在一上电后就一直在检测总线上是否有 480～960μs 的低电平出现，如果有，在总线转为高电平后等待 15～60μs 后将总线电平拉低 60～240μs 做出响应存在脉冲(图 10.17 中灰色粗实线表示 DS18B20 温度传感器把电平拉低)，告诉主机本器件已做好准备，若没有检测到就一直在检测等待(图 10.17 中细实线表示寄存器将电平拉高)。

接下来就是主机发出各种操作命令，但各种操作命令都是向 DS18B20 温度传感器写 0 和写 1 组成的命令字节，接收数据时也是从 DS18B20 温度传感器读取 0 或 1 的过程，因此首先要弄清楚主机是如何进行写 0、写 1、读 0 和读 1 的。

写周期最少为 60μs，最长不超过 120μs，写周期一开始作为主机先把总线拉低 1μs 表示

写周期开始，随后若主机想写 0，则继续拉低电平最少 60μs 直至写周期结束，然后释放总线为高电平；若主机想写 1，在一开始拉低总线电平 1μs 后就释放总线为高电平，一直到写周期结束。而作为从机的 DS18B20 温度传感器则在检测到总线被拉低后等待 15μs 然后从 15μs 到 45μs 开始对总线采样，在采样期内总线为高电平则为 1，若采样期内总线为低电平则为 0。图 10.18 给出写操作时序。

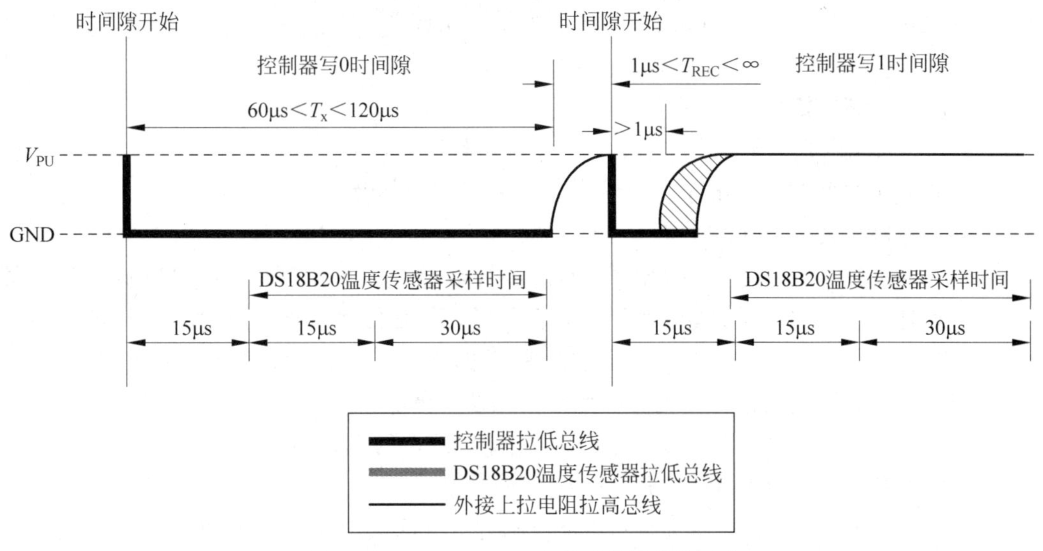

图 10.18 DS18B20 温度传感器写操作时序

对于读数据操作时序也分为读 0 时序和读 1 时序两个过程，读时序是从主机把单总线拉低之后，在 1μs 之后就得释放单总线为高电平，以让 DS18B20 温度传感器把数据传输到单总线上。DS18B20 温度传感器在检测到总线被拉低 1μs 后，便开始送出数据，若是要送出 0 就把总线拉为低电平直到读周期结束；若要送出 1 则释放总线为高电平。主机在一开始拉低总线 1μs 后释放总线，然后在包括前面的拉低总线电平 1μs 在内的 15μs 内完成对总线进行采样检测，采样期内总线为低电平则确认为 0，采样期内总线为高电平则确认为 1，完成一个读时序过程，至少需要 60μs 才能完成。图 10.19 给出读操作时序。

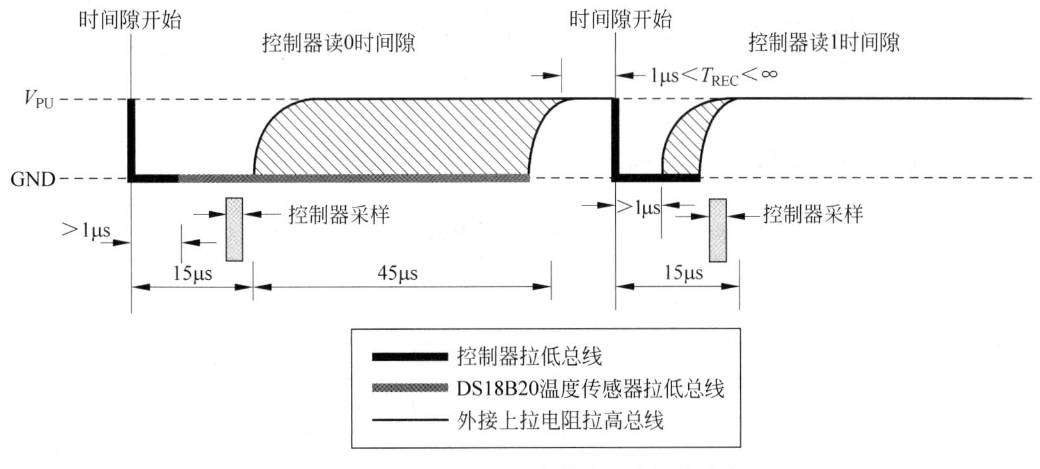

图 10.19 DS18B20 温度传感器读操作时序

DS18B20温度传感器单线通信功能是分时完成的，有严格的时序概念，系统对DS18B20温度传感器的各种操作必须按协议进行，根据DS18B20温度传感器的协议规定，微控制器控制DS18B20温度传感器完成温度的转换必须经过以下4个步骤。

(1) 每次读写前对DS18B20温度传感器进行复位初始化。复位要求主CPU将数据线下拉500μs，然后释放，DS18B20温度传感器收到信号后等待16～60μs，然后发出60～240μs的存在低脉冲，主CPU收到此信号后表示复位成功。

(2) 发送一条ROM指令。

(3) 发送存储器指令。

让DS18B20温度传感器进行一次温度转换的具体操作如下。

(1) 主机先做个复位操作。

(2) 主机再写跳过ROM的操作(CCH)命令。

(3) 主机接着写转换温度的操作指令，后面释放总线至少1s，让DS18B20温度传感器完成转换操作。需要注意的是，每个命令字节在写时都是低字节先写，例如CCH的二进制为11001100，在写到总线上时要从低位开始写，写的顺序是0、0、1、1、0、0、1、1。

读取RAM的温度数据同样也要按照以下3个步骤。

(1) 主机发出复位操作并接受DS18B20温度传感器的应答(存在)脉冲。

(2) 主机发出跳过对ROM操作的命令(CCH)。

(3) 主机发出读取RAM的命令(BEH)，随后主机依次读取DS18B20温度传感器发出的从第0～8个共9字节的数据。如果只想读取温度数据，那么在读完第0个和第1个数据后就不再理会后面DS18B20温度传感器发出的数据即可，同样读取数据也是低位在前。

10.2.5 步进电机的正反转控制程序设计

由于步进电机28BYJ48型四相八拍电机，其通电顺序是(A-AB-B-BC-C-CD-D-DA-A……)，见表10.5，表中按照绕组通电顺序(通电为1，不通电为0)，得出了四相八拍步进电机逆时针旋转时单片机的P2口应该输出的数据，这个数据在程序中可以定义一个数组并且将其放到ROM中，于是有

```
u8 code CCW[8] = {0x08,0x0c,0x04,0x06,0x02,0x03,0x01,0x09};
```

顺时针旋转的数组将CCW数组的元素倒过来即可，即

```
u8 code CW[8] = {0x09,0x01,0x03,0x02,0x06,0x04,0x0c,0x08};
```

表10.5 四相八拍步进电机绕组通电顺序及其对应的单片机P2口输出值

橙(A)	黄(B)	粉(C)	蓝(D)	P2口输出	绕组通电顺序
1	0	0	0	0x08	A
1	1	0	0	0x0c	AB
0	1	0	0	0x04	B
0	1	1	0	0x06	BC
0	0	1	0	0x02	C
0	0	1	1	0x03	CD

续表

橙(A)	黄(B)	粉(C)	蓝(D)	P2 口输出	绕组通电顺序
0	0	0	1	0x01	D
1	0	0	1	0x09	DA

定义了使步进电机正反转的数组后，编写正反转的程序就容易了。由于 4 个绕组轮流通电一个轮回步进电机只转了 45°，要让步进电机旋转一圈(360°)，需要 8 个这样的轮回，因此需要用 for 语句循环 8 次。下面是步进电机正转的函数，反转的情况请读者自己写出。

```
void motor_cw(void)
{
    u8 i,j;
    for(j = 0;j < 8;j++)
    {

        for(i = 0;i < 8;i++)                //旋转 45 度
        {
            P2 = CW[i];
            delaynms(5);                    //调节转速
        }
    }
}
```

10.2.6 步进电机的速度控制程序设计

要实现步进电机的速度控制只需改变 8 次循环中间的延时时间即可，思路是：定义一个 int 型变量，可以让其初值等于一个值，在面包板上安装 2 个按钮，一个作为增速按钮，另一个作为减速按钮，编写一个键盘扫描函数，当按一下增速按钮，就让那个 int 型变量减小一个值(这个值需要试验，合适了再定)；当按一下减速按钮，就让那个 int 型变量增大一个值。

知识点总结

本章的知识点有两个：一个是步进电机及达林顿阵列；另一个是温度传感器。

步进电机的工作原理就是给其几个定子绕组轮流通电，形成旋转磁场，从而吸引转子旋转。掌握步进电机的编程只需将表 10.5 看懂就可以了。

对于达林顿阵列 ULN2003 就把它看成是一个里面有 7 个放大器的集成电路芯片，它起到放大电流的作用。

有关温度传感器的知识点可以总结如下。

(1) DS18B20 温度传感器采用单总线进行数据传输。

(2) 多个 DS18B20 温度传感器可以并联在唯一的三线上，实现多点测温。

(3) DS18B20 温度传感器内部结构主要由 4 部分组成：64 位光刻 ROM、温度传感器、非挥发的温度报警触发器 TH 和 TL、配置寄存器。

(4) 温度寄存器中的温度值以二进制补码形式表示，二进制中的前面 5 位是符号位，如果测得的温度大于或等于0，这5位为0，只要将测到的数值乘以0.0625即可得到实际温度；如果温度小于0，这5位为1，测到的数值需要取反加1再乘以0.0625即可得到实际温度。

(5) 由于DS18B20温度传感器采用一线通信接口，因此在测温之前必须先完成ROM设定，否则记忆和控制功能将无法使用。DS18B20温度传感器主要提供以下功能命令：读ROM、ROM匹配、搜索ROM、跳过ROM和报警检查。

(6) DS18B20温度传感器的工作流程是初始化→ROM操作指令→存储器操作指令→数据传输。

(7) 要按照DS18B20温度传感器的读写操作时序编写程序。

扩展电路及创新提示

请读者在本系统的基础上增加2个按钮作为调速控制按钮并编写调速程序。提示：定义一个变量用来作为存放延时时间的容器，按下两个按钮来增大或减小这个变量的值。

第11章 从做成一个倒车雷达来学会超声波测距

11.1 硬件设计及连接步骤

11.1.1 硬件设计

1. 设计思路

用一个超声波测距模块来产生超声波并发射和接收，用一个1602液晶显示器作为显示装置用来显示测得的距离。当距离小于或等于某个值(例如2m)时就让蜂鸣器不停地响；当大于这个距离时就停止报警。用P1口的8个位与1602的数据端相连，用P3口的3个位例如P3.3、P3.4、P3.5与1602的3个控制端相连，用P2口的P2.7与超声波模块的超声波接收端ECHO相连，用P2.6与超声波模块的发射端TRIG相连，P3口的P3.6位与控制蜂鸣器的三极管基极相连。

2. 原理图

原理图见图11.1。

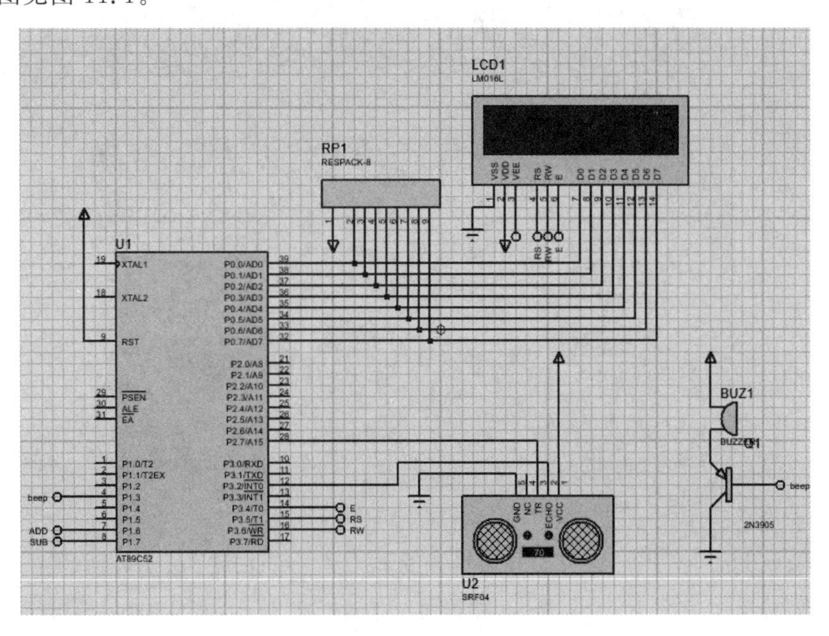

图11.1 原理图

3. 元器件清单

所需元器件见表11.1。

表11.1 所需元器件

序号	元器件名称	型号或容量	数量/个
1	单片机	STC89C52RC DIP40	1
2	晶振	12MHz	1
3	电容	30pF	2
4	液晶显示器	1602	1
5	超声波测距模块	HC-SR04	1
6	电阻	2kΩ	1
7	PNP三极管	9015	1
8	蜂鸣器	无源5V	1
9	排针	间距2.54mm 1×40P普通单排插针	1

11.1.2 硬件连接步骤

(1) 先来看一下超声波测距模块的外形，见图11.2和图11.3，搞清楚模块上的4个引脚排列。

图11.2 超声波测距模块的正面

图11.3 超声波测距模块的背面

(2) 将STC89C52RC DIP40芯片插到面包板靠右边的插槽内，用改造好的订书钉将20脚接地，40脚接V_{CC}。将12MHz的晶振插到与单片机的第18和19脚相连的插孔内，将两个 30pF 的电容将单片机的第 18 和 19 脚接地，在面包板的第 1 列接到地，第 4 列的上半部分接到 V_{CC}，在如图 11.4 所示的位置用订书钉将准备插 1602 液晶显示器的 1 接地，第 2 脚接 V_{CC}，第 3 脚通过 1 个 2kΩ 电阻接地，第 4～14 脚用 11 个订书钉跨接隔离槽，第 15 脚接 V_{CC}，第 16 脚接地。

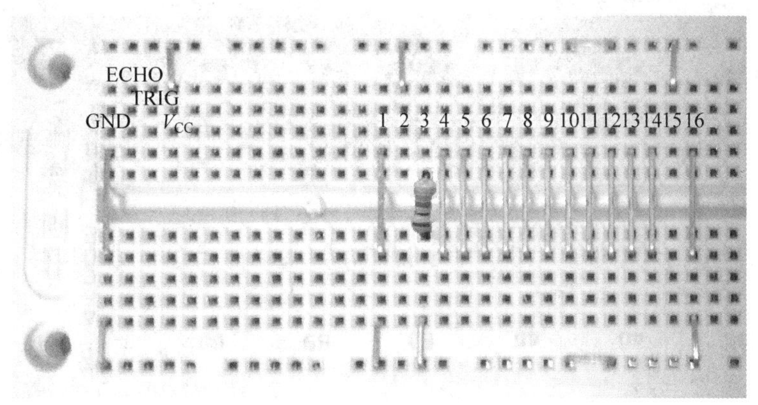

图 11.4　接线图 1

（3）用导线（最好用硬的网线）将 1602 液晶显示器的第 4 脚（RS）与单片机的第 13 脚（P3.3）相连，将 1602 液晶显示器的第 5 脚（RW）与单片机的第 14 脚（P3.4）相连，将 1602 液晶显示器的第 6 脚（E）与单片机的第 15 脚（P3.5）相连。再将 1602 液晶显示器的第 7～14 脚（DB0～DB7）分别与单片机的第 1～8 脚（P1.0～P1.7）相连，见图 11.5。

图 11.5　单片机与 1602 液晶显示器的接线

（4）用导线（最好用硬的网线）将超声波模块的 ECHO 脚与单片机的第 28 脚（P2.7）相连，将超声波模块的 TRIG 脚与单片机的第 27 脚（P2.6）相连；将蜂鸣器的正极与面包板第 4 列的上半部相接，负极垂直跨过隔离槽，用一个改造后的订书钉将面包板的第 2 列下半部接地，将 PNP 三极管 9015 的集电极插到面包板下半部的第 2 列，发射机与蜂鸣器的负极相接，基极用导线与单片机的第 16 脚（P3.6）相连，见图 11.6。

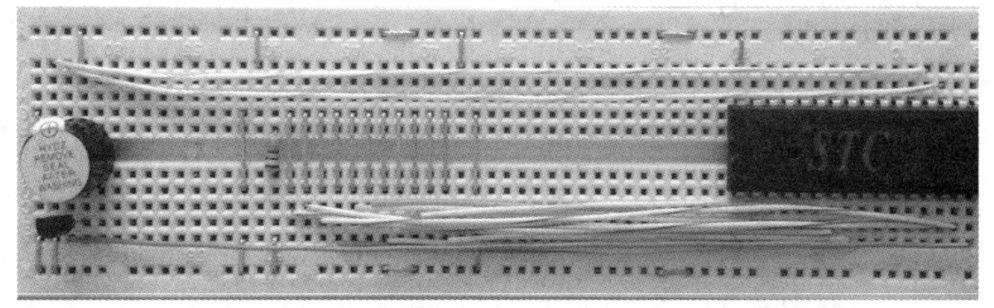

图 11.6　单片机与超声波模块和蜂鸣器电路的接线

（5）把超声波模块按照如图 11.7 所示插入面包板，把 1602 液晶显示器按照图示插入面包板。

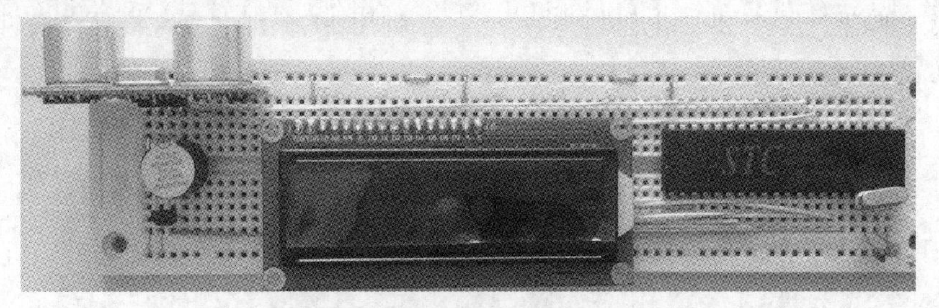

图 11.7　安装连接好的系统实物图

扫描右侧二维码在手机或平板计算机端一边观看硬件连接和用万用表检测电路的视频，一边动手进行硬件连接，硬件连接完成后一定要用万用表检测一下硬件连接得是否可靠，如果不可靠，一定要重新连接直至可靠无误。至此整个硬件电路的安装工作结束。接下来要动手做的就是编写程序了。

51 单片机倒车雷达的硬件连接及运行视频

11.2　程序设计及下载

先将以下程序输入 Keil 中并编译、下载到单片机中运行，再来弄清楚超声波模块的结构和测距原理。

11.2.1　源程序

倒车雷达源程序如下：

```
#include <reg52.h>
#include <intrins.h>
#define u8 unsigned char
#define u16 unsigned int
sbit RS = P3^5;                    //1602 液晶显示器的第 4 脚接单片机的第 15 脚
sbit RW = P3^6;                    //1602 液晶显示器的第 5 脚接单片机的第 16 脚
sbit EN = P3^4;                    //1602 液晶显示器的第 6 脚接单片机的第 14 脚
sbit RX = P3^2;                    //超声波测距模块的 ECHO 脚接单片机的第 12 脚
sbit TR = P2^7;                    //超声波测距模块的 TRIG 脚接单片机的第 28 脚
sbit beep = P1^3;                  //控制蜂鸣器的三极管基极脚接单片机的第 4 脚
u16 t,dis;
void nops(u16 nop)
{
    while(nop--)
    {
        _nop_();
    }
}
/*****************************************************************
```

```
 函数名称:          LCD1602_Write_Cmd(u8 cmd)
 函数功能:          向 1602 液晶显示器写入一字节命令,cmd 为待写入命令值
 入口参数:          u8 cmd
 出口参数:          无
 备 注:
*******************************************************************/
void LCD1602_Write_Cmd(u8 cmd)
{
    RS = 0;
    RW = 0;                                    //写操作
    P0 = cmd;
    nops(1);                                   //重要延时
    EN = 1;
    nops(1);
    EN = 0;
    RS = 1;
}
/*******************************************************************
 函数名称:          LCD1602_Write_Dat(u8 dat)
 函数功能:          向 1602 液晶显示器写入一字节数据,dat 为待写入数据值
 入口参数:          u8 dat
 出口参数:          无
 备 注:
*******************************************************************/
void LCD1602_Write_Dat(u8 dat)
{
    RS = 1;
    RW = 0;                                    //写操作
    P0 = dat;
    _nop_();
    nops(1);
    EN = 1;
    nops(1);
    EN = 0;
    RS = 0;
}
/*******************************************************************
 函数名称:          LCD1602_ClearScreen(void)
 函数功能:          清屏
 入口参数:          无
 出口参数:          无
 备 注:
*******************************************************************/
void LCD1602_ClearScreen(void)
{
    LCD1602_Write_Cmd(0x01);
}

/*******************************************************************
 函数名称:          LCD1602_Set_Cursor(u8 x, u8 y)
 函数功能:          设置第 1 行、第 2 行的列地址
 入口参数:          x、y
 出口参数:          无
```

```
 备 注:          光标位置 X:第 x 行,取值范围为[1,2],Y:从左第 y 个字符,取值范围为[0,15]
 ************************************************************/
void LCD1602_Set_Cursor(u8 x, u8 y)
{

    x& = 0x02;                          //行数[1,2]
    if(x == 2)y| = 0x40;                //如果是第 2 行则地址加 0x40
    LCD1602_Write_Cmd(y|0x80);          //基地址 0x80

}
//void LCD1602_Display_Char(u8 x, u8 y, u8 chr)
//{
// LCD1602_Set_Cursor(x, y);
// LCD1602_Write_Dat(chr);
//
//}
/************************************************************
 函数名称:       LCD1602_Display_Str(u8 x, u8 y, u8 * str)
 函数功能:       指定位置显示字符串,str 为字符串指针
 入口参数:       x,y, * str
 出口参数:       无
 备 注:
 ************************************************************/
void LCD1602_Display_Str(u8 x, u8 y, u8 * str)
{
    LCD1602_Set_Cursor(x, y);

    while( * str)
    {
        LCD1602_Write_Dat( * str++);
    }
}

/************************************************************
 函数名称:       LCD1602_Display_Num(u8 x,u8 y,u16 nums)
 函数功能:       在液晶显示器上显示数字,返回数字位数 count
 入口参数:       x,y,nums
 出口参数:       无
 备 注:
 ************************************************************/
void LCD1602_Display_Num(u8 x,u8 y,u16 nums)
{
    u8 num[10] = {0};                   //定义最大 10 位数的数组
    u8 cnt = 0;                         //nums 的位数
    LCD1602_Set_Cursor(x, y);

    while(cnt < 3)
    {
        num[++cnt] = nums % 10;  //假设传过来的 nums 的值是 58,当 cnt = 0 时 num[1] = 8,
                                 //nums/ = 10;nums = 5;然后 1 < 3while 循环条件满足,num[2] = 5
        nums/ = 10;
    }
    while(cnt)                          //倒序显示数字纠正数字位
```

```
        {
            LCD1602_Write_Dat(num[cnt--] + 0x30);
        }
}
/**************************************************************
 函数名称:          LCD1602_Init(void)
 函数功能:          初始化 1602 液晶显示器
 入口参数:          t
 出口参数:          无
 备 注:
**************************************************************/
void LCD1602_Init(void)
{

    LCD1602_Write_Cmd(0x38);            //16 * 2 显示,5 * 7 点阵,8 位数据口
    LCD1602_Write_Cmd(0x0c);            //开显示,光标关闭
    //LCD1602_Write_Cmd(0x0f);          //开显示,光标开启
    LCD1602_Write_Cmd(0x06);            //文字不动,地址自动 + 1
    LCD1602_Write_Cmd(0x01);            //清屏

}
/**************************************************************
 函数名称:          delay(u16 t)
 函数功能:          延时函数
 入口参数:          t
 出口参数:          无
 备 注:
**************************************************************/
void delay(u16 t)
{
    u8 i;
    while(t--)
    {
        for(i = 0;i < 19;i++);
    }
}
/**************************************************************
 函数名称:          delay_50ms(u16 t)
 函数功能:          延时函数,在晶振 12MHz 的频率下,大约延时 50ms
 入口参数:          t
 出口参数:          无
 备 注:
**************************************************************/
void delay_50ms(u16 t)
{
    u8 j;
    for(;t > 0;t--)
        for(j = 6245;j > 0;j--);
}
/**************************************************************
 函数名称:          BeepOn()
 函数功能:          让蜂鸣器响一声
 入口参数:          无
```

```
 出口参数:          无
 备 注:
 ****************************************************************/
void BeepOn()
{
    beep = 0;
    delay(100);
    beep = 1;
}
/****************************************************************
 函数名称:          SRF04Init()
 函数功能:          超声波传感器初始化
 入口参数:          无
 出口参数:          无
 备 注:
 ****************************************************************/
void SRF04Init()
{
    TMOD = 0x19;
    EA = 1;
    IT0 = 1;                          //设置为下降沿触发
    TR = 0;                           //关闭信号发射
}
/****************************************************************
 函数名称:          getDistance()
 函数功能:          超声波传感器测距
 入口参数:          无
 出口参数:          无
 备 注:
 ****************************************************************/
u16 getDistance()
{
    TR = 1;
    nops(10);                         //触发信号延时
    TR = 0;
    TR0 = 1;                          //打开定时器开始计时
    EX0 = 1;    //打开外部中断分开关,等待超声波传感器的 ECHO 端发出信号,一旦发出就让外部
                //中断 0 产生中断,由其中断服务函数返回 t = TH0 * 256 + TL0 的值
    return 0.0173 * t;                //声音的传播速度在 25℃ 时是 346m/s,346/2 后再除以
                                      //1000,然后再除以 10,得 0.0173
}
/****************************************************************
 函数名称:          getAverageDistance()
 函数功能:          为减小误差取 20 个测距值然后取平均值
 入口参数:          无
 出口参数:          无
 备 注:
 ****************************************************************/
u16 getAverageDistance()
{
    u8 N = 20;                        //样本数量
    u8 k = N;
    u16 sum = 0;
```

```
    while(k--)
    {
        sum += getDistance();
    }
    return sum/N;
}
/****************************************************************************
 函数名称:          main()
 函数功能:          初始化定时器 0 和液晶显示器并显示欢迎词,然后不断地进行超声波测距
 入口参数:          无
 出口参数:          无
 备 注:
****************************************************************************/
void main()
{
    u8 i = 0;
    SRF04Init();
    LCD1602_Init();
    LCD1602_Display_Str(1,17,"Hello Everybody!");
    LCD1602_Display_Str(2,17,"RANGING SYSTEM!");
    for(i = 0;i < 16;i++)
    {
        LCD1602_Write_Cmd(0x18);
        delay_50ms(900);
    }
    delay_50ms(5000);
    LCD1602_ClearScreen();
    delay_50ms(10);
    LCD1602_Display_Str(1,0,"Distance:");
    LCD1602_Display_Str(2,7,"D = ");
    LCD1602_Display_Str(2,13,"cm");
    while(1)
    {
        dis = getAverageDistance();
        if(dis < 300)
        {
            LCD1602_Display_Num(2,9,dis);
        }
        else
        LCD1602_Display_Str(2,9,"---");

        if(dis < 30)                        //如果倒车距离小于 30cm 就让蜂鸣器响
        {
            beep = 0;
        }else beep = 1;
        delay_50ms(100);
    }
}
void timer()interrupt 0
{
    TR0 = 0;                                //进入外部中断 INT0 后停止计时
    t = (TH0 * 256 + TL0);                  //计算定时器时间
    TH0 = TL0 = 0;                          //清除计时器,为下一次测距做准备
}
```

11.2.2 倒车雷达的使用操作

上电之前要将超声波模块的发射和接收窗正对要测距离的目标，上电后1602液晶显示器第一行显示“Hello everybody!”，第二行显示“0.30m”，如图11.8所示。改变倒车雷达与被测目标的距离，液晶显示器的第二行会显示改变后的距离。当倒车雷达与目标的距离小于或等于2m(这个距离可以通过改程序来修改)蜂鸣器就会不停地“嘟嘟”响，当倒车雷达与测距目标的距离大于2m时，蜂鸣器就停止报警。

图11.8 倒车雷达正在测距

11.3 超声波测距模块介绍及测距原理

11.3.1 超声波测距模块介绍

HC-SR04超声波测距模块可提供2～400cm的非接触式距离感测功能，测距精度可达3mm；模块自身包括超声波发射器、接收器与控制电路，电气参数见表11.2。

表11.2 HC-SR04电气参数

电气参数	HC-SR04超声波测距模块
工作电压	DC 5V
工作电流	15mA
工作频率	40Hz
感应角度	R3电阻为392Ω，不大于15°
	R3电阻为472Ω，不大于30°
探测距离	R3电阻为392Ω，2～450cm
	R3电阻为472Ω，2～799cm
精度	0.3cm
输入触发信号	10μs的TTL脉冲
输出回响信号	TTL脉冲，脉宽与射程成正比

11.3.2 超声波测距模块的工作原理

(1) 参考图11.9所示超声波测距模块的时序，首先要通过单片机的P2.6经模块的TRIG引脚发出至少10μs的高电平信号。

(2) 模块自动发送8个40kHz的方波，并自动检测是否有信号返回。

(3) 有信号返回时，ECHO回响信号输出端口输出一个高电平，高电平持续的时间就是超声波从发射到返回的时间。

（4）两次测距时间间隔最少为 60ms，以防止发射信号对回响信号的影响。

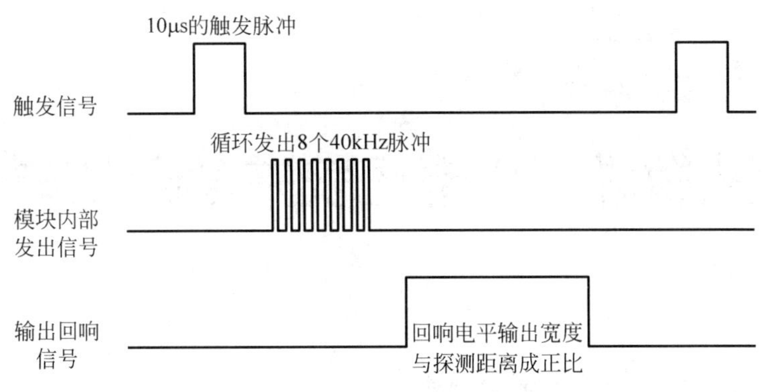

图 11.9　超声波测距模块的时序

原理图中，单片机的 P2.6 口接 HC-SR04 的 TRIG 口，P2.7 口接 HC-SR04 的 ECHO 口，超声波在传播时碰到障碍物即返回，HC-SR04 模块收到回响信号后 ECHO 口输出一个高电平，单片机检测到高电平后即启动计数器开始计数，直到单片机检测到 ECHO 口变成低电平后结束计数，计数器的计数值乘以单片机计数周期就是超声波从发射到接收的往返时间，即距离，公式如下。

$$s = v \times t/2$$

知识点总结

本章的知识点就是超声波测距。要在了解 HC-SR04 模块的引脚和测距原理的情况下，掌握测距程序的编写。

扩展电路及创新提示

声音在空气中传播的速度受空气温度影响，0℃时为 331m/s，15℃时为 340m/s。读者可以在本系统的基础上增加一个 DS18B20 温度传感器，在测距的过程中同时测量当前空气的温度。提示：根据温度每升高 1℃，声速约增加 0.6m/s，调整所测距离。

第12章 从做成一个电压表来学会AD转换

12.1 硬件设计及连接步骤

12.1.1 硬件设计

1. 设计思路

用AD(模数)转换芯片ADC0804进行模数转换。用一个10kΩ的电位器,两端分别接+5V和地,中间通过一个10kΩ的电阻接到ADC0804的模拟信号输入端第6脚,调节电位器会改变输入到AD转换器测量端的电压,用1602液晶显示器来显示测量到的电压值。1602液晶显示器的8条数据线接P0口,1602液晶显示器的RS接单片机的P1.0,RW端接单片机的P1.1,E端接单片机的P1.2。ADC0804的8条数据线接P2口,ADC0804的ADCS接单片机的第15脚,也就是P3.5,ADC0804的ADRD接单片机的第14脚,也就是P3.4,ADC0804的ADWR接单片机的第13脚,也就是P3.3,ADC0804的第9脚要求输入$V_{CC}/2$的电压,用2个1kΩ电阻分压,ADC0804的第9脚可以接到这2个电阻的公共端。

2. 原理图

电压表原理图见图12.1。

3. 元器件清单

所需元器件见表12.1。

表12.1 所需元器件

序号	元器件名称	型号或容量	数量/个
1	单片机	STC89C52RC DIP40	1
2	晶振	12MHz	1
3	电容	30pF	2
4	液晶显示器	1602	1
5	电位器	10kΩ	1
6	AD转换芯片	ADC0804	1
7	电阻1	1kΩ	2
8	电阻2	10kΩ	2
9	电容	104	1
10	排针	间距2.54mm 1×40P普通单排插针	1

4. 参照电路实图

电压表连好线的实图见图12.2。

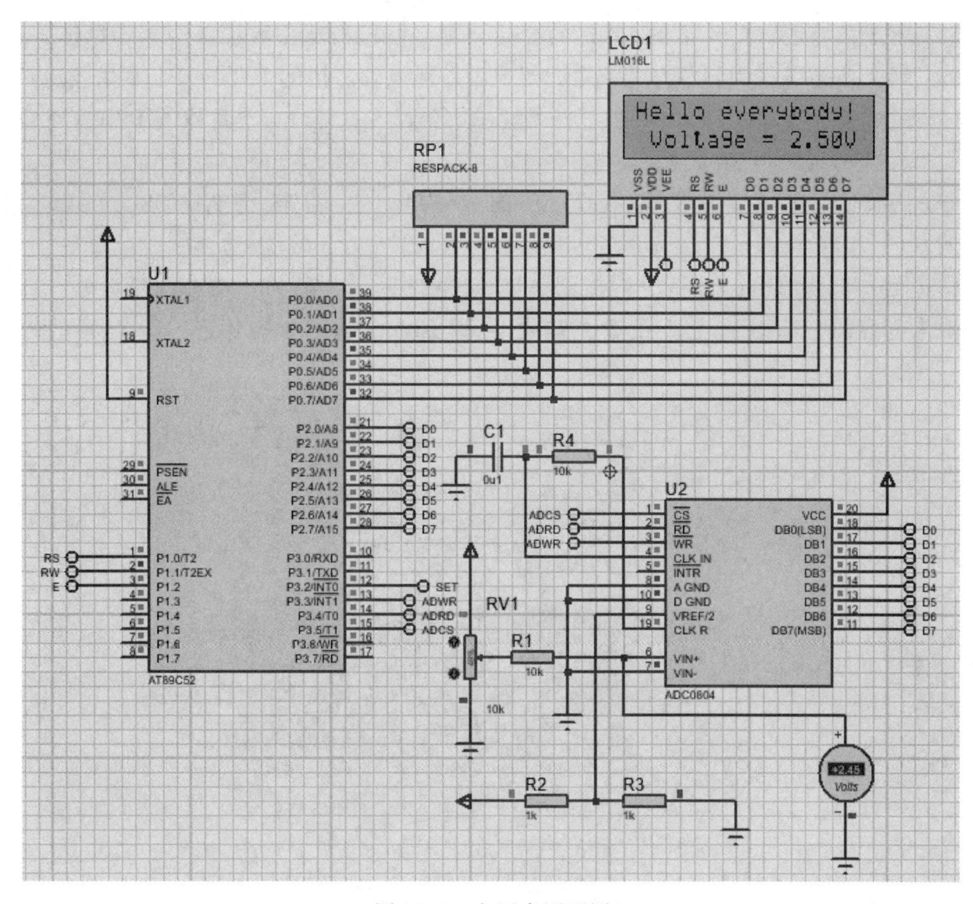

图 12.1　电压表原理图

图 12.2　电压表连好线的实图

12.1.2　硬件连接步骤

(1) 用 8 个订书钉跨接隔离槽，用来将 1602 液晶显示器的第 7～14 脚与单片机的 P0.0～P0.7 相连，用导线将 1602 液晶显示器的第 4 脚(RS)与单片机的第 1 脚(P1.0)相连，将 1602 液晶显示器的第 5 脚(RW)与单片机的第 2 脚(P1.1)相连，将 1602 液晶显示器的第 6 脚(E)与单片机的第 3 脚(P1.2)相连。

(2) 用订书钉将 1602 液晶显示器的背光电源正极第 15 脚接到面包板的 V_{CC}。

(3) 用 1 个改造后的订书钉将 1602 液晶显示器背光电源的接地引脚第 16 脚与面包板的接地端相连。

（4）用 8 条导线将单片机的 P0 口的 8 位分别与面包板从左数第 7～14 脚相连。

（5）用 3 条导线将面包板从左数第 4～6 孔分别与单片机的 P1.0～P1.2 相连。

（6）用 8 条导线将 ADC0804 的 8 条数据线（第 18～11 脚）与单片机的 P2 口（对应连接顺序为单片机的第 21～28 脚）。

（7）用改造后的短订书钉将 ADC0804 的 20 脚与 V_{CC} 相连，将 ADC0804 的第 7、8、10 脚接地。

（8）找一个 10kΩ 的电阻，一端接到 ADC0804 的第 19 脚，另一端在面包板的一个孔与一个 104 电容的一端相连，它们的公共端再与 ADC0804 的第 4 脚相连，104 电容的另一端接地，见图 12.3。

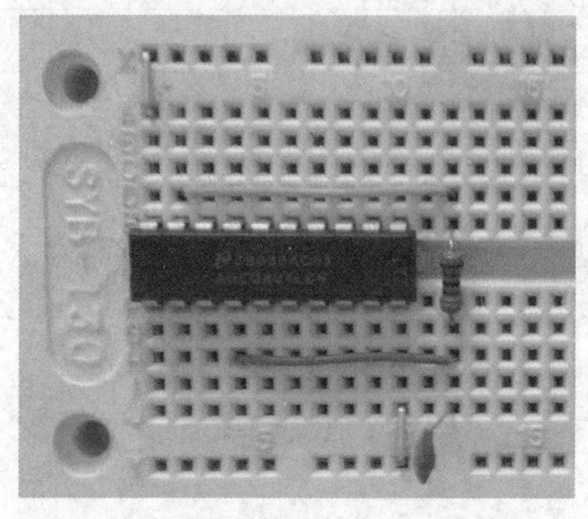

图 12.3　ADC0804 第 19 脚和第 4 脚的接法

（9）找 2 个 1kΩ 的电阻，其中一个电阻的上端接 V_{CC}，下端与另一个 1kΩ 的电阻相连，第二个 1kΩ 电阻的下端接地，将这 2 个电阻的公共端用导线与 ADC0804 的第 9 脚相连，见图 12.4。

图 12.4　ADC0804 第 9 脚接 $V_{CC}/2$ 电源的接法

(10) 用3根导线分别将ADC0804的第1脚与单片机的第15脚相连,第2脚与单片机的第14脚相连,第3脚与单片机的第13脚相连。

(11) ADC0804的第6脚是被测模拟电压输入端。找一个10kΩ的电阻,一端接到此端,10kΩ电阻的另一端接到一个电位器的中间引脚,电位器的左端引脚接V_{CC},右端引脚接地,见图12.5。

扫描如下二维码在手机或平板计算机端一边观看硬件连接和用万用表检测电路的视频,一边进行硬件连接,硬件连接完成后一定要用万用表检测一下硬件连接得是否可靠,如果不可靠,一定要重新连接直至可靠无误。至此整个硬件电路的安装工作结束。接下来要做的就是编写程序了。

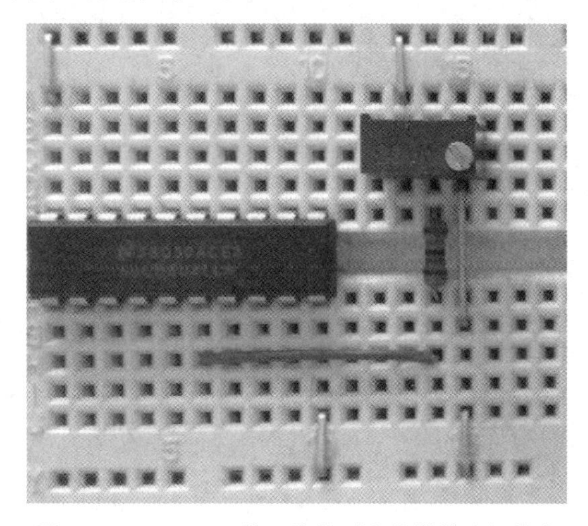

图12.5　ADC0804第6脚接到电位器的中间抽头

51单片机AD转换实验电路(电压表)硬件连接及运行视频

12.2　程序设计及下载

先将以下程序输入Keil中并编译、下载到单片机中运行,再弄清楚如何编写AD转换程序。

12.2.1　源程序

电压表源程序如下:

```
#include<reg52.h>
#include<intrins.h>
#define u8 unsigned char
#define u16 unsigned int
sbit adCS = P3^5;
sbit adRD = P3^4;
sbit adWR = P3^3;
sbit rs = P1^0;
sbit rw = P1^1;
```

```
sbit e = P1^2;

void delay_50us(u8);
void lcdinit(void);
void write_cmd(u8 cmd);
void write_data(u8 dat);
/*********************************************************************
 函数名称:         LCD_Clear()
 函数功能:         让 1602 液晶显示器清除屏幕显示
 入口参数:         无
 出口参数:         无
 备 注:
*********************************************************************/
void LCD_Clear(void)
{
    write_cmd(0x01);
    delay_50us(5);
}
/*********************************************************************
 函数名称:         Display_Char(u8 x,u8 y,u8 value)
 函数功能:         让 1602 液晶显示器在第 x 列第 y 行显示单个字符
 入口参数:         x,y,value
 出口参数:         无
 备 注:
*********************************************************************/
void Display_Char(u8 x,u8 y,u8 value)
{
    if(y == 0) write_cmd(0x80 + x);
    else write_cmd(0xc0 + x);
    write_data(value);
}
/*********************************************************************
 函数名称:         Display_String(u8 x,u8 y,u8 *s)
 函数功能:         让 1602 液晶显示器在第 x 列第 y 行显示一串字符
 入口参数:         x,y,*s
 出口参数:         无
 备 注:
*********************************************************************/
void Display_String(u8 x,u8 y,u8 *s)
{
    while(*s)
    {
        Display_Char(x,y,*s);
        x++;
        s++;
    }
}
/*********************************************************************
 函数名称:         main()
 函数功能:         进行 AD 转换并显示转换结果
 入口参数:         无
 出口参数:         无
 备 注:
```

```
****************************************************************/
void main(void)
{
    u16 value;
    lcdinit();
    LCD_Clear();
    Display_String(0,0,"Hello everybody!");
    while(1)
    {
        adCS = 0;                      //发出启动脉冲,将 CS 拉低
        adWR = 0;                      //使 WR = 0
        delay_50us(2);                 //稍微延时一会儿
        adWR = 1;                      //WR 变为低多长时间呢?也就是起始脉冲宽度,是 30ns
        adCS = 1;                      //再将 CS 拉高
        delay_50us(50);                //CS 拉高以后要持续一段时间(8 * 1/fCLK)AD 才开始转换
        adCS = 0;                      //开始读数据,先使 CS = 0
        adRD = 0;                      //然后使 RD = 0
        delay_50us(1);                 //稍微延时一会儿
        value = P2;                    //从 P2 口读数据到变量 value
        adRD = 1;                      //然后将 RD 拉高
        adCS = 1;                      //再将 CS 拉高
        value * = 2;                   //定标,将满量程定为 255 * 2 = 510


        Display_String(0,1," Voltage = ");          //在 1602 液晶显示器的第 2 行从第 1 个字符位
                                                    //置显示" Voltage = "
        Display_Char(11,1,value/100 + 0x30);        //在 1602 液晶显示器的第 2 行第 11 个字符位
                                                    //置显示电压值的整数位
        Display_Char(12,1,'.');                     //在 1602 液晶显示器的第 2 行第 12 个字符位
                                                    //置显示小数点
        Display_Char(13,1,value/10 % 10 + 0x30);    //在 1602 液晶显示器的第 2 行第 13 个字符位
                                                    //置显示电压值小数点后的第一位
        Display_Char(14,1,value % 10 + 0x30);       //在 1602 液晶显示器的第 2 行第 14 个字符位
                                                    //置显示电压值小数点后的第二位
        Display_Char(15,1,'V');                     //在 1602 液晶显示器的第 2 行第 15 个字符位
                                                    //置显示字母 V
    }
}
/****************************************************************
 函数名称:        write_data(u8 cmd)
 函数功能:        向 1602 液晶显示器内写命令
 入口参数:        cmd
 出口参数:        无
 备 注:
****************************************************************/
void write_cmd(u8 cmd)
{
    rs = 0;
    e = 0;
    rw = 0;
    P0 = cmd;
```

```
    delay_50us(10);
    e = 1;
    delay_50us(20);
    e = 0;
}
/******************************************************************************
 函数名称:         write_data(u8 dat)
 函数功能:         往 1602 液晶显示器内写数据
 入口参数:         dat
 出口参数:         无
 备 注:
******************************************************************************/
void write_data(u8 dat)
{
    rs = 1;
    e = 0;
    rw = 0;
    P0 = dat;
    delay_50us(10);
    e = 1;
    delay_50us(20);
    e = 0;
}
/******************************************************************************
 函数名称:         lcdinit()
 函数功能:         1602 液晶显示器初始化
 入口参数:         无
 出口参数:         无
 备 注:
******************************************************************************/
void lcdinit(void)
{
    delay_50us(300);
    write_cmd(0x38);  //显示模式设置
    delay_50us(100);
    write_cmd(0x38);
    delay_50us(100);
    write_cmd(0x38);
    delay_50us(100);
    write_cmd(0x38);  //总共要写 4 次 0x38,参见 1602 液晶显示器资料 p3
    write_cmd(0x08);  //显示关闭
    write_cmd(0x01);  //其他设置,显示清屏
    write_cmd(0x06);  //N = 1:当读或写一个字符后,地址指针加 1 且光标加 1
    write_cmd(0x0c);  //显示开及光标设置,D = 1 时开光标,C = 1 时显示光标,B = 0 时光标不闪烁
}
/******************************************************************************
 函数名称:         delay_50us(u8 t)
 函数功能:         产生时间延时
 入口参数:         t
 出口参数:         无
 备 注:
******************************************************************************/
void delay_50us(u8 t)
```

```
{
    u8 j;
    for(;t>0;t--)
        for(j=19;j>0;j--);
}
```

12.2.2　电压表测电压的操作

上电后 1602 液晶显示器第一行显示“Hello everybody!”,第二行显示“Voltage＝x.xxV”(x 代表十进制数)。通过调节电位器的小螺钉可以测得大小不同的电压。如果想测量其他电压,例如要测量一节电池的电压,用一根面包线一端接本电压表的测量端,另一端接电池的正极,用另一根面包线一端接 ADC0804 的第 7 脚,另一端接电池的负极。

下面介绍 AD 转换芯片的结构和 AD 转换原理以及 AD 转换程序的编写。

12.3　AD 转换芯片 ADC0804 的结构及 AD 转换原理

12.3.1　AD 转换原理

1. 为什么需要进行 AD 转换

现实世界的物理量都是模拟量,例如自然界的声音、图像、温度、压力等,要想测量、存储、传输、显示、控制这些模拟量必须首先将它们转换为数字量,其实我们几乎每天都会经历 AD 转换的过程,例如用手机通话,手机里面就有一个 AD 转换电路,我们说的话由麦克风将声音对空气的振动变成了模拟电信号,手机内部的 AD 转换器再把与我们说话对应的模拟电信号转换为数字信号,手机内部的软硬件系统再对此数字信号进行压缩编码最后发射出去。能把模拟量转换为数字量的器件称为模数转换器(AD 转换器),AD 转换器是单片机数据采集系统的关键接口电路,按照各种 AD 芯片的转换原理可分为逐次逼近型、双积分型等。双积分型 AD 转换器具有抗干扰能力强、转换精度高、价格便宜等优点。与双积分型 AD 转换相比,逐次逼近型 AD 转换的速度更快,而且精度更高,例如 ADC0809、ADC0804 等,它们通常具有 8 路模拟选通开关及地址译码、锁存电路等,它们可以与单片机系统连接,将数字量送到单片机进行分析和显示。一个 n 位的逐次逼近型 AD 转换器只需要比较 n 次,转换时间只取决于位数和时钟周期,逐次逼近型 AD 转换器转换速度快,因而在实际中广泛使用。

2. 逐次逼近型 AD 转换器原理

逐次逼近型 AD 转换器是由一个比较器、DA 转换器、锁存缓冲器及控制电路组成。它利用内部的寄存器从高位到低位依次开始逐位试探比较。转换过程如下:

开始时,寄存器各位清 0,当从 V_{IN} 输入一个模拟电压后,应该给 START 端发出一个转换信号,转换时,先将最高位置 1,把数据送入 DA 转换器转换为模拟量然后与输入的模拟量比较,如果转换的模拟量比输入的模拟量小则 1 保留,如果转换的模拟量比输入的模拟量大则 1 不保留,然后从第二位依次重复上述过程直至最低位,最后寄存器中的内容就是输入模拟量对应的二进制数字量,这个数字量同时也进入了锁存缓冲器,转换结束后,控制逻辑会发出一个 EOC(End Of Convert)信号，表示转换结束，转换好的数字量就可以从锁存缓冲器的 D7～D0 端得到，其原理如图 12.6 所示。

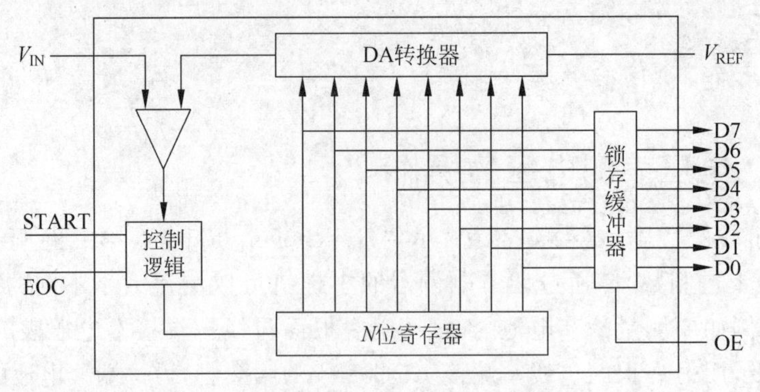

图 12.6　逐次逼近式 AD 转换器原理

3. ADC0804 工作过程

要了解 ADC0804 的工作过程，必须要看它的工作时序，如图 12.7 所示（欲详细了解工作过程，可以结合 ADC0804 使用手册）。

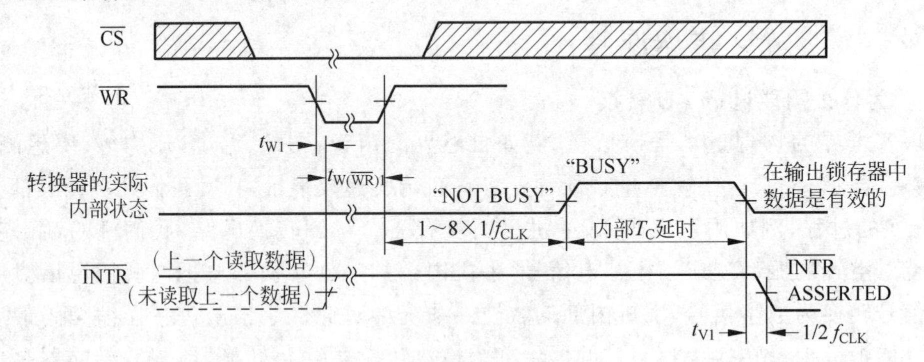

图 12.7　ADC0804 的工作时序

图 12.7 中给出的其实就是使 ADC0804 正确工作的软件编程模型。由图 12.7 和图 12.8 可见，实现一次 AD 转换主要包含以下 3 个过程。

(1) 启动转换：由图 12.7 可知，在信号为低电平的情况下，先将引脚 $\overline{CS}$ 由高电平变成低电平，经过至少 t_W 延时后，再将引脚拉成高电平，即启动了一次 AD 转换。

注：ADC0804 使用手册中给出了要正常启动 AD 转换的低电平保持时间 t_W 的最小值为 100ns，即拉低后延时大于 100ns 即可以，具体做法可通过插入 NOP 指令或者调用 delay() 延时函数实现，不用太精确，只要估计插入的延时大于 100ns 即可。

(2) 延时等待转换结束：依然由图 12.7 可知，由拉低信号启动 AD 采样后，经过 1～8 个 t_{CLK}＋内部 T_C 延时后，AD 转换结束，因此，启动转换后必须加入一个延时以等待 AD 采样结束。

(3) 读取转换结果：由图 12.8 可知，采样转换完毕后，在 $\overline{CS}$ 信号为低的前提下，将 $\overline{RD}$ 脚由高电平拉成低电平后，经过 t_{ACC} 的延时即可从 DB 脚读出有效的采样结果。

4. 分辨率的概念

分辨率是指使输出数字量变化 1 时的输入模拟量，也就是使输出数字量变化一个相邻

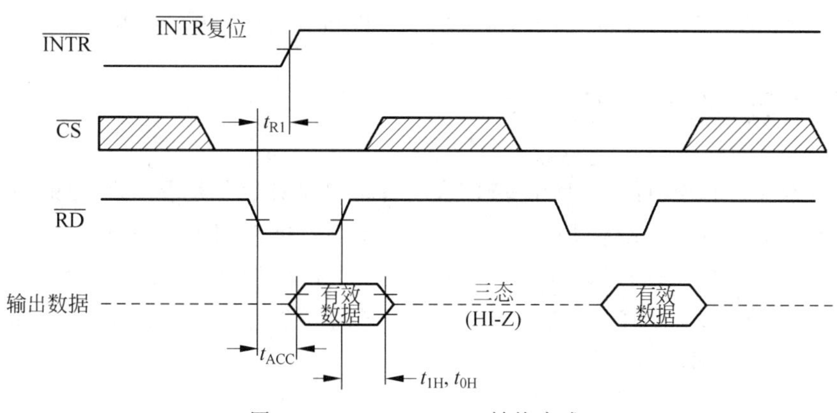

图 12.8　ADC0804 AD 转换完成

数码所需输入模拟量的变化值。分辨率与 AD 转换器的位数有确定的关系，可以表示成

$$FS/2^n$$

其中，FS 表示满量程输入值，n 为 AD 转换器的位数。例如，对于 5V 的满量程，采用 4 位的 AD 转换器时，分辨率为 5V/16＝0.3125V（也就是说当输入的电压值每增加 0.3125V，输出的数字量增加 1）；采用 8 位的 AD 转换器时，分辨率为 5V/256＝19.5mV(也就是说当输入的电压值每增加 19.5mV，则输出的数字量增加 1)；当采用 12 位的 AD 转换器时，分辨率则为 5V/4096＝1.22mV(也就是说当输入的电压值每增加 1.22mV，则输出的数字量增加 1)。显然，位数越多，分辨率就越高。

12.3.2　ADC0804 的编程要点

从 ADC0804 的时序图可以看出，要实现 AD 转换，最关键的编程要点是在程序中让 $\overline{CS}$ 和 $\overline{WR}$ 以及 $\overline{RD}$ 按照时序图清 0 和置 1。

```
adCS = 0;                    //发出启动脉冲,将 CS 拉低
adWR = 0;                    //然后使 WR = 0
delay_50us(2);               //稍微延时一会儿
adWR = 1;                    //WR 变为低多长时间呢?也就是起始脉冲宽度,是 30ns
adCS = 1;                    //再将 CS 拉高
delay_50us(50);              //CS 拉高以后要持续一段时间(8 * 1/fCLK)AD 才开始转换
adCS = 0;                    //开始读数据,先使 CS = 0
adRD = 0;                    //然后使 RD = 0
delay_50us(1);               //稍微延时一会儿
value = P2;                  //从 P2 口读数据到变量 value
adRD = 1;                    //然后将 RD 拉高
adCS = 1;                    //再将 CS 拉高
value * = 2;                 //定标,将满量程定为 255 * 2 = 510
```

知识点总结

本章的知识点是 AD 转换，而本系统用到的 AD 转换器采用的是逐次逼近型的转换原理，在了解了该原理的基础上最重要的是编写 AD 转换程序，而编写 AD 转换程序的要点是

把握 ADC0804 的时序，按照时序图将 adCS、adWR 和 adRD 拉低或拉高即可。

扩展电路及创新提示

在学会本系统的软硬件设计的基础上，读者可以设计制作测量光照度的电路。提示：用一个光敏电阻替换本系统使用的电位器。另外读者可以用带 AD 转换的单片机，例如 STC89LE52AD，这样可以省掉 ADC0804 芯片，读者可以用这种芯片做一个 AD 转换系统，而且此类单片机的 AD 转换分辨率比 ADC0804 高，有 10 位的，也有 12 位的，此外，还可以对多个模拟量进行 AD 转换。

第13章 从做成一个单片机与PC通信系统来学会单片机的串行通信

13.1 硬件设计及连接步骤

13.1.1 硬件设计

1. 设计思路

传统的单片机串行通信电路要用到MAX232芯片和串口接头，MAX232芯片需要连接许多外围元器件，这种串行通信电路比较复杂，成本也高，适合在远距离串行通信中使用，在短距离串行通信的场合完全没有必要采用这种电路。本章介绍一种非常简单的短距离串行通信电路。具体设计思路：用下载器作为串行通信的桥梁，这样可以省掉RS232芯片以及与之相接的许多外围元器件，大大简化了电路结构，用1个12864液晶显示器作为发送数据和接收到的数据的显示器件。用在PC(个人计算机)打开的安信可串口调试助手来控制面包板上的发光二极管和继电器。

2. 原理图

原理图见图13.1。

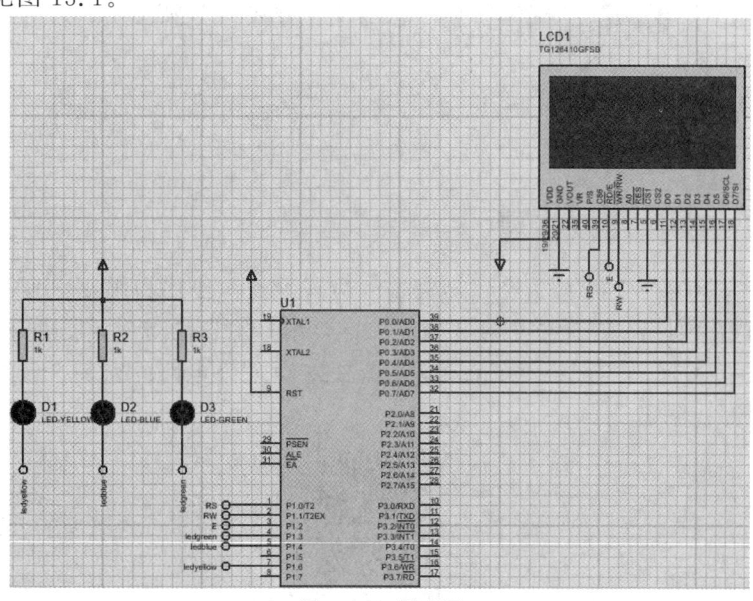

图13.1 原理图

3. 元器件清单

所需元器件见表13.1。

表13.1 所需元器件

序 号	元器件名称	型号或容量	数 量
1	单片机	STC89C52RC DIP40	1个
2	晶振	11.0592MHz	1个
3	电容	30pF	2个
4	液晶显示器	12864	1个
5	继电器模块(或发光二极管)	单片机I/O直接驱动(或黄色发光二极管)	1套
6	小风扇套件(可以改用黄色发光二极管和1kΩ限流电阻)	5V直流电机、风扇(或黄色发光二极管和1kΩ电阻)	1套
7	电位器	10kΩ	1
8	发光二极管1	绿色	1
9	发光二极管2	红色	1
10	电阻	1kΩ	2

4. 参照电路实图

连接好的电路实物图见图13.2。

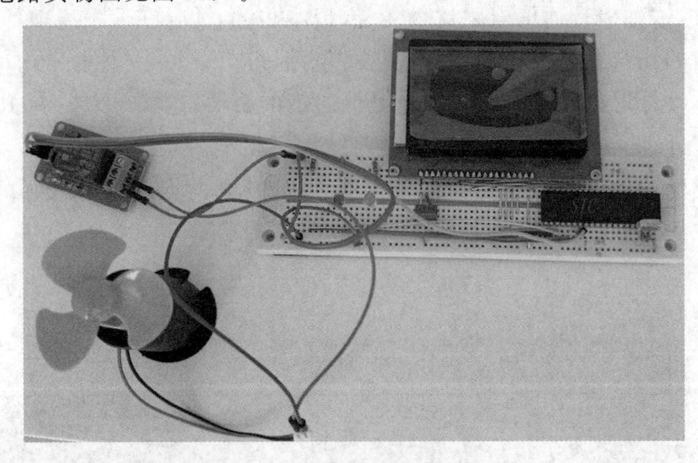

图13.2 连接好的电路实物图

13.1.2 硬件连接步骤

扫描如下二维码在手机或平板计算机端一边观看硬件连接和用万用表检测电路的视频，一边动手进行硬件连接，硬件连接完成后一定要用万用表检测一下硬件连接是否可靠，如果不可靠，一定要重新连接直至可靠无误。至此整个硬件电路的安装工作结束。接下来要做的就是编写程序了。

51单片机串口实验完整视频

13.2　程序设计及下载

先将以下程序输入 Keil 中并编译、下载到单片机中运行，再弄清楚单片机串口的结构以及如何编写串行通信程序，等弄清楚后再回过头来阅读源程序。

13.2.1　源程序

源程序如下：

```
#include "reg52.h"
#include <stdio.h>
#include <string.h>        //包含头文件

typedef unsigned char u8;
typedef unsigned int u16;
sbit RS = P2^1;                //12864 液晶显示器的 RS 控制端,硬件接到 P1.0,在此一定要写 P1.0
sbit RW = P2^0;                //12864 液晶显示器的 RW 控制端,硬件接到 P1.1,在此一定要写 P1.1
sbit E = P2^7;                 //12864 液晶显示器的使能控制端,硬件接到 P1.2,在此一定要写 P1.2

u8 xdata table1[] = "开发设计:魏二有 ";        //可以改成用户自己的名字
u8 xdata table0[] = "51 单片机串口实验";

/****************** 相关变量 ***************/
u8 Receive;                    //接收到的字节
u8 i,i2,count;                 //定时器所用变量
u16 n;                         //接收到字节的个数
u8 flag = 0;                   //标志位,检查是否有数据通过串口发送到 MCU
u8 connected = 0,              //标志位,检查是否已连接服务器
u8 Receive_table[100];         //用于接收计算机发送到 MCU 上的数据
sbit ledblue = P1^0;           //灯 2
sbit ledgreen = P1^1;          //灯 1
sbit eFan = P1^2;              //电风扇

/*********************************************************************
 函数名称:          delay(u16 t)
 函数功能:          产生延时
 入口参数:          t
 出口参数:          无
备 注:
*********************************************************************/
void delay(u16 t)
{
    u8 i;
    while(t--)
    {
        for(i = 0;i < 19;i++);
    }
}
/*********************************************************************
函数名称:          Write_cmd(u8 cmd)
函数功能:          向 12864 液晶显示器内部写一条命令
```

```
入口参数:           cmd
出口参数:           无
备 注:              P0 口是液晶显示器的数据口
****************************************************************************/
void Write_cmd(u8 cmd)
{
    RS = 0;
    RW = 0;
    P0 = cmd;
    delay(5);
    E = 1;
    delay(10);
    E = 0;
}
/****************************************************************************
函数名称:           Write_data(u8 dat)
函数功能:           向 12864 液晶显示器内部写一个字节数据
入口参数:           dat
出口参数:           无
备 注:
****************************************************************************/
void Write_data(u8 dat)
{
    RS = 1;
    RW = 0;
    P0 = dat;
    delay(5);
    E = 1;
    delay(10);
    E = 0;
}
/****************************************************************************
函数名称:           LCD_init()
函数功能:           对 12864 液晶显示器初始化,为动态显示字符做准备
入口参数:           无
出口参数:           无
备 注:              参考 12864 液晶显示器的说明书
****************************************************************************/
void LCD_init()
{
    delay(400);                         //延时大于 40ms
    Write_cmd(0x30);                    //功能设置
    delay(100);                         //延时大于 100us
    Write_cmd(0x30);                    //再写一次
    delay(50);                          //延时大于 37us
    Write_cmd(0x0c);                    //显示开关控制
    delay(100);                         //延时大于 100us
    Write_cmd(0x01);                    //清除显示
    delay(100);                         //延时 10ms
    Write_cmd(0x06);                    //进入模式设置
}
/****************************************************************************
名称:延时函数
```

```
作用:毫秒级延时,微秒级延时函数,等待数据收发完成……
*******************************************************************/
void ms_delay(u16 t)
{
    u16 i,j;
    for(i = t;i > 0;i -- )
     for(j = 110;j > 0;j -- );
}

void us_delay(u8 t)
{
    while(t -- );
}
/*******************************************************************
函数名称:       displayString()
函数功能:       在屏幕上显示字符串
入口参数:       u8 row,u8 str[]
出口参数:       无
备 注:
*******************************************************************/
void displayString(u8 row,u8 str[])
{
    u8 j;
    Write_cmd(row);
    for(j = 0;j < 16;j++)
        Write_data(str[j]);
}

/*******************************************************************
函数名称:       display0()
函数功能:       在屏幕上显示"51 单片机串口实验"
入口参数:       无
出口参数:       无
备 注:
*******************************************************************/
void display0()
{
    u8 j;
    Write_cmd(0x80);
    for(j = 0;j < 16;j++)
        Write_data(table0[j]);
}
/*******************************************************************
函数名称:       display1()
函数功能:       在屏幕上显示"开发设计:魏二有"
入口参数:       无
出口参数:       无
备 注:
*******************************************************************/
void display1()
{
    u8 j;
    Write_cmd(0x98);
```

```
    for(j = 0;j < 16;j++)
        Write_data(table1[j]);
}
/*********************************************************************
名称：波特率发生器函数
作用：波特率发生器可以用 T1 定时器实现,也可以用 MCU 内部独立的波特率发生器实现.使用各自
不同的载入值计算式,具体根据寄存器相关设置来计算,以实现异步串行通信(经测试,两种设置方
式均可用,可任选一种)。
*********************************************************************/
void Uart_Init()                        //使用定时器 1 作为波特率发生器(STC89C52、
                                        //STC89C51、AT89C51 或者 STC12C560S2 等均可)
{
    TMOD = 0x21;                        //设置定时器 1 为方式 2
    TH1 = 0xFD;                         //装入初值
    TL1 = 0xFD;
    TR1 = 1;                            //启动定时器 1
    SM0 = 0;
    SM1 = 1;                            //设置串口为方式 1
    REN = 1;                            //接收使能
    EA = 1;                             //打开总中断开关
    ES = 0;                             //打开串口中断开关
    TR1 = 1;
}

/*********************************************************************
名称：串口发送函数
功能：MCU 向其他与其连接的设备发送数据
*********************************************************************/
void Send_Uart(u8 value)
{
    ES = 0;                             //关闭串口中断
    TI = 0;                             //清发送完毕中断请求标志位
    SBUF = value;                       //发送
    while(TI == 0);                     //等待发送完毕
    TI = 0;                             //清发送完毕中断请求标志位
    ES = 1;                             //允许串口中断
}
/*********************************************************************
名称：串口发送数据
作用：通过串口发送指令到计算机
*********************************************************************/
void SerialSend(u8 * puf)               //数组指针 * puf 指向字符串数组
{
    while( * puf!= '\0')                //遇到空格跳出循环
    {
        Send_Uart( * puf);              //向 Wi - Fi 模块发送控制指令
        us_delay(5);
        puf++;
    }
    us_delay(5);
    Send_Uart('\r');                    //回车
    us_delay(5);
    Send_Uart('\n');                    //换行
```

```
}

void main()
{
    Uart_Init();
    LCD_init();
    display0();                                    //在屏幕上显示"51 单片机串口实验"
    display1();                                    //在屏幕上显示"开发者:魏二有"
    //LED3 = 0;                                    //表示系统开始工作
    displayString(0x88," 计算机学院 ");
    displayString(0x90," **************** ");

    memset(Receive_table,'\0',sizeof Receive_table); //重置数组

    SerialSend("51MCU Serial Port Test");
    ms_delay(1000);

    while(1)
    {
        if(flag == 1)
        {
        if(strstr(Receive_table,"Light001&msg = on")){      //当检测到字符串 msg = on 时,
                ledgreen = 0;                                //执行开灯引脚置高电平
                displayString(0x90,"绿色 LED 灯被点亮");
            SerialSend("绿色 LED 灯被点亮");
        } else if(strstr(Receive_table,"Light001&msg = off")){      //当检测到字符串 msg
        = off
        //时,执行关灯
                ledgreen = 1;                                //引脚置低电平
                displayString(0x90,"绿色 LED 灯被熄灭");
                SerialSend("绿色 LED 灯被熄灭");
        } else if(strstr(Receive_table,"Light002&msg = on")){
                ledblue = 0;
                displayString(0x90,"蓝色 LED 灯被点亮 ");
                SerialSend("蓝色 LED 灯被点亮");
        } else if(strstr(Receive_table,"Light002&msg = off")){
                ledblue = 1;
                displayString(0x90,"蓝色 LED 灯被熄灭 ");
            SerialSend("蓝色 LED 灯被熄灭");
        } else if(strstr(Receive_table,"ElectricFan&msg = on")){
                eFan = 0;
                displayString(0x90,"电风扇已经被打开");
                SerialSend("电风扇已经被打开");
        } else if(strstr(Receive_table,"ElectricFan&msg = off")){
                eFan = 1;
                displayString(0x90,"电风扇已经被关");
                SerialSend("电风扇已经被关");
        }
```

```
        memset(Receive_table,'\0',sizeof Receive_table);//重置数组
        flag = 0;
    }
    }
}
/*********************************************************************
名称：串行通信中断服务函数
作用：发送或接收结束后进入该函数,对相应的标志位清 0，实现模块对数据正常的收发

*********************************************************************/
void Uart_Interrupt() interrupt 4
{
    if(RI == 1)
    {
        RI = 0;
        Receive = SBUF;                          //MCU 接收 Wi-Fi 模块反馈回来的数据
        Receive_table[i] = Receive;
        i++;
        if((Receive == '\n'))
        {
            i = 0;
            flag = 1;
            //LED3 = 1;                          //调试程序用,用发光二极管检查是否
                                                 //有接收串行中断发生
        }
    }
    else {TI = 0;}
}
```

13.2.2 串行通信的操作

程序下载到单片机中了,如何与 PC 进行数据通信呢？可按以下步骤操作。

(1) 将下载器的 GND、RXD、TXD、5V 电源连接在一端公头一端母头 4 排一股的杜邦线的母头,公头的 RXD 插到面包板的第 11 脚(即单片机的 TXD),杜邦线公头的 TXD 插到面包板的第 10 脚(即单片机的 RXD),下载器的 5V 插到面包板的 5V 插孔,下载器的 GND 插到面包板的接地孔,然后将下载器插到计算机的某个 USB 插孔,此时系统上电,12864 液晶显示器显示如图 13.3 所示。

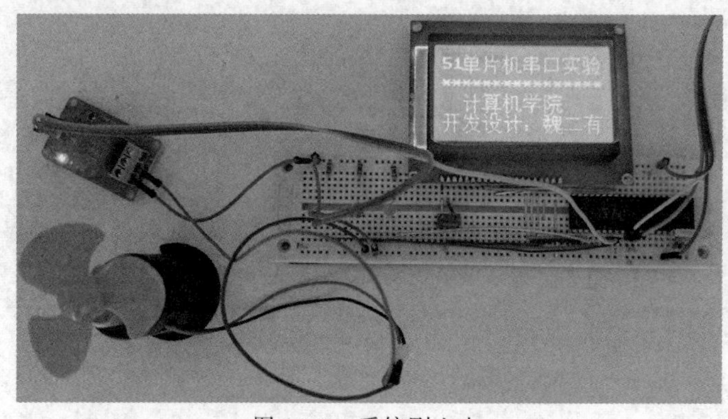

图 13.3　系统刚上电

（2）打开安信可串口调试助手“AiThinker Serial Tool V1.2.3.exe”，然后选择串口，将波特率、数据位、校验位、停止位和流控按图13.4所示进行选择。

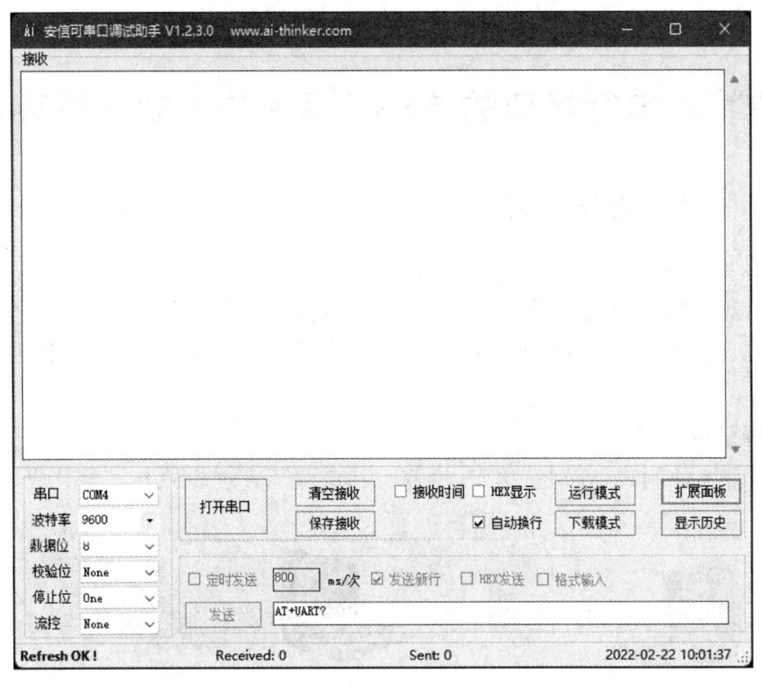

图13.4 安信可串口调试助手窗口

（3）如果扩展面板没有展开就单击“扩展面板”按钮，在字符串文本框内输入如图13.5所示的文本。

图13.5 安信可串口调试助手展开扩展面板后的窗口

(4) 单击“打开串口”按钮,接下来按照微课视频进行操作。

本章所做的系统用到了串行通信,读者可能对单片机的串口结构以及串行通信的程序编写还不太清楚,下面来深入介绍。

13.3 单片机串行接口的结构及相关特殊功能寄存器

13.3.1 串行通信原理

1. 为什么要用串行通信

计算机的通信方式有并行和串行两种,并行通信速度虽然快,但长距离采用并行通信会由于信号衰减和电磁干扰而造成数据传输错误,因此,远距离通信都采用串行通信的方式。

2. 串行通信的几种制式

串行通信有 3 种制式,分别是单工、半双工和全双工。这 3 种方式及其应用见图 13.6。

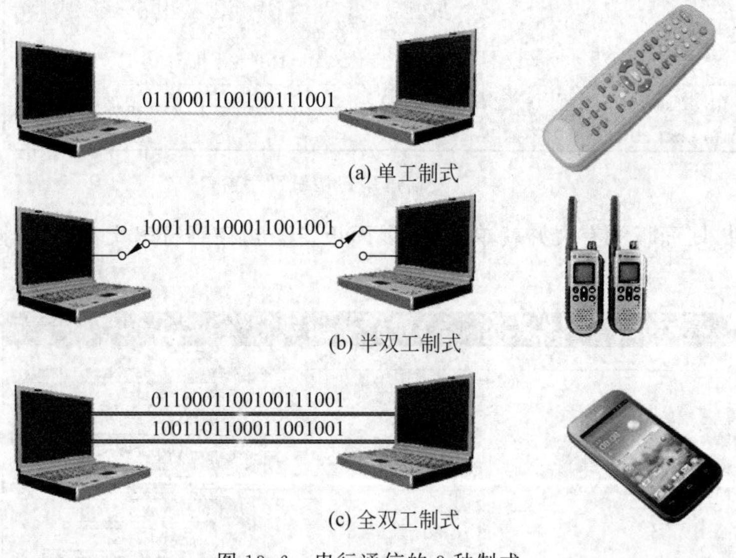

图 13.6　串行通信的 3 种制式

1) 单工制式

单工制式(simplex)是指甲乙双方通信只能单向传送数据,例如家里用的各种遥控器。

2) 半双工制式

半双工制式(half duplex)是指通信双方都具有发送器和接收器,双方既可发送也可接收,但接收和发送不能同时进行,即发送时就不能接收,接收时就不能发送,如交通警察或者工地指挥手里拿的步话机。

3) 全双工制式

全双工制式(full duplex)是指通信双方均设有发送器和接收器,并且将信道划分为发送信道和接收信道,两端数据允许同时收发,因此通信效率比前两种高,如手机。

3. 串行通信如何保证数据传输不发生错误

远距离通信用并行方式会由于信号衰减而产生数据传输错误，那么用串行方式进行远距离通信难道没有信号衰减吗？不会产生数据传输错误吗？有信号衰减，如果不采取特殊措施也会产生数据传输错误，见图 13.7。那么串行通信如何保证数据传输不发生错误呢？由于串行通信采用了调制和解调的手段，信号在远距离传输过程中传输的不是二进制的 0 和 1，而是两种不同频率的调频信号，信号在传输过程中只有幅度会衰减但频率是不会改变的，所以串行通信能保证远距离传输不发生错误，见图 13.8。串行通信有两种：一种是异步通信；另一种是同步通信。那么，串行通信是如何调制的呢？

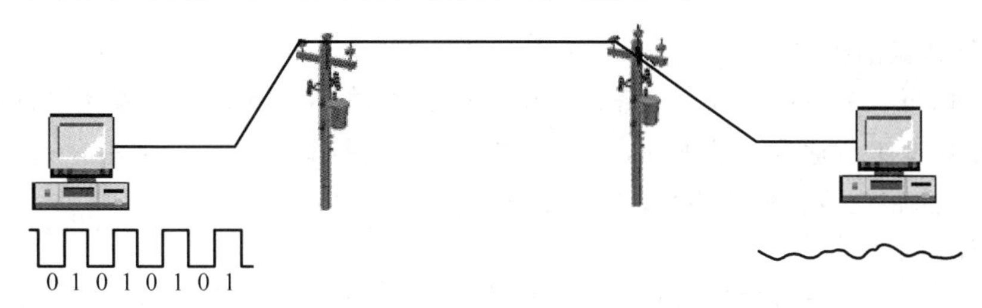

图 13.7 远距离传输信号会衰减变形

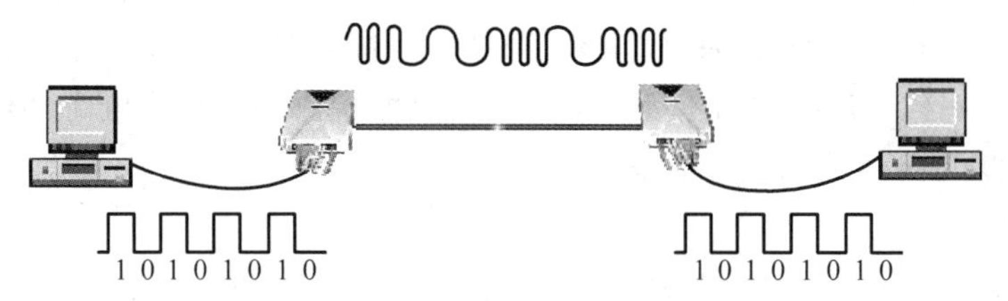

图 13.8 串行通信采用调制解调方式

4. 信号调制原理

信号调制的原理见图 13.9，调制解调器内部可以产生两种频率的信号：一种是高频信号；另一种是低频信号，这两种信号最终可以进入放大器，但能否进入要受两个电子开关的控制。当要传输数字"1"时，数字"1"可以使电路产生高电平，从而将电子开关 1 闭合，而这个高电平经过反相器反相后变成了低电平，从而电子开关 2 不会闭合，于是高频信号进入放大器进行放大，调制解调器会输出一个经过放大了的高频信号。

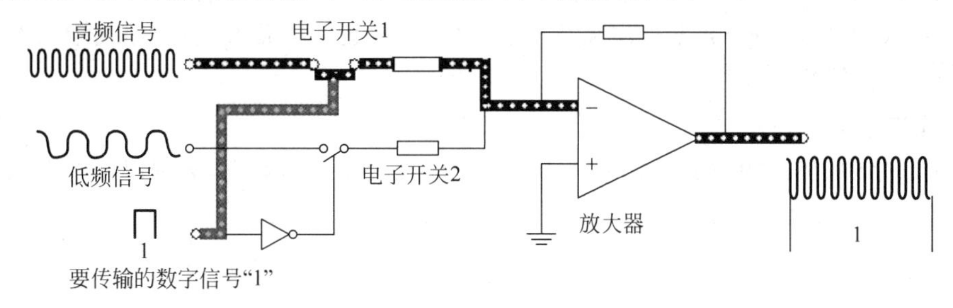

图 13.9 对数字"1"的调制

当要传输数字"0"时，这个数字"0"会使电路产生低电平，从而使电子开关 1 打开，见图 13.10，而这个低电平经过反相器反相后变成了高电平，从而使电子开关 2 闭合，于是低频信号可以进入放大器放大，调制解调器会输出一个放大了的低频信号。

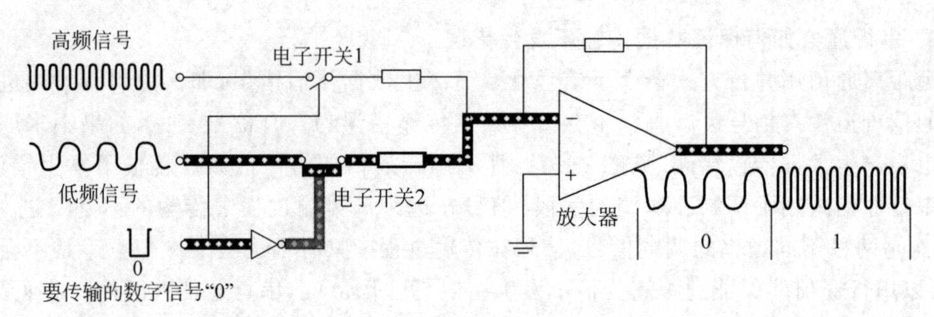

图 13.10　对数字“0”的调制

5. 串行通信的校验

串行通信可以基本保证数据传输的正确性，但也不能保证绝对不会发生数据传输错误，为了进一步保证串行通信的准确率，人们想到了用数据校验的办法。常用差错校验方法有奇偶校验、累加和校验以及循环冗余码校验等。

1）奇偶校验

奇偶校验的特点是按字符校验，即在发送每个字符数据之后都附加一位奇偶校验位（1或0），当设置为奇校验时，数据中1的个数与校验位1的个数之和应为奇数；反之则为偶校验。收发双方应具有一致的差错检验设置，当接收1帧字符时，对1的个数进行检验，若奇偶性（收发双方）一致则说明传输正确。奇偶校验只能检测到那种影响奇偶位数的错误，比较低级且速度慢，一般只用在异步通信中。

2）累加和校验

累加和校验是指发送方将所发送的数据块求和，并将“校验和”附加到数据块末尾。接收方接收数据时也是先对数据块求和，将所得结果与发送方的“校验和”进行比较，若两者相同，则表示传送正确，若不同则表示传送出了差错。“校验和”的加法运算可用逻辑加，也可用算术加。累加和校验的缺点是无法检验出字节或位序的错误。

3）循环冗余码校验

循环冗余码校验（CRC）的基本原理是将一个数据块看成一个位数很长的二进制数，然后用一个特定的数去除它，将余数作为校验码附在数据块之后一起发送。接收端收到该数据块和校验码后，进行同样的运算来校验传送是否出错。CRC不但可以检错而且可以纠错，所以CRC被广泛用于数据存储和数据通信中，并在国际上形成规范，市面上已有不少现成的CRC软件算法。

6. 异步通信

异步通信中，传送的数据可以是一个字符代码或一个字节数据，数据以帧的形式一帧一帧地传送，如图13.11所示。

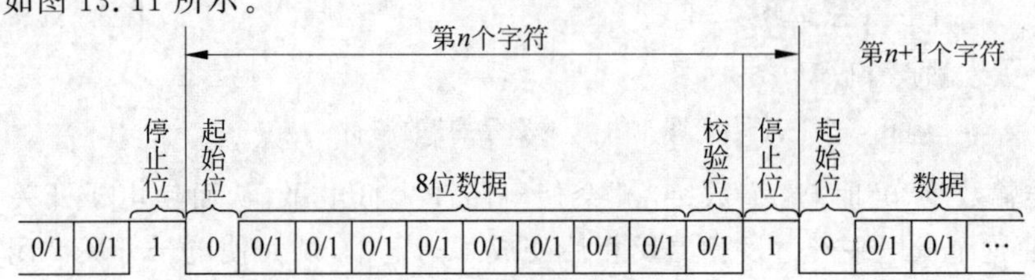

图 13.11　异步通信数据格式

1）起始位

在没有数据传送时，通信线上处于逻辑“1”状态。当发送端要发送1个字符数据时，首先发送1个逻辑“0”信号，这个低电平便是帧格式的起始位。其作用是向接收端表示发送端开始发送一帧数据。接收端检测到这个低电平后，就准备接收数据信号。

2）数据位

在起始位之后，发送端发出（或接收端接收）的是数据位，数据的位数没有严格的限制，5～8位均可。由低位到高位逐位传送。

3）奇偶校验位

数据位发送完（接收完）之后，可发送一位用来检验数据在传送过程中是否出错的奇偶校验位。奇偶校验是收发双方预先约定好的有限差错检验方式之一。有时也可不用奇偶校验。

4）停止位

字符帧格式的最后部分是停止位，逻辑“1”电平有效，它可占1/2位、1位或2位。停止位表示传送一帧数据的结束，也为发送下一帧数据做好准备。

异步通信每一帧数据都要有起始位和停止位，有时还要加奇偶校验位，这样就会降低传输效率。

7. 同步通信

在同步通信中，每一数据块发送开始时，先发送一个或两个同步字符，使发送与接收取得同步，再顺序发送数据。数据块的各个字符间取消起始位和停止位，所以通信速度得以提高。

8. 波特率

在串行通信中，对数据传送速度有一定要求。波特率表示每秒传送的位数，单位为b/s（记作波特）。

例如，数据传输速率为每秒10个字符，若每个字符的一帧为11位，则传输波持率为

$$11\text{b/字符}\times 10\text{字符/s}=110\text{b/s}$$

异步通信的传输速率一般为50～576 000b/s。

9. 串行通信标准的种类

根据串行通信格式及约定（如同步方式、通信速率、数据块格式等）不同，形成了许多串行通信接口标准，如常见的UART（通用异步收发器）接口、USB（通用串行总线）接口、I2C（集成电路间的串行总线）接口、SPI（串行外设接口）、RS232总线接口、485总线接口、CAN总线接口等。

13.3.2　STC89C52单片机的串口结构

STC89C52单片机内部有一个全双工的串行通信口（P3.0、P3.1），见图13.12，它具有4种工作方式（由编程决定）。传输速率可由软件来设定，既可以作为UART（通用异步收发器）使用，也可以作为同步移位寄存器使用，还可以用于网络通信。串行口在接收、发送数据时，均可以向CPU申请中断服务。

1. 串口结构

单片机的串口结构见图13.12。

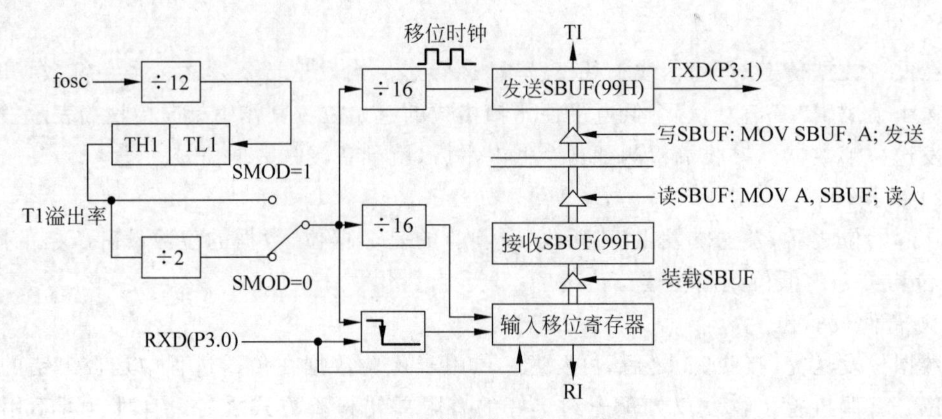

图 13.12　单片机的串口结构

2. SBUF 寄存器

SBUF 是串行口缓冲寄存器，包括发送寄存器和接收寄存器，以便能以全双工方式进行通信。此外，在接收寄存器之前还有移位寄存器，从而构成了串行接收的双缓冲结构，这样可以避免在数据接收过程中出现帧重叠错误。发送数据时，由于 CPU 是主动的，不会发生帧重叠错误，因此发送电路不需要双重缓冲结构。

在逻辑上，SBUF 只有一个，它既表示发送寄存器，又表示接收寄存器，具有同一个单元地址 99H。但在物理结构上，则有两个完全独立的 SBUF，一个是发送缓冲寄存器 SBUF，另一个是接收缓冲寄存器 SBUF。如果 CPU 写 SBUF，数据就会被送入发送寄存器准备发送；如果 CPU 读 SBUF，则读入的数据一定来自接收缓冲器。即 CPU 对 SBUF 的读写，实际上是分别访问上述两个不同的寄存器。

3. 串行控制寄存器 SCON

串行控制寄存器 SCON 用于设置串行口的工作方式、监视串行口的工作状态、控制发送与接收的状态等。它是一个既可以字节寻址又可以位寻址的 8 位特殊功能寄存器。其格式如图 13.13 所示。下面来认识一下这几个位。

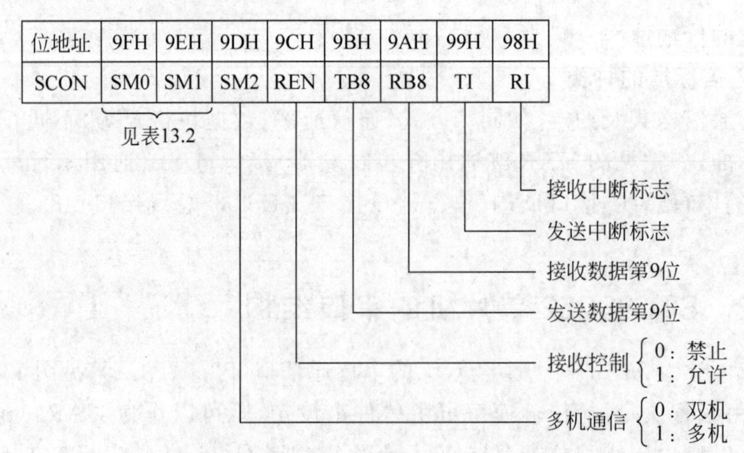

图 13.13　串行控制寄存器 SCON

(1) SM0 和 SM1：串行口工作方式选择位。其状态组合所对应的工作方式如表 13.2 所示。

表 13.2　串口工作方式

SM0	SM1	工作方式	功能说明
0	0	0	同步移位寄存器输入输出，波特率固定为 fosc/12
0	1	1	10 位异步收发，波特率可变(T1 的溢出率/n，n=32 或 16)
1	0	2	11 位异步收发，波特率固定为 fosc/n，n=64 或 32
1	1	3	11 位异步收发，波特率可变(T1 的溢出率/n，n=32 或 16)

(2) SM2：多机通信控制器位。在工作方式 0 中，SM2 必须设成 0。在工作方式 1 中，当处于接收状态时，若 SM2=1，则只有接收到有效的停止位"1"时，RI 才能被激活成"1"(产生中断请求)。在工作方式 2 和工作方式 3 中，若 SM2=0，串行口以单机发送或接收方式工作，TI 和 RI 以正常方式被激活并产生中断请求；若 SM2=1，RB8=1，RI 被激活并产生中断请求。

(3) REN：串行接收允许控制位。该位由软件置位或复位。当 REN=1 时，允许接收；当 REN=0 时，禁止接收。

(4) TB8：工作方式 2 和工作方式 3 中要发送的第 9 位数据。该位由软件置位或复位。在工作方式 2 和工作方式 3 中，TB8 是发送的第 9 位数据。在多机通信中，以 TB8 位的状态表示主机发送的是地址还是数据：TB8=1 表示地址，TB8=0 表示数据。TB8 还可用作奇偶校验位。

(5) RB8：接收数据第 9 位。在工作方式 2 和工作方式 3 中，RB8 存放接收到的第 9 位数据。RB8 也可用作奇偶校验位。在工作方式 1 中，若 SM2=0，则 RB8 接收到的是停止位。在工作方式 0 中，该位未用。

(6) TI：发送中断标志位。TI=1，表示已结束一帧数据发送完毕，意味着告诉 CPU"发送缓冲器 SBUF 已空，你可以准备发送下一帧数据"，可由软件查询 TI 位标志，也可向 CPU 申请中断。注意，TI 在任何工作方式下都必须由软件清 0。

(7) RI：接收中断标志位。RI=1，表示一帧数据接收结束。可由软件查询 RI 位标志，也可向 CPU 申请中断。

注意，RI 在任何工作方式下都必须由软件清 0。

在 STC89C52 单片机中，串行发送中断 TI 和接收中断 RI 的中断入口地址同是 0023H(串行中断号 4 乘以 8 再加上 3 等于十进制数 35，也就是十六进制数 23H)，因此在中断程序中必须由软件查询 TI 和 RI 的状态才能确定究竟是接收还是发送中断，进而做出相应的处理。单片机复位时，SCON 所有位均清 0。

4. 电源控制寄存器 PCON

STC89C52 单片机内部有一个电源控制寄存器，但这个寄存器只有 1 位与串行通信有关，那就是它的最高位 SMOD，见图 13.14。

D7	D6	D5	D4	D3	D2	D1	D0
SMOD	…	…	…	GF1	GF0	PD	IDL

图 13.14　电源控制寄存器

这一位为什么与串行通信有关呢？因为 SMOD 位可以改变串行通信的波特率。在工作方式 1～工作方式 3 中，若 SMOD=1，则串行口波特率增加一倍。若 SMOD=0，则波特率不加倍。系统复位时,SMOD=0。

STC89C52 单片机串行通信共有 4 种工作方式,它们分别是工作方式 0、工作方式 1、工作方式 2 和工作方式 3,由串行控制寄存器 SCON 中的 SM0 和 SM1 决定。

1) 工作方式 0

在工作方式 0 下,串行口作为同步移位寄存器使用。此时 SM2、RB8、TB8 均应设置为 0。

(1) 发送:TI=0 时,假设要发送数字"1",执行 SBUF=0x01 启动发送,8 位数据由低位到高位从 RXD 引脚送出,TXD 发送同步脉冲。发送完后,由硬件置位 TI。

(2) 接收:RI=0,REN=1 时启动接收,数据从 RXD 输入,TXD 输出同步脉冲。8 位数据接收完,由硬件置位 RI。如果之前定义了一个变量 X,则可通过 X=SBUF 读取数据。

2) 工作方式 1

工作方式 1 是一帧 10 位的异步串行通信方式,包括 1 个起始位、8 个数据位和 1 个停止位。

(1) 发送:当 TI=0 时,执行 SBUF=0x01 指令后开始发送,由硬件自动加入起始位和停止位,构成一帧数据,然后由 TXD 端串行输出。发送完后,TXD 输出线维持在"1"状态下,并将 SCON 中的 TI 置 1,表示一帧数据发送完毕。

(2) 接收:RI=0,REN=1 时,接收电路以波特率的 16 倍速度采样 RXD 引脚,如出现由"1"到"0"的跳变,认为有数据正在发送。

在接收到第 9 位数据(即停止位)时,必须同时满足以下两个条件:RI=0 和 SM2=0 或接收到的停止位为"1",才把接收到的数据存入 SBUF 中,停止位送 RB8,同时置位 RI。若上述条件不满足,接收到的数据不装入 SBUF 被舍弃。在工作方式 1 下,SM2 应设定为 0。

3) 工作方式 2 和工作方式 3

工作方式 2 和工作方式 3 都是 11 位异步收发串行通信方式,两者的差异仅在波特率上有所不同。

在本章的系统中编写串行通信的程序时有这样两个语句:TH1=0xFD;TL1=0xFD;,这是为什么呢?这与串行通信的波特率有关。

13.3.3 波特率的计算

工作方式 0 和工作方式 2 的波特率是固定的,工作方式 1 和工作方式 3 的波特率是由定时器 T1 的溢出率来决定的。在增强型单片机中,也可以使用 T2 作为波特率发生器。

1. 工作方式 0 的波特率

如果采用工作方式 0 进行串行数据传送,由于每个机器周期产生一个移位脉冲,因此波特率为固定的振荡频率的 1/12,并不受 PCON 寄存器中 SMOD 位的影响。

工作方式 0 的波特率=fosc/12

2. 工作方式 2 的波特率

工作方式 2 的波特率产生方式与工作方式 0 不同,也就是输入的时钟源不同。控制发送与接收数据的移位时钟由振荡频率 fosc 的第二节拍 P2 时钟(fosc/2)给出,所以工作方式 2 的波特率取决于电源寄存器的 SMOD 位,若 SMOD=0,则工作方式 2 的波特率为 fosc 的 1/64;若 SMOD=1,工作方式 2 的波特率就是 fosc 的 1/32,即

$$工作方式2的波特率=2^{SMOD}/64\times fosc$$

3. 工作方式1和工作方式3的波特率

工作方式1和工作方式3可以用定时器1也可以用定时器2作为波特率发生器。

对于基本型MS-51单片机，工作方式1和工作方式3的波特率由定时器1的溢出率决定；对于增强型单片机来说，波特率不仅由定时器1的溢出率决定而且由电源寄存器的SMOD位来决定，即

$$工作方式1、工作方式3的波特率=波特率=\frac{2^{SMOD}}{32}\times T1的溢出率$$

式中，T1的溢出率取决于T1的计数速率(计数速率=fosc/12)和T1的预装初值，所以，工作方式1和工作方式3的波特率可以更具体为

$$工作方式1、工作方式3的波特率=\frac{2^{SMOD}}{32}\times\frac{fosc}{12}/(2^n-初值)$$

式中，对于定时器T1，如果工作在定时模式1，则$n=16$；如果工作在定时模式2，则$n=8$，而串行通信一般都让T1工作在定时模式2，假设初值用X来表示，这样$(2^n-初值)$可以写成(2^8-X)，即$(256-X)$。于是工作方式1和工作方式3的波特率可以更具体写成

$$工作方式1、工作方式3的波特率=\frac{2^{SMOD}}{32}\times\frac{fosc}{12\times(256-X)}$$

于是可以求出串行通信工作方式1和工作方式3让T1作为波特率发生器时，给T1预装的数值为

$$X=256-\frac{fosc\times(SMOD+1)}{384\times 波特率} \tag{1}$$

串行通信一般都不需要设置SMOD，让其等于默认值0，可以算出当采用不同的外接晶振T1的预装值。假设用以前的12MHz晶振，波特率为9600，则

$$X=256-\frac{12\ 000\ 000}{384\times 9600}=256-\frac{12\ 000\ 000}{3\ 686\ 400}=256-3.255=252.745$$

结果不是一个整数，这个数无法预装到T1的TH1和TL1中。

如果用11.0592MHz的晶振，而且波特率也为9600，则

$$X=256-\frac{11\ 059\ 200}{384\times 9600}=256-3=253=FDH$$

X的值是一个整数253，就可以预装到TH1和TL1中，这也就是为什么不能用12MHz的晶振而是要用11.0592MHz晶振。波特率计算出来后，就可以编写串行通信的初始化函数了。

```
void UART_init()
{
    TMOD = 0x20;                        //设置定时器1为工作方式2(0010 0000)
     TH1 = 0xFD;                        //装入初值
     TL1 = 0xFD;
     TR1 = 1;                           //启动定时器1
     SM0 = 0;
     SM1 = 1;                           //设置串口为工作方式1
```

```
        REN = 1;                                //接收使能
        EA = 1;                                 //接通单片机的总中断开关
        ES = 1;                                 //接通串口中断分开关
    }
```

对波特率需要说明的是，当串行口工作在方式 1 或方式 3，且要求波特率按规范取 1200、2400、4800、9600 等时，若采用晶振 12MHz 和 6MHz，按式(1)算出的 T1 定时初值将不是一个整数，因此会产生波特率误差而影响串行通信的同步性能。请读者在单片机串口硬件电路中继续用 12MHz 的晶振进行实验，看看串行电路的运行结果。

13.3.4 接收程序的编写

本系统接收串行数据是用串行中断实现的，当单片机接收到串行数据时，就自动执行串行中断程序，在串行中断程序中首先将接收中断标志 RI 清 0，然后把 SBUF 寄存器接收到的串行数据保存到变量 datavalue 中，同时将标志位 flag 置 1，让蜂鸣器响一声，发光二极管闪一下。串行中断服务程序编写的要点是中断号，对于 STC89C52 这种增强型 51 单片机来说，串行中断号是 4，所以一定要在 interrupt 关键字后面写上 4。

```
void Uart_Interrupt() interrupt 4
{
    if(RI == 1)
    {
            RI = 0;
            Receive = SBUF;               //MCU 接收计算机串口助手发送到单片机的数据
            Receive_table[i] = Receive;//每收到一字节数据就存到数组中
            i++;                          //切换到数组的下一个元素
            if((Receive == '\n')){        //如果收到'\n'就让数组转到第 0 个元素
                    i = 0;
                    flag = 1;
                    //LED3 = 1;      //调试程序用,用发光二极管检查是否有接收串行中断发生
            }
    }
    else {TI = 0;}
}
```

13.3.5 字符串查找函数 strstr()介绍

strstr(str1,str2) 函数用于判断字符串 str2 是否是 str1 的子串。如果是，则该函数返回 str2 在 str1 中首次出现的地址；否则，返回 NULL。

在本例的 while(1)循环中就是用此函数来查询计算机是否发送过来特定的字符串，进而控制面包板上的发光二极管点亮或熄灭，具体程序如下：

```
while(1)
    {
        if(flag == 1)
        {
          if(strstr(Receive_table,"Light001&msg = on"))
          {  //当检测到字符串 Light001&msg = on 时，执行开灯
```

```
        ledgreen = 0;                                        //点亮绿色发光二极管
        displayString(0x90,"绿色 LED 灯被点亮");
        //在 12864 液晶显示器上显示"绿色 LED 灯被点亮"
        SerialSend("绿色 LED 灯被点亮");
        //向计算机发送"绿色 LED 灯被点亮"字符串
    } else if(strstr(Receive_table,"Light001&msg = off"))
            {  //当检测到字符串 Light001&msg = off 时,执行关灯
                ledgreen = 1;                                //引脚置低电平
                displayString(0x90,"绿色 LED 灯被熄灭");
                SerialSend("绿色 LED 灯被熄灭");
            }
    else if(strstr(Receive_table,"Light002&msg = on"))
            {
                ledblue = 0;
                displayString(0x90,"蓝色 LED 灯被点亮 ");
                SerialSend("蓝色 LED 灯被点亮");
                }
    else if(strstr(Receive_table,"Light002&msg = off"))
            {
                ledblue = 1;
                displayString(0x90,"蓝色 LED 灯被熄灭 ");
                SerialSend("蓝色 LED 灯被熄灭");
                }
    else if(strstr(Receive_table,"ElectricFan&msg = on"))
            {
                eFan = 0;
                displayString(0x90,"电风扇已经被打开");
                SerialSend("电风扇已经被打开");
                }
    else if(strstr(Receive_table,"ElectricFan&msg = off"))
            {
                eFan = 1;
                displayString(0x90,"电风扇已经被关");
                SerialSend("电风扇已经被关");
                }
        memset(Receive_table,'\0',sizeof Receive_table); //重置数组
        flag = 0;
    }
}
```

13.3.6 内存区域填充数值函数 memset()介绍

memset() 的作用是在一段内存块中填充某个给定的值。因为它只能填充一个值,所以该函数的初始化为原始初始化,无法将变量初始化为程序中需要的数据。用 memset() 初始化完后,后面程序中再向该内存空间中存放需要的数据。该函数有 3 个参数：第一个参数是指向内存区域的地址,可以是指针,也可以是数组名；第二个参数是要填充的整数；第三个参数是要填充的数值大小。在本例中使用 memset()函数是为了将数组 Receive_table 中的所有元素都置成'\0'。

13.3.7 发送程序的编写

发送数据程序不需要用串行中断的方式。在发送数据函数 send()中，首先关闭串行中断，为的是避免受到接收数据的干扰，然后将标志 flag 清 0，把要发送的数据放到 SBUF 寄存器中，接下来就等待，如果发送中断标志 TI 一直为 0 就一直等待，当串行数据发送出去后，由于 TI 不会自动清 0，因此要在发送函数中将其清 0，为了让单片机能够在发送完一帧数据的空隙能够接收数据，所以要闭合串行中断分开关 ES。

```
void send()
{
  ES = 0;                                    //暂时关闭串行中断
  flag = 0;
  SBUF = datavalue;
  while(!TI);                                //如果 TI = 0,就一直等待
  TI = 0;                                    //一旦 TI = 1,就把它清 0
  ES = 1;

}
```

本系统采用的串口通信方式只适用于近距离，对于远距离的串口通信就需要用 RS-232 或 RS-485 串行接口方式来实现，先来看一下 RS-232 接口方式。

13.3.8 RS-232C 总线标准

RS-232C 实际上是串行通信的总线标准。该总线标准定义了 25 条信号线，使用 25 个引脚的连接器。各信号引脚的定义见表 13.3 和图 13.15。

表 13.3 串行通信 25 脚连接器引脚的定义

引脚	定义(助记符)	引脚	定义(助记符)
1	保护地(PG)	14	辅助通道发送数据(STXD)
2	发送数据(TXD)	15	发送时钟(TXC)
3	接收数据(RXD)	16	辅助通道接收数据(SRXD)
4	请求发送(RTS)	17	接收时钟(RXC)
5	清除发送(CTS)	18	未定义
6	数据准备好(DSR)	19	辅助通道请求发送(SRTS)
7	信号地(GND)	20	数据终端准备就绪(DTR)
8	接收线路信号检测(DCD)	21	信号质量检测
9	未定义	22	振铃指示(RI)
10	未定义	23	数据信号速率选择
11	未定义	24	发送时钟
12	辅助通道接收线路信号检测(SDCD)	25	未定义
13	辅助通道允许发送(SCTS)		

除信号定义外，RS-232C 标准还有其他规定。

(1) RS-232C 是一种电压型总线标准，它采用负逻辑标准：3～25V 表示逻辑 0(space)；

−25～−3V 表示逻辑 1(mark)。噪声容限为 2V。

(2) 标准数据传输速率有 50b/s、75b/s、110b/s、150b/s、300b/s、600b/s、1200b/s、2400b/s、4800b/s、9600b/s 和 19 200b/s。

(3) 采用标准的 25 芯插头座(DB-25)进行连接,因此该插头座也称为 RS-232C 连接器。

PC 9 针 D 形串口连接器如图 13.15 所示。

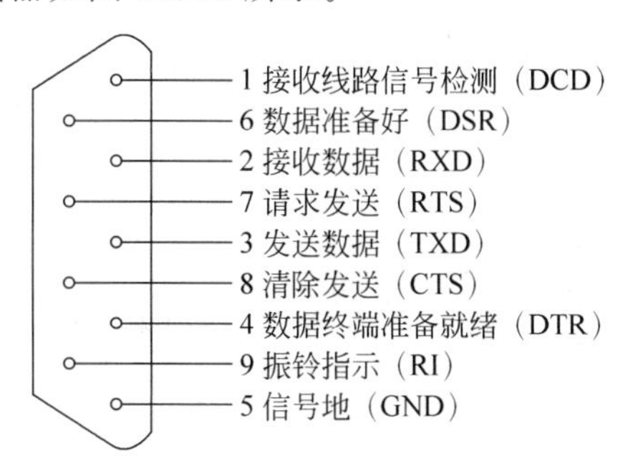

图 13.15 PC 9 针 D 形串口连接器

13.3.9 RS-232C 接口电路

由于 RS-232C 信号电平(EIA)与 STC89C52 单片机信号电平(TTL)不一致,因此,必须进行信号电平转换。实现这种电平转换的电路称为 RS-232C 接口电路。一般有两种形式:一种是采用运算放大器、晶体管、光电隔离器等器件组成的电路来实现;另一种是采用专门集成芯片(如 MC1488、MC1489、MAX232 等)来实现。下面介绍由专门集成芯片 MAX232 构成的接口电路。

1. MAX232 接口电路

MAX232 芯片是 MAXIM 公司生产的具有两路接收器和驱动器的 IC 芯片,其内部有一个电源电压变换器,可以将输入 5V 的电压变换成 RS-232C 输出电平所需的 ±12V 电压。所以采用这种芯片来实现接口电路特别方便,只需单一的 5V 电源即可。

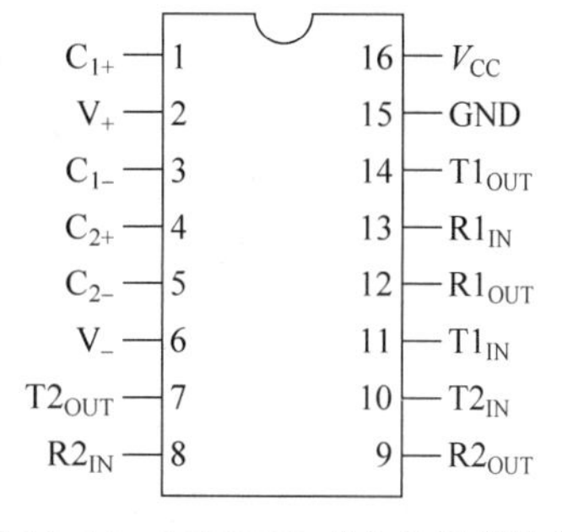

图 13.16 MAX232 芯片的引脚结构

MAX232 芯片的引脚结构如图 13.16 所示。其中引脚 1～6(C_{1+}、V_+、C_{1-}、C_{2+}、C_{2-}、V_-)用于电源电压转换,只要在外部接入相应的电解电容即可;引脚 7～10 和引脚 11～14 构成两组 TTL 信号电平与 RS-232 信号电平的转换电路,对应引脚可直接与单片机串行口的 TTL 电平引脚和 PC 的 RS-232 电平引脚相连。具体连线如图 13.17 所示。

MAX232 芯片的原理结构电路见图 13.18。

2. RS-485 总线接口

RS-232 接口标准出现较早,难免会有不足之处:①接口的信号电平值较高,易损坏接口电路的芯片;②传输速率较低,在异步传输时,波特率最大为 20kb/s;③接口使用一根信号线和一根信号返回线而构成共地的传输形式,这种共地传输容易产生共模干扰;④传输

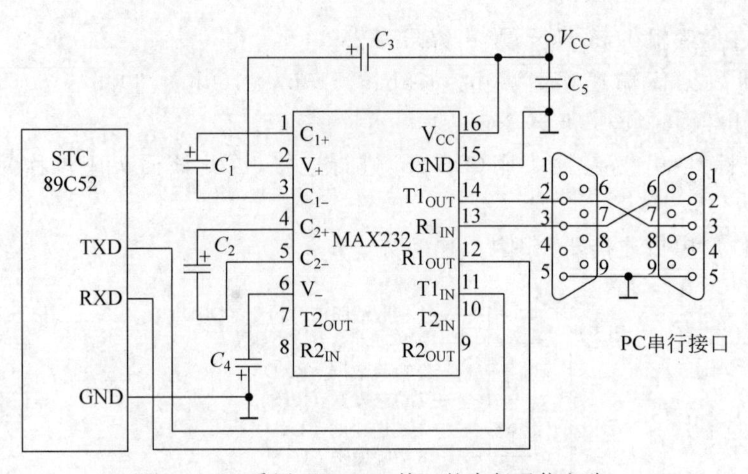

图 13.17 采用 MAX232 接口的串行通信电路

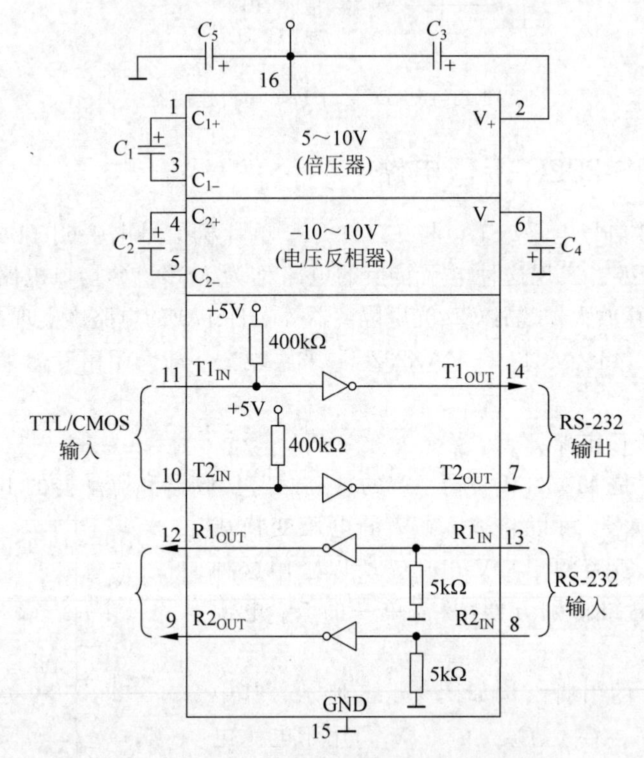

图 13.18 MAX232 芯片的原理结构电路

距离有限，实际最大传输距离为 30m。

RS-485/422 接口采用不同的方式：每个信号都采用双绞线传送，两条线间的电压差用于表示数字信号。例如，把双绞线中的一根标为 A(正)，另一根标为 B(负)，当 A 为正电压(通常为＋5V)，B 为负电压时(通常为 0)，表示信号“1”；反之，A 为负电压，B 为正电压时表示信号“0”。RS-485/422 允许通信距离达到 1.2km，实际上可达 3km，采用合适的电压可达到 2.5Mb/s 的传输速率。

RS-422 与 RS-485 采用相同的通信协议，但有所不同。RS-422 通常作为 RS-232 通信的扩展，它采用两对双绞线，数据可以同时双向传送(全双工)。RS-485 则采用一对双绞线，输入输出不能同时进行(半双工)。

RS-485 串行总线接口标准以差分平衡方式传输信号,具有很强的抗共模干扰的能力。逻辑“1”以两线间的电压差为 2～6V 表示;逻辑“0”以两线间的电压差为－6～－2V 表示。接口信号电平比 RS-232 降低了,不容易损坏接口电路芯片。RS-485 总线标准可采用 MAX485 芯片实现电平转换。MAX485 芯片引脚排列如图 13.19 所示。

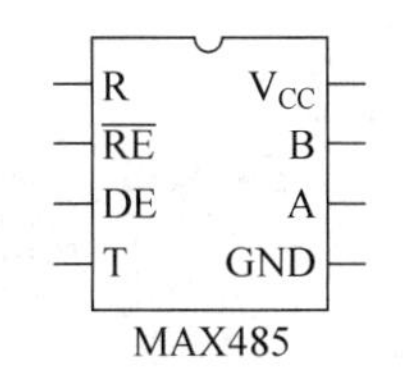

图 13.19　MAX485 芯片引脚排列

MAX485 输入输出信号不能同时进行(半双工),其发送和接收功能的转换是由芯片的 RE 和 DE 端控制的。RE＝0 时,允许接收;RE＝1 时,接收端 R 为高阻。DE＝1 时,允许发送;DE＝0 时,发送端 A 和 B 为高阻。在单片机系统中常把 RE 和 DE 接在一起用单片机的一个 I/O 线控制收发。

知识点总结

本章的知识点较多,归纳起来有以下几点。

(1) 串行通信有 3 种制式:单工、半双工、全双工。

(2) 远距离的串行通信需要进行信号调制和解调,远距离传送的不是实际需要传送的数字信号而是经过调制的两种不同频率的模拟信号。

(3) 串行通信有同步和异步两种。

(4) 异步串行通信一帧数据格式分为 1 位起始位、5～8 位数据位、1 个校验位和 1 个或多个停止位。

(5) 波特率是每秒传送的数据位数,要掌握工作方式 1 和工作方式 3 的波特率计算方法。

(6) 串行通信串口初始化函数的编程要点:设置定时器 1 的工作方式并且给其预装初值;启动定时器;设置串口为工作方式 1;打开接收使能;闭合串口中断分开关;闭合单片机中断总开关。

(7) 串行通信发送函数的编程要点:在给 SBUF 装载要发送的数据前要关闭串口中断,即让 ES＝0,然后给 SBUF 装载要发送的数,接下来要清除发送标志位 TI,最后闭合串口中断。

(8) 串行通信数据的接收用串口中断服务函数来实现,该函数的编程要点有两点:一是将接收中断标志位 RI 清 0;二是把 SBUF 寄存器接收到的串行数据保存到变量 datavalue 中。

扩展电路及创新提示

请读者采用 MAX232 芯片来设计一个远距离的串口通信电路并用 VB 或 C＃开发一个 PC 串口通信界面。提示:需要用到计算机上的串行插座,还需要购买 9 针串口插头及连线。

第14章 从做成一个单片机蓝牙控制系统来学会单片机的蓝牙通信

14.1 硬件设计及连接步骤

14.1.1 硬件设计

1. 设计思路

物联网被称为世界信息产业第三次浪潮，代表了下一代信息发展技术，物联网是现代信息技术发展到一定阶段后出现的一种聚合性应用与技术提升，将各种感知技术、现代网络技术和人工智能与自动化技术聚合与集成应用，使人与物智慧对话，创造一个智慧的世界。

为了让读者跟上时代发展的步伐，掌握物联网技术，本书增加了 51 单片机蓝牙控制应用系统和 Wi-Fi 物联网远程控制系统。

本系统在第 13 章的硬件基础上增加了一个蓝牙模块，运行需要用编者开发的 APP 来控制。

2. 原理图

单片机蓝牙控制系统原理图见图 14.1。

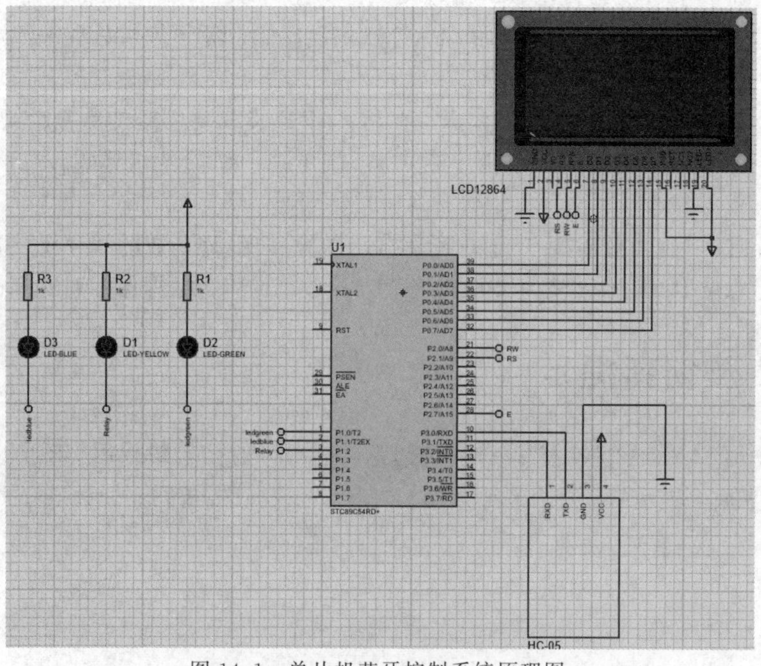

图 14.1　单片机蓝牙控制系统原理图

3. 元器件清单

所需元器件见表 14.1。

表 14.1　所需元器件

序　号	元器件名称	型号或容量	数　量
1	单片机	STC89C52RC DIP40	1个
2	晶振	11.0592MHz	1个
3	电容	30pF	2个
4	液晶显示器	12864	1个
5	蓝牙模块	HC-05	1个
6	小风扇套件(若改用发光二极管就改为限流电阻)	5V 直流电机、风扇(或 1kΩ 电阻)	1套
7	电位器	10kΩ	1个
8	发光二极管 1	绿色	1个
9	发光二极管 2	红色	1个
10	电阻	1kΩ	2个

14.1.2　蓝牙 AT 指令

要实现用手机发送蓝牙信号控制单片机蓝牙控制系统，必须要学习蓝牙 AT 指令，见表 14.2～表 14.7。

1. 测试指令

表 14.2　测试指令

指　　令	响　　应	参　　数
AT	OK	无

2. 模块复位

表 14.3　模块复位

指　　令	响　　应	参　　数
AT+RESET	OK	无

3. 恢复默认状态

表 14.4　恢复默认状态

指　　令	响　　应	参　　数
AT+ORGL	OK	无

4. 设置/查询设备名称

表 14.5　设置/查询设备名称

指　　令	响　　应	参　　数
AT+NAME=<Param>	OK	Param：蓝牙设备名称 默认名称：HC-05
AT+NAME?	1. +NAME:<Param> OK----成功 2. FAIL----失败	

举例：AT＋NAME＝HC-05-9600\r\n，设置蓝牙模块设备名为 HC-05-9600。

5. 设置/查询串口参数

表 14.6　设置/查询串口参数

指　令	响　应	参　数
AT＋UART＝<Param1>，<Param2>，<Param3>	OK	Param1：波特率
AT＋UART?	＋UART＝<Param1>，<Param2>，<Param3> OK	4800、9600、19 200、38 400、57 600、115 200、23 400、460 800、921 600、1 382 400。 Param2：停止位。 0-----1 位； 1-----2 位。 Param3：校验位。 0-----None； 1-----Odd； 2-----Even。 默认：9600，0，0

举例：设置串口波特率为 115 200b/s，2 位停止位，偶校验。

```
AT + UART = 115200,1,2,\r\n
OK
AT + UART?
 + UART:115200,1,2
OK
```

6. 获取蓝牙模块工作状态

表 14.7　获取蓝牙模块工作状态

指　令	响　应	参　数
AT＋STATE?	＋STATE：<Param> OK	Param：模块工作状态。 返回值如下： INITLAIZED---初始化状态； READY---准备状态； PAIRABLE---可配对状态； PAIRED---已配对状态； INQUIRING---查询状态； CONNECTING---正在连接状态； CONNECTED---已经连接状态； DISCONNECTED---断开状态； UNKNOWN---未知状态

举例：

```
AT + STATE?
 + STATE:INITILIZED ---- 初始化状态
OK
```

14.1.3　改变蓝牙模块的波特率

刚买回来的蓝牙模块在出厂时烧录的波特率不是9600b/s，而51单片机的串通信波特率一般都是9600b/s，因此需要修改蓝牙模块的波特率，具体操作步骤如下：

(1) 将蓝牙模块与下载器按照图14.2相连，然后在按住蓝牙模块上的小按钮不松开的情况下将下载器插入计算机的USB插孔，此时蓝牙模块上的LED灯会慢闪，蓝牙模块进入AT命令模式。

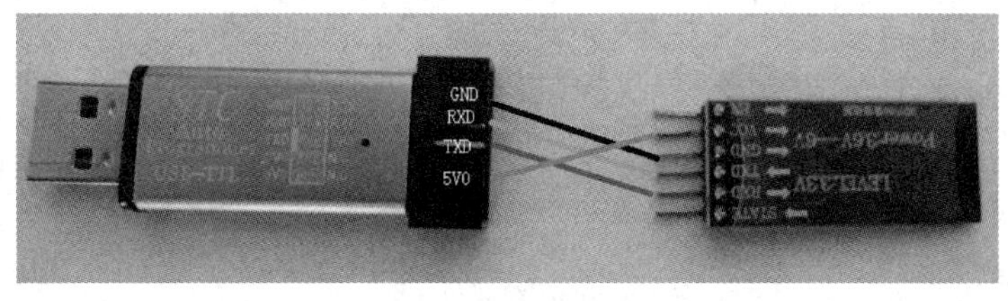

GND——GND
RXD——TXD
TXD——RXD
5V0——VCC

图14.2　蓝牙模块与下载器的连接

(2) 打开"安信可串口调试助手V1.2.3.0"，将波特率调为38 400b/s，安信可串口调试助手会自动识别插入计算机USB的下载器所用的COM号，单击"打开串口"按钮，在发送文本框内输入AT后单击"发送"按钮，此时在安信可串口的接收窗口会显示OK，然后在发送文本框内输入AT＋UART？然后单击"发送"按钮，此时接收窗口会显示当前蓝牙模块的波特率。

(3) 在发送文本框内输入AT＋UART＝9600,0,0，然后单击"发送"按钮，这样就将蓝牙模块的波特率设置成9600b/s了，最后在发送文本框内输入AT＋RESET，然后单击"发送"按钮，退出AT模式，安信可串口助手的接收窗口会显示OK，蓝牙模块上的LED灯变成快闪，至此整个改变蓝牙模块波特率的过程结束，最后拔出下载器。

14.1.4　硬件连接步骤

扫描如下二维码在手机或平板计算机端一边观看硬件连接和用万用表检测电路的视频，一边动手进行硬件连接，硬件连接完成后一定要用万用表检测一下硬件连接是否可靠，如果不可靠，一定要重新连接直至可靠无误。至此整个硬件电路的安装工作结束。接下来要做的就是编写程序了。

51单片机蓝牙控制系统硬件连接及运行视频

14.2　程序设计及下载

先将以下程序输入Keil中并编译、下载到单片机中运行，再仔细阅读程序并彻底弄懂。

14.2.1 源程序

源程序由3个文件构成，分别是lcd12864.h、lcd12864.c和main.c。

lcd12864.h文件内容：

```
#ifndef _lcd12864_H
#define _lcd12864_H
#include "reg52.h"
typedef unsigned char u8;
typedef unsigned int u16;
sbit RS = P2^1;          //12864液晶显示器的RS控制端,硬件接到P1.0,在此一定要写P1.0
sbit RW = P2^0;          //12864液晶显示器的RW控制端,硬件接到P1.1,在此一定要写P1.1
sbit E = P2^7;           //12864液晶显示器的使能控制端,硬件接到P1.2,在此一定要写P1.2
sbit ledblue = P1^1;
sbit ledgreen = P1^0;
sbit beep = P1^6;
sbit Relay = P1^2;       //连接继电器信号输入端
void delay(u16 t);
void T2_init();
void BeepOn();
void LCD_init();
void lcd_Clear();
void Write_cmd(u8 cmd);
void Write_data(u8 dat);
#endif
```

lcd12864.c文件内容：

```
#include "lcd12864.h"
/***********************************************************************
 函数名称:        delay(u16 t)
 函数功能:        产生延时
 入口参数:        t
 出口参数:        无
 备 注:
***********************************************************************/
void delay(u16 t)
{
    u8 i;
    while(t--)
    {
        for(i = 0;i < 19;i++);
    }
}

/***********************************************************************
函数名称:        Write_cmd(u8 cmd)
函数功能:        向12864液晶显示器内部写一条命令
入口参数:        cmd
出口参数:        无
备 注:          P0口是液晶显示器的数据口
***********************************************************************/
```

```
void Write_cmd(u8 cmd)
{
    RS = 0;
    RW = 0;
    P0 = cmd;
    delay(5);
    E = 1;
    delay(10);
    E = 0;
}
/*******************************************************************
函数名称:          Write_data(u8 dat)
函数功能:          向 12864 液晶显示器内部写一字节数据
入口参数:          dat
出口参数:          无
备 注:
*******************************************************************/
void Write_data(u8 dat)
{
    RS = 1;
    RW = 0;
    P0 = dat;
    delay(5);
    E = 1;
    delay(10);
    E = 0;
}
/*******************************************************************
函数名称:          LCD_init()
函数功能:          对 12864 液晶显示器初始化,为动态显示字符做准备
入口参数:          无
出口参数:          无
备 注:             参考 12864 液晶显示器的说明书
*******************************************************************/
void LCD_init()
{
  delay(400);                          //延时大于 40ms
  Write_cmd(0x30);                     //功能设置
  delay(100);                          //延时大于 100us
  Write_cmd(0x30);                     //再写一次
  delay(37);                           //延时大于 37us
  Write_cmd(0x0c);                     //显示开关控制
  delay(10);                           //延时大于 100us
  Write_cmd(0x01);                     //清除显示
  delay(100);                          //延时 10ms
  Write_cmd(0x06);                     //进入模式设置
}
```

main.c 文件内容：

```
#include "lcd12864.h"
u8 datavalue = 0;
```

```
code u8 table1[] = "开发者:魏二有 ";
code u8 table0[] = "51 单片机蓝牙系统";
code u8 table2[] = "单片机系统与应用";
code u8 table3[] = "LED 绿灯被点亮 ";
code u8 table4[] = "LED 蓝灯被点亮 ";
code u8 table6[] = "电风扇已经被打开";
code u8 table7[] = "电风扇已经被关";
code u8 table9[] = "所有设备都被打开";
code u8 table10[] = "所有设备都被关";
code u8 table5[] = "绿色 LED 被熄灭 ";
code u8 table11[] = "蓝色 LED 被熄灭 ";
code u8 table8[] = " **************** ";

/*****************************************************************************
函数名称:         BeepOn()
函数功能:         让蜂鸣器"嘟"一声
入口参数:         无
出口参数:         无
备 注:
*****************************************************************************/
void BeepOn()
{
    beep = 0;
    delay(500);
    beep = 1;
}
/*****************************************************************************
函数名称:         UsartInit()
函数功能:         初始化串口
入口参数:         无
出口参数:         无
备 注:
*****************************************************************************/
void UsartInit()
{
     TMOD = 0x20;                            //设置定时器 1 为方式 2
     TH1 = 0xFD;                             //装入初值
     TL1 = 0xFD;
     TR1 = 1;                                //启动定时器 1
     SM0 = 0;
     SM1 = 1;                                //设置串口为方式 1
     REN = 1;                                //接收使能
     EA = 1;                                 //打开总中断开关
     ES = 1;                                 //打开串口中断开关
}
/*****************************************************************************
函数名称:         display()
函数功能:         在屏幕上显示汉字
入口参数:         无
出口参数:         无
备 注:
*****************************************************************************/
void display(u8 y,u8 a[16])
```

```
{
    u8 i;
    Write_cmd(y);
    for(i = 0;i < 16;i++)
        Write_data(a[i]);
}
/**********************************************************************
 函数名称:        send()
 函数功能:        向 PC 发送数据
 入口参数:        无
 出口参数:        无
 备 注:
**********************************************************************/
void send(u8 a)
{
    ES = 0;                    //暂时关闭串行中断,否则会进入中断服务程序,a = SBUF;flag = 1;
    SBUF = a;
    while(!TI);                //如果 TI = 0,就一直等待
    TI = 0;                    //一旦 TI = 1,就把它清 0
    ES = 1;                    //闭合串行中断开关
}
/**********************************************************************
函数名称:        main()
函数功能:        主函数,进行初始化和显示固定内容
入口参数:        无
出口参数:        无
备 注:
**********************************************************************/
void main()
{
    UsartInit();
    LCD_init();
    display(0x80,table0);
    display(0x90,table8);
    display(0x98,table1);
    display(0x88,table2);
    while(1)
    {

    }
}
/**********************************************************************
函数名称:        Usart() interrupt 4
函数功能:        串口中断服务程序,接收手机 APP 发来的蓝牙信号并控制 LED 灯的亮灭
入口参数:        无
出口参数:        无
备 注:
**********************************************************************/
void Usart() interrupt 4    //串口中断服务程序
{
    datavalue = SBUF;
    RI = 0;
    BeepOn();
```

```
        switch(datavalue)
        {
            case 0:{
                ledgreen = 0;
            display(0x90,table3);
                send(datavalue);
                break;}
            case 1:{
                ledgreen = 1;
                ledblue = 1;
                Relay = 1;
            display(0x90,table10);          //关闭所有设备
                send(datavalue);
                break;}
            case 2:{
                ledblue = 0;                //点亮蓝色 LED 灯
                send(datavalue);
            display(0x90,table4);
                break;}
            case 3:{
                Relay = 0;                  //让继电器吸合,启动电风扇或点亮灯泡
                send(datavalue);
            display(0x90,table6);
                break;}
            case 4:{
                ledgreen = 1;               //熄灭绿色 LED 灯
                send(datavalue);
            display(0x90,table5);
                break;}
            case 5:{
                ledblue = 1;                //熄灭蓝色 LED 灯
                send(datavalue);
            display(0x90,table11);
                break;}
            case 6:{
                Relay = 1;                  //关电风扇或熄灭灯泡
                send(datavalue);
            display(0x90,table7);
                break;}
            case 7:{
                Relay = 0;                  //启动所有设备
                ledgreen = 0;
                ledblue = 0;
                send(datavalue);
            display(0x90,table9);
                break;}
        }
    }
```

14.2.2 手机 APP

扫描下页二维码可以得到 51 单片机蓝牙控制系统手机 APP 的安装文件。

下载安装文件

14.2.3　蓝牙控制系统的操作

首先接通51单片机蓝牙控制系统的电源，然后打开手机上的“51单片机蓝牙控制”APP，然后点击屏幕上方的“蓝牙设备选择”按钮打开蓝牙设备选择列表框，选择面包板上连接的蓝牙模块型号，选择后会听到“已经连接蓝牙”，以后APP会自动连接蓝牙，接下来点击“点亮LED1”等按钮来点亮和熄灭发光二极管。

知识点总结

本章的知识点是51单片机如何与蓝牙模块硬件连接、如何改变蓝牙模块的波特率、蓝牙AT指令、编写51单片机串口中断服务函数来接收手机APP发来的单字节数字来控制面包板上的发光二极管以及继电器，本章的重点是串口中断服务程序的编写。

扩展电路及创新提示

读者可以在面包板上接一个温度传感器，修改程序和APP，将实时温度通过蓝牙模块传到手机APP并在手机端显示温度值。

第15章 从做成一个51单片机Wi-Fi物联网控制系统来学会物联网远程控制

15.1 硬件设计及连接步骤

15.1.1 硬件设计

1. 设计思路

用一个 Wi-Fi 模块接收云端数据，云端数据是由编者开发的 APP 发送的，用一个 12864 液晶显示器作为显示装置显示物联网系统执行设备的运行情况。该系统在第 13 章硬件电路的基础上连接一个 Wi-Fi 模块即可，具体操作过程通过观看视频来详细学习。

2. 元器件清单

系统所需元器件见表 15.1。

表 15.1 所需元器件

序 号	元器件名称	型号或容量	数量/个
1	单片机	STC89C52RC DIP40	1
2	晶振	11.0592MHz	1
3	电容	30pF	2
4	液晶显示器	12864	1
5	Wi-Fi 模块	ESP-8266	1
6	电阻	1kΩ	2 或 3
7	发光二极管	两种颜色	1
8	继电器	无源 5V	1
9	小风扇套件(若改用发光二极管就改为限流电阻)	5V 直流电机、风扇(或 1kΩ 电阻)	1

15.1.2 Wi-Fi 模块改变波特率

刚买回来的 ESP-01S 在出厂时烧录的波特率是 115 200b/s，工作模式是 2，而 51 单片机的串行通信波特率一般都是 9600b/s，在单片机程序中将 Wi-Fi 的工作模式设置成 3，因此需要修改 Wi-Fi 模块的波特率和工作模式，具体操作步骤如下：

(1) 将ESP-01S模块按图15.1所示连接烧录器，也可以不用烧录器，而用下载器，Wi-Fi模块与下载器的接线如下：TX—RXD，RX—TXD，GND—GND，3.3V—3.3V，EN—3.3V。

图15.1　Wi-Fi模块连接烧录器

(2) 将烧录器(下载器)插入计算机的USB插孔，然后右击"此电脑"，双击"设备管理器"，展开"端口"，此时会显示"Silicon Labs CP210x USB to UART Bridge(COM10)"，如果不是COM10，是几就是几，记住COM后的数字。

(3) 打开"安信可串口调试助手V1.2.3.0"，将波特率调为115 200b/s，然后单击"打开串口"按钮，在发送文本框内输入AT后单击"发送"按钮，此时在安信可串口的接收窗口如果显示OK则说明它的波特率就是115 200b/s。然后在发送文本框内输入AT＋UART＝9600,8,1,0,0后单击"发送"按钮。

(4) 拔出烧录器(下载器)，再重新插入计算机的USB插孔，在"安信可调试助手"修改波特率为9600b/s，单击"打开串口"按钮，然后在"安信可串口调试助手V1.2.3.0"的发送文本框内输入"AT＋CWMODE＝3"，然后单击"发送"按钮，将ESP-01S的工作模式设置成3，这样就与STC89C52RC单片机Wi-Fi系统程序内第337条程序设置的Wi-Fi工作模式一致了。

15.1.3　硬件连接步骤

扫描如下二维码在手机或平板计算机端一边观看硬件连接和用万用表检测电路的视频，一边动手进行硬件连接，硬件连接完成后一定要用万用表检测一下硬件连接得是否可靠，如果不可靠，一定要重新连接直至可靠无误。至此整个硬件电路的安装工作结束。接下来要做的就是编写程序了。

51单片机Wi-Fi物联网实验硬件连接及运行视频

15.1.4　Wi-Fi模块AT指令简介

1. AT＋RST

功能：重启模块。

2. AT+CWMODE=<mode>

功能：

mode=1：station 模式(接收模式)。

mode=2：AP 模式(发送模式)。

mode=3：AP+station 模式。

3. AT+CWSAP=<ssid>,<pwd>,<chl>,<ecn>

功能：配置 AP 参数(指令只有在 AP 模式开启后有效)。

ssid：接入点名称。

pwd：密码。

chl：通道号。

ecn：加密方式(0-OPEN,1-WEP,2-WPA_PSK,3-WPA2_PSK,4-WPA_WPA2_PSK)。

注意：此设置完成后,连接网络会可能出现连接不上的情况,可发送 AT+RST 命令并等待几分钟之后再连接。

4. AT+CWLIF

功能：查看已接入设备的 IP。

5. AT+CIFSR

功能：查看本模块的 IP 地址。

注意：AP 模式下无效,会造成死机现象。

6. AT+CWMODE？

功能：查看本机配置模式。

7. AT+CIPMUX？

功能：查询本模块是否建立多连接。

8. AT+CIPMODE？

功能：查询本模块的传输模式。

说明：

mode=0：非透传模式；mode=1：透传模式。

9. AT+CIPMUX=1

功能：开启多连接模式。

10. AT+CIPSERVER=1,8080

功能：创建服务器。

说明：

mode=0：关闭 server 模式；mode=1：开启 server 模式。

port：端口号,默认值为 333。

说明：

(1) AT+CIPMUX=1 时才能开启服务器；关闭 server 模式需要重启。

(2) 开启 server 模式后自动建立 server 监听,当有 client 接入会自动按顺序占用一个连接。

11. AT+CIPSTART=2,"TCP","192.168.4.101",8080

功能：建立 TCP 连接。

(1) 单路连接时(+CIPMUX=0),指令为：AT+CIPSTART=<type>,<addr>,

< port >。

(2) 多路连接时(+CIPMUX=1),指令为:AT+CIPSTART=< id >,< type >,< addr >,< port >。

响应:如果格式正确且连接成功,则返回 OK,否则返回 ERROR。如果连接已经存在,则返回 ALREAY CONNECT。

说明:

id:0~4,连接的 id 号。

type:字符串参数,表明连接类型。"TCP":建立 TCP 连接;"UDP":建立 UDP 连接。

addr:字符串参数,远程服务器 IP 地址。

port:远程服务器端口号。

12. AT+CWJAP="MERSAIN","XXXXXXXX"

功能:加入当前无线网络。

指令:AT+CWJAP=< ssid >,< pwd >

说明:

ssid:字符串参数,接入点名称。

pwd:字符串参数,密码,最长 64 字节 ASCII 字符。

响应:

正确,OK;错误,ERROR。

13. AT+CWJAP?

功能:检测是否真的连上该路线网络。

指令:AT+CWJAP?

响应:返回当前选择的 AP。

```
+ CWJAP:< ssid >
OK
```

说明:

ssid:字符串参数,接入点名称。

15.2　注册巴法云并新建主题

15.2.1　注册巴法云

在百度搜索栏输入"巴法云"然后按 Enter 键,在打开的搜索结果网页中单击"巴法开放平台_巴法云_巴法物联网云平台",然后单击右上角的"注册"按钮,会弹出注册界面,如图 15.2 所示。

图 15.2　巴法云注册界面

在巴法云注册登录,即可看到自己的 UID,勾选后按 Ctrl+C 组合键复制,然后粘贴到 51 单片机程序中 #define Uid " "的双引号内。

15.2.2 创建主题

输入主题，主题可以是字母或数字或字母＋数字组合，然后单击“新建主题”按钮。

15.2.3 原理简述

利用订阅发布模式。首先在巴法云新建主题，然后通过手机 APP 向这个主题发送消息，STC89C52 在程序中订阅了这个主题，就可以收到来自巴法云这个主题的消息，也就是可以在手机端控制单片机 Wi-Fi 系统的执行设备。就像某人或某个单位向邮局订阅了一份杂志，到了发行之日，邮局就会给订阅者送来订阅了的杂志，邮局就相当于巴法云，杂志社相当于手机 APP，订阅杂志者相当于单片机。

15.3 程序设计及下载

先将以下程序输入 Keil 中并编译、下载到单片机中运行，然后扫描 15.3.2 节中的二维码得到 51 单片机 Wi-Fi 手机 APP 的安装文件，安装好以后打开 APP，点击手机 APP 上的按钮来实现远程控制。

15.3.1 源程序

源程序如下：

```
#include "reg52.h"
#include <stdio.h>
#include <string.h>      //包含头文件

typedef unsigned char u8;
typedef unsigned int u16;
sbit RS = P1^0;              //12864 液晶显示器的 RS 控制端,硬件接到 P1.0,在此一定要写 P1.0
sbit RW = P1^1;              //12864 液晶显示器的 RW 控制端,硬件接到 P1.1,在此一定要写 P1.1
sbit E = P1^2;               //12864 液晶显示器的使能控制端,硬件接到 P1.2,在此一定要写 P1.2
#define Ssid "J1B104"        //Wi-Fi 名称,修改为自己路由器的 Wi-Fi 名称
#define PassWord "15853550895"      //Wi-Fi 密码,修改为自己路由器的 Wi-Fi 密码
#define Uid "e142efd4a6ea28c2afe7f996bbf895d5"      //巴法云 UID 密钥,从控制台获取
//#define Uid "83d5437846237e8fad718db281e49896"   //巴法云 UID 密钥
#define TopicLed1 "Light001"         //巴法云控制台创建,名称自定义,APP 订阅主题要和这个推
                                     //送主题一致(如果需控制多个主题,只填其中一个即可)
#define TopicLed2 "Light002"         //巴法云控制台创建,名称自定义,APP 订阅主题要和这个推
                                     //送主题一致(如果需控制多个主题,只填其中一个即可)
#define TopicFan "ElectricFan"
sbit LED3 = P1^5;            //电源指示
sbit ledPing = P1^7;         //心跳指示
u8 xdata table1[] = "开发设计:魏二有 ";
u8 xdata table0[] = "51 单片机 Wi-Fi 实验";

/***************** 相关变量 ***************/
u8 Receive;                  //接收到的字节
u8 i,i2,count;               //定时器所用变量
u16 n;                       //接收到字节的个数
```

```
u8 flag = 0;                          //标志位,检查是否有数据通过串口发到 MCU
u8 connected = 0;                     //标志位,检查是否已连接服务器
u8 Receive_table[100];                //用于接收 Wi-Fi 模块反馈到 MCU 上的数据
sbit ledblue = P1^4;                  //灯 2(蓝色 LED 灯), 对应订阅主题 Light002
sbit ledgreen = P1^3;                 //灯 1(绿色 LED 灯), 对应订阅主题 Light001
sbit eFan = P1^6;                     //电风扇,对应订阅主题 fan

/*****************************************************************
 函数名称:        delay(u16 t)
 函数功能:        产生延时
 入口参数:        t
 出口参数:        无
 备 注:
*****************************************************************/
void delay(u16 t)
{
    u8 i;
    while(t--)
    {
        for(i = 0;i < 10;i++);
    }
}

/*****************************************************************
 函数名称:        Write_cmd(u8 cmd)
 函数功能:        向 12864 液晶显示器内部写一条命令
 入口参数:        cmd
 出口参数:        无
 备 注:           P0 口是液晶显示器的数据口
*****************************************************************/
void Write_cmd(u8 cmd)
{
    RS = 0;
    RW = 0;
    P0 = cmd;
    delay(5);
    E = 1;
    delay(10);
    E = 0;
}
/*****************************************************************
 函数名称:        Write_data(u8 dat)
 函数功能:        向 12864 液晶显示器内部写一字节数据
 入口参数:        dat
 出口参数:        无
 备 注:
*****************************************************************/
void Write_data(u8 dat)
{
    RS = 1;
    RW = 0;
    P0 = dat;
    delay(5);
```

```
    E = 1;
    delay(10);
    E = 0;
}
/*********************************************************************
 函数名称:          LCD_init()
 函数功能:          对 12864 液晶显示器初始化,为动态显示字符做准备
 入口参数:          无
 出口参数:          无
 备 注:             参考 12864 液晶显示器的说明书
*********************************************************************/
void LCD_init()
{
    delay(400);                                //延时大于 40ms
    Write_cmd(0x30);                           //功能设置
    delay(100);                                //延时大于 100us
    Write_cmd(0x30);                           //再写一次
    delay(50);                                 //延时大于 37us
    Write_cmd(0x0c);                           //显示开关控制
    delay(100);                                //延时大于 100us
    Write_cmd(0x01);                           //清除显示
    delay(100);                                //延时 10ms
    Write_cmd(0x06);                           //进入模式设置
}

/*********************************************************************
 函数名称:          ms_delay(u16 t)
 函数功能:          产生毫秒级延时
 入口参数:          t
 出口参数:          无
 备 注:
*********************************************************************/
void ms_delay(u16 t)
{
    u16 i,j;
    for(i = t;i > 0;i -- )
     for(j = 110;j > 0;j -- );
}
/*********************************************************************
 函数名称:          us_delay(u8 t)
 函数功能:          产生延时
 入口参数:          t
 出口参数:          无
 备 注:
*********************************************************************/
void us_delay(u8 t)
{
  while(t -- );
}
/*********************************************************************
 函数名称:          displayString(u8 row,u8 str[])
 函数功能:          显示字符串
 入口参数:          row,表示 12864 液晶显示器的行; str[],表示要显示的字符串数组
```

```
 出口参数:        无
 备 注:
***********************************************************************/
void displayString(u8 row,u8 str[])
{
    u8 j;
    Write_cmd(row);
    for(j = 0;j < 16;j++)
        Write_data(str[j]);
}

/***********************************************************************
 函数名称:        display0()
 函数功能:        在屏幕上显示"51 单片机 Wi - Fi 实验"
 入口参数:        无
 出口参数:        无
 备 注:
***********************************************************************/
void display0()
{
    u8 j;
    Write_cmd(0x80);
    for(j = 0;j < 16;j++)
        Write_data(table0[j]);
}
/***********************************************************************
 函数名称:        display1()
 函数功能:        在屏幕上显示"开发者:×××"
 入口参数:        无
 出口参数:        无
 备 注:
***********************************************************************/
void display1()
{
    u8 j;
    Write_cmd(0x98);
    for(j = 0;j < 16;j++)
        Write_data(table1[j]);
}
/***********************************************************************
 名称:波特率发生器函数
 作用:波特率发生器可以是用 T1 定时器实现,也可以是 MCU 内部独立的波特率发生器,具体各自不
同的载入值计算式,可根据寄存器相关设置来参考计算,以实现异步串行通信(经测试,两种设置方
式均可用,可任选一种)。
***********************************************************************/
void Uart_Init()                        //使用定时器 1 作为波特率发生器(STC89C52、
                                        //STC89C51、AT89C51 或者 STC12C560S2 等均可)
{
    TMOD = 0x21;                        //设置定时器 1 为方式 2
    TH1 = 0xFD;                         //装入初值
    TL1 = 0xFD;
    TR1 = 1;                            //启动定时器 1
    SM0 = 0;
```

```
    SM1 = 1;                            //设置串口为方式 1
    REN = 1;                            //接收使能
    EA = 1;                             //打开总中断开关
    ES = 0;                             //打开串口中断开关
    TR1 = 1;

    TH0 = 0xD8;                         //定时 10ms
    TL0 = 0xF0;
    ET0 = 1;
    TR0 = 1;
}

/**********************************************************************
 函数名称:         Send_Uart(u8 value)
 函数功能:         MCU 向其他与其连接的设备发送数据(此处是 Wi-Fi 模块 ESP8266)
 入口参数:         value
 出口参数:         无
 备 注:
**********************************************************************/
void Send_Uart(u8 value)
{
    ES = 0;                             //关闭串口中断
    TI = 0;                             //清发送完毕中断请求标志位
    SBUF = value;                       //发送
    while(TI == 0);                     //等待发送完毕
    TI = 0;                             //清发送完毕中断请求标志位
    ES = 1;                             //允许串口中断
}

/**********************************************************************
 函数名称:         SerialSend(u8 *puf)
 函数功能:         通过串口发送指令到 Wi-Fi 模块,以便可以实现无线接入和控制,带回车换行
 入口参数:         *puf,指向字符串数组
 出口参数:         无
 备 注:
**********************************************************************/
void SerialSend(u8 *puf)                //数组指针 *puf 指向字符串数组
{
    while(*puf!= '\0')                  //遇到空格跳出循环
    {
        Send_Uart(*puf);                //向 Wi-Fi 模块发送控制指令
        us_delay(5);
        puf++;
    }
    us_delay(5);
    Send_Uart('\r');                    //回车
    us_delay(5);
    Send_Uart('\n');                    //换行
}
/**********************************************************************
 函数名称:         SerialSend_byte(u8 *puf)
 函数功能:         通过串口发送指令到 Wi-Fi 模块,不带回车换行
 入口参数:         *puf,指向字符串数组
```

```
 出口参数:          无
 备 注:
*************************************************************************/
void SerialSend_byte(u8 * puf)              //数组指针 * puf 指向字符串数组
{
    while( * puf!= '\0')                    //遇到空格跳出循环
    {
        Send_Uart( * puf);                  //向 Wi - Fi 模块发送控制指令
        us_delay(5);
        puf++;
    }
}
/*************************************************************************
 函数名称:          Ping(void)
 函数功能:          发送心跳.如果一分钟内不发送心跳,服务器就会认为设备掉线
 入口参数:          无
 出口参数:          无
 备 注:
*************************************************************************/
void Ping()
{
  SerialSend("cmd = 0&msg = ping");         //发送心跳
}
/*************************************************************************
 函数名称:          connect_topic(u8 x)
 函数功能:          发送订阅指令,原格式为 cmd = 1&uid = *** UID *** &topic = *** Topic ***
 入口参数:          x
 出口参数:          无
 备 注:
*************************************************************************/
void connect_topic(u8 x)
{
    SerialSend_byte("cmd = 1&uid = ");
    SerialSend_byte(Uid);
    SerialSend_byte("&topic = ");

    //************ 根据订阅的主题数目增减 else if 语句 ************
    if(x == 1){
        SerialSend_byte(TopicLed1);
    } else if(x == 2){
        SerialSend_byte(TopicLed2);
    }else if(x == 3){
        SerialSend_byte(TopicFan);
    }
    us_delay(5);
    Send_Uart('\r');                        //回车
    us_delay(5);
    Send_Uart('\n');                        //换行
}
/*************************************************************************
 函数名称:          connect_bemfa(void)
 函数功能:          连接巴法云
 入口参数:          无
```

```
 出口参数:          无
 备 注:
******************************************************************************/
void connect_bemfa()
{
    SerialSend("AT + CIPMODE = 1");         //开启透明传输模式
    ms_delay(1000);
    SerialSend("AT + CIPSTART = \"TCP\",\"bemfa.com\",8344");     //连接服务器和端口
    ms_delay(1000);
    SerialSend("AT + CIPSEND");             //进入透明传输模式,下面发的数据都会无条件传输
    ms_delay(1000);

    //************* 可以连接多个订阅主题 *************
    connect_topic(1);                       //连接第 1 个订阅主题
    ms_delay(1000);
    connect_topic(2);                       //连接第 2 个订阅主题
    ms_delay(1000);
    connect_topic(3);                       //连接第 2 个订阅主题
    ms_delay(1000);
    connected = 1;                          //表示连接成功,可以发送数据了
}
/******************************************************************************
 函数名称:          main()
 函数功能:          主函数
 入口参数:          无
 出口参数:          无
 备 注:
******************************************************************************/
void main()
{
     Uart_Init();
     LCD_init();
     display0();                            //在屏幕上显示"51 单片机 Wi - Fi 实验"
     display1();                            //在屏幕上显示"开发者:魏二有"
     displayString(0x88,"用手机 APP 来控制");
      displayString(0x90,"****************");
      memset(Receive_table,'\0',sizeof Receive_table);     //重置数组
      ms_delay(200);
      SerialSend("AT + RST");               //重新启动 Wi - Fi 模块
      ms_delay(500);
      SerialSend("AT");                     //重新启动 Wi - Fi 模块
      ms_delay(500);
      SerialSend("AT + CWMODE = 3");        //设置路由器模式.1: station 模式; 2: AP 路由器模
                                            //式; 3: station + AP 混合模式
      ms_delay(1000);
      SerialSend("AT + CWJAP = \""Ssid"\",\""PassWord"\"");     //设置模块 SSID:Wi - Fi,
      //PWD:密码及安全类型加密模式(WPA2 - PSK)
      ms_delay(8000);
      connect_bemfa();                      //连接巴法云服务器
      if(connected == 1) {LED3 = 0;displayString(0x90,"已经连接上了云端");}
      //如果 LED3 亮则说明连接巴法云服务器成功
    while(1)
    {
```

```
        if(flag == 1)
        {
            if(strstr(Receive_table,"Light001&msg = on")){
            //当检测到字符串 msg = on 时,执行开灯
                    ledgreen = 0;                               //引脚置高电平
                    displayString(0x90,"绿色 LED 灯被点亮");
            } else if(strstr(Receive_table,"Light001&msg = off")){
            //当检测到字符串 msg = off 时,执行关灯
                    ledgreen = 1;                               //引脚置低电平
                    displayString(0x90,"绿色 LED 灯被熄灭");
            } else if(strstr(Receive_table,"Light002&msg = on")){
                    ledblue = 0;
                    displayString(0x90,"蓝色 LED 灯被点亮 ");
            } else if(strstr(Receive_table,"Light002&msg = off")){
                    ledblue = 1;
                    displayString(0x90,"蓝色 LED 灯被熄灭 ");
            } else if(strstr(Receive_table,"ElectricFan&msg = on")){
                    eFan = 0;
                    displayString(0x90,"电风扇已经被打开");
            } else if(strstr(Receive_table,"ElectricFan&msg = off")){
                    eFan = 1;
                    displayString(0x90,"电风扇已经被关");
            }
            else if(strstr(Receive_table,"ERROR")){
            //如果掉线或网络故障,重新连接
                    connect_bemfa();                            //连接巴法云服务器
            }
            memset(Receive_table,'\0',sizeof Receive_table); //重置数组
            flag = 0;
        }
    }
}
/**************************************************************************
 函数名称:        Uart_Interrupt(),串口中断服务函数
 函数功能:        发送或接收结束后进入该函数,对相应的标志位清 0, 实现模块对数据正常的收发
 入口参数:        无
 出口参数:        无
 备 注:
**************************************************************************/
void Uart_Interrupt() interrupt 4
{
        if(RI == 1)
        {
                RI = 0;
                Receive = SBUF;         //MCU 接收 Wi - Fi 模块反馈回来的数据
                Receive_table[i] = Receive;
                i++;
                if((Receive == '\n')){
                    i = 0;
                    flag = 1;
                    //LED3 = 1;
                }
        }
```

```
        else {TI = 0;}
    }
/**********************************************************************
    函数名称:        timer0isr(),定时器 0 中断服务函数
    函数功能:        定时发送心跳,如果一分钟内不发送数据,服务器就会认为设备掉线
    入口参数:        无
    出口参数:        无
    备 注:
**********************************************************************/
void timer0isr() interrupt 1
{
        TH0 = 0xD8;
        TL0 = 0xF0;
        i2++;
        if(i2 == 100)                       //定时器 0 中断 100 次经历了 1s
        {
                i2 = 0;
                count++;
                if(count >= 10)             //40s,可自行修改
                {
                    if(connected == 1){
                            Ping();         //发送心跳
                            ledPing = !ledPing;
                    }
                    count = 0;
                }
        }
}
```

15.3.2 手机 APP

扫描如下二维码可以得到 51 单片机 Wi-Fi 手机 APP 的安装文件。

下载安装文件

15.3.3 Wi-Fi 远程控制系统的操作

首先接通 51 单片机 Wi-Fi 物联网控制系统的电源,然后打开手机上的“51 单片机 Wi-Fi 物联网控制”APP,APP 会自动连接云端,接下来点击“点亮 LED1”等按钮来实现对发光二极管和小电风扇的控制。

知识点总结

本章的知识点包括 51 单片机如何与 Wi-Fi 模块硬件连接,如何改变 Wi-Fi 模块的波特率和工作模式,Wi-Fi AT 指令,编写 51 单片机串口中断服务函数来接收手机 APP 发来的

单字节数字以控制面包板上的发光二极管以及继电器,本章的重点是串口中断服务程序的编写。

扩展电路及创新提示

读者可以不用巴法云,而用阿里云、华为云或者中国移动 ONE NET 云来实现 51 单片机 Wi-Fi 物联网,也可以尝试在面包板上接一个温度传感器,修改程序和 APP 将实时温度通过云传到手机 APP。

ASCII码表

八进制	十六进制	十进制	字符	八进制	十六进制	十进制	字符
00	00	0	nul	40	20	32	sp
01	01	1	soh	41	21	33	!
02	02	2	stx	42	22	34	″
03	03	3	etx	43	23	35	#
04	04	4	eot	44	24	36	$
05	05	5	enq	45	25	37	%
06	06	6	ack	46	26	38	&
07	07	7	bel	47	27	39	`
10	08	8	bs	50	28	40	(
11	09	9	ht	51	29	41	)
12	0a	10	nl	52	2a	42	*
13	0b	11	vt	53	2b	43	+
14	0c	12	ff	54	2c	44	,
15	0d	13	er	55	2d	45	—
16	0e	14	so	56	2e	46	.
17	0f	15	si	57	2f	47	/
20	10	16	dle	60	30	48	0
21	11	17	dc1	61	31	49	1
22	12	18	dc2	62	32	50	2
23	13	19	dc3	63	33	51	3
24	14	20	dc4	64	34	52	4
25	15	21	nak	65	35	53	5
26	16	22	syn	66	36	54	6
27	17	23	etb	67	37	55	7
30	18	24	can	70	38	56	8
31	19	25	em	71	39	57	9
32	1a	26	sub	72	3a	58	:
33	1b	27	esc	73	3b	59	;
34	1c	28	fs	74	3c	60	<
35	1d	29	gs	75	3d	61	=
36	1e	30	re	76	3e	62	>
37	1f	31	us	77	3f	63	?

续表

八进制	十六进制	十进制	字符	八进制	十六进制	十进制	字符
100	40	64	@	140	60	96	'
101	41	65	A	141	61	97	a
102	42	66	B	142	62	98	b
103	43	67	C	143	63	99	c
104	44	68	D	144	64	100	d
105	45	69	E	145	65	101	e
106	46	70	F	146	66	102	f
107	47	71	G	147	67	103	g
110	48	72	H	150	68	104	h
111	49	73	I	151	69	105	i
112	4a	74	J	152	6a	106	j
113	4b	75	K	153	6b	107	k
114	4c	76	L	154	6c	108	l
115	4d	77	M	155	6d	109	m
116	4e	78	N	156	6e	110	n
117	4f	79	O	157	6f	111	o
120	50	80	P	160	70	112	p
121	51	81	Q	161	71	113	q
122	52	82	R	162	72	114	r
123	53	83	S	163	73	115	s
124	54	84	T	164	74	116	t
125	55	85	U	165	75	117	u
126	56	86	V	166	76	118	v
127	57	87	W	167	77	119	w
130	58	88	X	170	78	120	x
131	59	89	Y	171	79	121	y
132	5a	90	Z	172	7a	122	z
133	5b	91	[	173	7b	123	{
134	5c	92	\	174	7c	124	|
135	5d	93	]	175	7d	125	}
136	5e	94	^	176	7e	126	~
137	5f	95	_	177	7f	127	del

附录B 单片机C51编程规范

1. 单片机 C51 编程规范——数据类型定义

编程时统一采用下述新类型名的方式来定义数据类型。

建立一个 datatype.h 文件，在该文件中进行如下定义：

```
typedef bit BOOL;                        //位变量
typedef unsigned char INT8U;             //无符号 8 位字符型变量
typedef signed char INT8S;               //有符号 8 位字符型变量
typedef unsigned int INT16U;             //无符号 16 位整型变量
typedef signed int INT16S;               //有符号 16 位整型变量
typedef unsigned long INT32U;            //无符号 32 位整型变量
typedef signed long INT32S;              //有符号 32 位整型变量
typedef float FP32;                      //单精度浮点数(32 位长度)
typedef double FP64;                     //双精度浮点数(64 位长度)
```

2. 单片机 C51 编程规范——标识符命名

1）命名基本原则

命名要清晰明了，有明确含义，使用完整单词或约定俗成的缩写。通常，较短的单词可通过去掉元音字母形成缩写；较长的单词可取单词的头几个字母形成缩写。即命名要“见名知意”。

命名风格要自始至终保持一致。

命名中若使用特殊约定或缩写，要有注释说明。

除了编译开关/头文件等特殊应用外，应避免使用以下画线开始和以/或结尾的定义。

同一软件产品内模块之间接口部分的标识符名称之前加上模块标识。

2）宏和常量命名

宏和常量用全部大写字母来命名，词与词之间用下画线分隔。对程序中用到的数字均应用有意义的枚举或宏来代替。

3）变量命名

变量名用小写字母命名，每个词的第一个字母大写。类型前缀（u8\s8 等）全局变量另加前缀 g_。

局部变量应简明扼要。局部循环体控制变量优先使用 i、j、k 等；局部长度变量优先使用 len、num 等；临时中间变量优先使用 temp、tmp 等。

4）函数命名

函数名用小写字母命名，每个词的第一个字母大写，并将模块标识加在最前面。

5）文件命名

一个文件包含一类功能或一个模块的所有函数，文件名称应清楚表明其功能或性质。

每个.c 文件应该有一个同名的.h 文件作为头文件。

3. 单片机 C51 编程规范——注释

1）注释基本原则

有助于对程序的阅读理解，说明程序在“做什么”，解释代码的目的、功能和采用的方法。

一般情况下源程序有效注释量在 30%左右。

注释语言必须准确、易懂、简洁。

边写代码边注释，修改代码的同时修改相应的注释，不再有用的注释要删除。

2）文件注释

文件注释必须说明文件名、函数功能、创建人、创建日期、版本信息等相关信息。

修改文件代码时，应在文件注释中记录修改日期、修改人员，并简要说明此次修改的目的。所有修改记录必须保持完整。

文件注释放在文件顶端，用""格式包含。

注释文本每行缩进 4 个空格；每个注释文本分项名称应对齐。

3）函数注释

(1) 函数头部注释。

函数头部注释应包括函数名称、函数功能、入口参数和出口参数等内容。如有必要还可增加作者、创建日期、修改记录(备注)等相关项目。

函数头部注释放在每个函数的顶端，用/ * … * /的格式包含。其中，函数名称应简写为 FunctionName()，不加入口、出口参数等信息。

(2) 代码注释。

代码注释应与被注释的代码紧邻，尽量放在其上方或右方。如果放于上方则需与其上面的代码用空行隔开。一般少量注释应该添加在被注释语句的行尾，一个函数内的多个注释左对齐；较多注释则应加在上方且注释行与被注释的语句左对齐。

代码注释用“//…”的格式。

通常，分支语句(条件分支、循环语句等)必须编写注释。其程序块结束行“}”的右方应加表明该程序块结束的标记“end of …”，尤其在多重嵌套时。

4）变量、常量、宏的注释

同一类型的标识符应集中定义，并在定义之前一行对其共性加以统一注释。对单个标识符的注释加在定义语句的行尾。

全局变量一定要有详细的注释，包括其功能、取值范围、哪些函数或过程存取它以及存取时的注意事项等。

注释用“//…”的格式。

4. 单片机 C51 编程规范——函数

1）设计原则

(1) 函数的基本要求。

正确性：程序要实现设计要求的功能。

稳定性和安全性：程序运行稳定、可靠、安全。

可测试性：程序便于测试和评价。

规范/可读性：程序书写风格、命名规则等符合规范。

扩展性：代码为下一次升级扩展留有空间和接口。

局部效率：某个模块/子模块/函数的本身效率高。

(2) 编制函数的基本原则。

单个函数的规模尽量限制在200行以内(不包括注释和空行)。一个函数只完成一个功能。

函数局部变量的数目一般为5～10个。

函数内部局部变量定义区和功能实现区(包含变量初始化)之间空一行。

函数名应准确描述函数的功能。通常使用动宾词组为执行某操作的函数命名。

函数的返回值要清楚明了,尤其是出错返回值的意义要准确无误。

不要把与函数返回值类型不同的变量,以编译系统默认的转换方式或强制的转换方式作为返回值返回。

减少函数本身或函数间的递归调用。

尽量不要将函数的参数作为工作变量。

2) 函数定义

函数若没有入口参数或者出口参数,则应用void明确声明。

函数名称与出口参数类型定义间应该空一格且只空一格。

函数名称与括号"()"之间无空格。

函数形参必须给出明确的类型定义。

对于多个形参的函数,后一个形参与前一个形参的逗号分隔符之间添加一个空格。

函数体的前后花括号"{""}"各独占一行。

3) 局部变量定义

同一行内不要定义过多变量。

同一类的变量在同一行内定义,或者在相邻行定义。

先定义data型变量,然后定义idata型变量,再定义xdata型变量。

数组、指针等复杂类型的定义放在定义区的最后。

变量定义区不做较复杂的变量赋值。

4) 功能实现区规范

一行只写一条语句。

注意运算符的优先级,并用括号明确表达式的操作顺序,避免使用默认优先级。

各程序段之间使用一个空行分隔,加以必要的注释。程序段指能完成一个较具体的功能的一行或多行代码。程序段内的各行代码之间相互依赖性较强。

不要使用难懂的、技巧性很强的语句。

源程序中关系较为紧密的代码应尽可能相邻。

完成简单功能、关系非常密切的一条或几条语句可编写为函数或定义为宏。

5. 单片机C51编程规范——排版

1) 缩进

代码的每一级均往右缩进4个空格的位置。

2）分行

过长的语句（超过80个字符）要分成多行书写；长表达式要在低优先级操作符处划分新行，操作符放在新行之首，划分出的新行要进行适当的缩进，使排版整齐、语句可读。避免把注释插入分行中。

3）空行

文件注释区、头文件引用区、函数间应该有且只有一行空行。

相邻函数之间应该有且只有一行空行。

函数体内相对独立的程序块之间可以用一行空行或注释来分隔。

函数注释和对应的函数体之间不应该有空行。

文件末尾有且只有一行空行。

4）空格

函数语句尾部或者注释之后不能有空格。

括号内侧（即左括号后面和右括号前面）不加空格，多重括号间不加空格。

函数形参之间应该有且只有一个空格（形参逗号后面加空格）。

同一行中定义的多个变量间应该有且只有一个空格（变量逗号后面加空格）。

表达式中若有多个操作符连写的情况，应使用空格将它们分隔。

（1）在两个以上的关键字、变量、常量进行对等操作时，它们之间的操作符前后均加一个空格；对两个以上的关键字、变量、常量进行非对等操作时，其前后均不应加空格。

逗号只在后面加空格。

（2）双目操作符，如比较操作符、赋值操作符“＝”“＋＝”、算术操作符“＋”“％”、逻辑操作符“&&”“&”、位操作符“<<”“^”等，前后均加一个空格。

（3）单目操作符，如“!”“～”“＋＋”“－”“&”（地址运算符）等，前后不加空格。

（4）“->”“.”前后不加空格。

（5）if、for、while、switch 等关键字与后面的括号间加一个空格。

5）花括号

if、else if、else、for、while 语句无论其执行体是一条语句还是多条语句都必须加花括号，且左右花括号各独占一行。

```
if()
{
…
}
else
{
…
}
```

do…while 结构中，do 和“{”均各占一行，“}”和“while()；”共同占用一行。

```
do
{
…
}while();
```

6）switch语句

每个case和其判据条件独占一行。

每个case程序块需用break结束。特殊情况下需要从一个case程序块顺序执行到下一个case程序块时除外，但需要在交界处明确注释如此操作的原因，以防止出错。

case程序块之间空一行，且只空一行。

每个case程序块的执行语句保持4个空格的缩进。

一般情况下都应该包含default分支。

```
switch()
{
 case x: …
       break;
 case x: …
       break;
 default: …
       break;
}
```

6. 单片机C51编程规范——程序结构

1）基本要求

有main()函数的.c文件应将main()放在最前面，并明确用void声明参数和返回值。

对由多个.c文件组成的模块程序或完整监控程序，建立公共引用头文件，将需要引用的库头文件、标准寄存器定义头文件、自定义的头文件、全局变量等均包含在内，供每个文件引用。通常，标准函数库头文件采用尖角号“<>”标志文件名，自定义头文件采用双撇号“""”标志文件名。

每个.c文件有一个对应的.h文件，.c文件的注释之后首先定义一个唯一的文件标志宏，并在对应的.h文件中解析该标志。

在.c文件中：

```
#define FILE_FLAG
```

在.h文件中：

```
#ifdef FILE_FLAG
#define XXX
#else
#define XXX extern
#endif
```

对于确定只被某个.c文件调用的定义可以单独列在一个头文件中单独调用。

2）可重入函数

可重入函数中若使用了全局变量，则应通过关中断、信号量等操作手段对其加以保护。

3）函数的形参

由函数调用者负责检查形参的合法性。

尽量避免将形参作为工作变量使用。

4）循环

尽量减少循环嵌套层数。

在多重循环中，应将最忙的循环放在最内层。

循环体内工作量最小。

尽量避免循环体内含有判断语句。

7．在C51中变量的空间分配几个方法

（1）data区空间小，所以只有频繁用到或对运算速度要求很高的变量才放到data区内，例如for循环中的计数值。

（2）data区内最好放局部变量。

因为局部变量的空间是可以覆盖的（某个函数的局部变量空间在退出该函数时就释放，由别的函数的局部变量覆盖），可以提高内存利用率。当然静态局部变量除外，其内存使用方式与全局变量相同。

（3）确保你的程序中没有未调用的函数。

在Keil C中遇到未调用函数，编译器就将其认为是中断函数。函数中用的局部变量的空间是不释放的，也就是同全局变量一样处理。

（4）程序中遇到的逻辑标志变量可以定义到bdata中，这样可以大大降低内存占用空间。

在51系列芯片中有16字节位寻址区bdata，其中可以定义8×16＝128个逻辑变量。定义方法是：bdata bit LedState;，但位类型不能用在数组和结构体中。

（5）其他不频繁用到和对运算速度要求不高的变量都放到xdata区。

（6）如果想节省data空间就必须用large模式，将未定义内存位置的变量全放到xdata区。当然最好对所有变量都指定内存类型。

（7）当使用到指针时，要指定指针指向的内存类型。

在C51中未定义指向内存类型的通用指针占用3字节；而指定指向data区的指针只占1字节；指定指向xdata区的指针占2字节。如指针p是指向data区，则应定义为：char data *p;。还可指定指针本身的存放内存类型，如：char data * xdata p;，其含义是指针p指向data区变量，而其本身存放在xdata区。

附录C C51库函数

C51 软件包的库包含标准的应用程序，每个函数都在相应的头文件(.h)中有原型声明。如果使用库函数，则必须在源程序中用预编译指令定义与该函数相关的头文件(包含了该函数的原型声明)。例如：#include<xxx.h>，如果省掉头文件，编译器则期望标准的 C 参数类型，从而不能保证函数的正确执行。

C.1 字符函数

要使用字符函数，必须要包含 ctype.h 头文件，即 #include<ctype.h>，在 ctype.h 头文件中包含下列库函数：

函数名：isalpha

原　型：extern bit isalpha(char)

功　能：检查传入的字符是否位于'A'～'Z'和'a'～'z'，如果为真则返回值为 1，否则为 0。

函数名：isalnum

原　型：extern bit isalnum(char)

功　能：检查字符是否位于'A'～'Z'、'a'～'z'或'0'～'9'，若为真则返回值为 1，否则为 0。

函数名：iscntrl

原　型：extern bit iscntrl(char)

功　能：检查字符是否位于 0x00～0x1F 或 0x7F，若为真返回值为 1，否则为 0。

函数名：isdigit

原　型：extern bit isdigit(char)

功　能：检查字符是否位于'0'～'9'，若为真则返回值为 1，否则为 0。

函数名：isgraph

原 型：extern bit isgraph(char)

功 能：检查变量是否为可打印字符，可打印字符的值域为 0x21～0x7E。若为可打印，返回值为 1，否则为 0。

函数名：isprint

原　型：extern bit isprint(char)

功　能：除与 isgraph()函数相同外，还接受空格字符(0X20)。

函数名：ispunct

原　型：extern bit ispunct(char)

功　能：检查字符是否位为标点或空格。如果该字符是个空格或 32 个标点和格式字符之一(假定使用 ASCII 字符集中 128 个标准字符)，则返回值为 1，否则为 0。

函数名：islower

原　型：extern bit islower(char)

功　能：检查字符变量是否位于'a'～'z'，若为真则返回值为 1，否则为 0。

函数名：isupper

原　型：extern bit isupper(char)

功　能：检查字符变量是否位于'A'～'Z'，若为真则返回值为 1，否则为 0。

函数名：isspace

原　型：extern bit isspace(char)

功　能：检查字符变量是否为下列之一：空格、制表符、回车、换行、垂直制表符和送纸。若为真则返回值为 1，否则为 0。

函数名：isxdigit

原　型：extern bit isxdigit(char)

功　能：检查字符变量是否位于'0'～'9'、'A'～'F'或'a'～'f'，若为真则返回值为 1，否则为 0。

函数名：toascii

原　型：toascii(c)((c)&0x7F)；

功　能：该宏将任何整型值缩小到有效的 ASCII 范围内，它将变量和 0x7F 相与从而去掉低 7 位以上所有数位。

函数名：toint

原　型：extern char toint(char)

功　能：将 ASCII 字符转换为十六进制，返回值 0～9 由 ASCII 字符'0'～'9'得到，10～15 由 ASCII 字符'a'～'f'(与大小写无关)得到。

函数名：tolower

原　型：extern char tolower(char)

功　能：将字符转换为小写形式，如果字符变量不位于'A'～'Z'，则不进行转换，返回该字符。

函数名：_tolower
原　型：tolower(c)；(c-'A'＋'a')
功　能：该宏将 0x20 参量值逐位相或。

函数名：toupper
原　型：extern char toupper(char)
功　能：将字符转换为大写形式，如果字符变量不位于'a'～'z'，则不进行转换，返回该字符。

函数名：_toupper
原　型：_toupper(c)；((c)-'a'＋'A')
功　能：将 c 与 0xDF 逐位相与。

C.2　一般 I/O 函数

如果想在程序中使用一般 I/O 函数，就得包含 stdio. h 头文件。C51 编译器包含字符 I/O 函数，它们通过处理器的串行接口操作，为支持其他 I/O 机制，只需修改 getkey()和 putchar()函数，其他所有 I/O 支持函数依赖这两个模块，不需要改动。在使用 8051 串行口之前，必须将它们初始化，下面以 2400b/s、12MHz 初始化串口：

```
SCON = 0x52
TMOD = 0x20
TR1 = 1
TH1 = 0Xf3
```

其他工作模式和波特率等细节问题可以从 8051 用户手册中得到。
函数名：_getkey
原　型：extern char _getkey()；
功　能：从 8051 串口读入一个字符，然后等待字符输入。这个函数是改变整个输入端口机制应进行修改的唯一一个函数。

函数名：getchar
原　型：extern char _getchar()；
功　能：使用_getkey 从串口读入字符，除了读入的字符外马上传给 putchar()函数以作为响应外，功能与_getkey()函数相同。

函数名：gets
原　型：extern char * gets(char * s，int n)；

功　能：通过 getchar 从控制台设备读入一个字符送入由's'指向的数据组。考虑 ANSI 标准的建议，限制每次调用时能读入的最大字符数，函数提供了一个字符计数器'n'，在所有情况下，当检测到换行符时，放弃字符输入。

函数名：ungetchar

原　型：extern char ungetchar(char)；

功　能：将输入字符推回输入缓冲区，因此下次 gets()函数或 getchar()函数可用该字符。该函数调用成功时返回'char'，调用失败时返回 EOF。不能用 ungetchar()函数处理多个字符。

函数名：_ungetchar

原　型：extern char _ungetchar(char)；

功　能：将传入字符送回输入缓冲区并将其值返回给调用者，下次使用 getkey()函数时可获得该字符，写回多个字符是不可能实现的。

函数名：putchar

原　型：extern putchar(char)；

功　能：通过 8051 串口输出'char'。和 getkey()函数一样，putchar()函数是改变整个输出机制所需修改的唯一一个函数。

函数名：printf

原　型：extern int printf(const char * ,…)；

功　能：以一定格式通过 8051 串口输出数值和串，返回值为实际输出的字符数，参数可以是指针、字符或数值，第一个参数是格式串指针。

函数名：sprintf

原　型：extern int sprintf(char * s,const char * ,…)；

功　能：与 printf()函数相似，但输出不显示在控制台上，而是通过一个指针 S，送入可寻址的缓冲区。

注：sprintf()函数允许输出的参量总字节数与 printf()函数完全相同。

函数名：puts

原　型：extern int puts(const char * ,…)；

功　能：puts 将串's'和换行符写入控制台设备，错误时返回 EOF，否则返回一个非负数。

函数名：scanf

原　型：extern int scanf(const char * ,…)；

功　能：在格式串控制下，利用 getchar()函数由控制台读入数据，每遇到一个值(符号格式串规定），就将它按顺序赋给每个参数，注意每个参数必须都是指针。scanf()函数返回它所发现并转换的输入项数。若遇到错误则返回EOF。格式串包括1空格、制表符等，这些空白字符被忽略。字符：除需匹配的'%'(格式控制字符)外。转换指定字符'%'：后随几个可选字符；赋值抑制符'*'：一个指定最大域宽的数。

函数名：sscanf

原　型：extern int sscanf(const *s,const char*,…);

功　能：与scanf()函数方式相似，但串输入不是通过控制台而是通过另一个以空字符结束的指针。

注：sscanf()函数的参数允许的总字节数由C51库限制，这是因为8051处理器结构内存的限制，在SMALL和COMPACT模式，最大允许15字节参数(即至多5个指针，或2个指针，2个长整型或1个字符型)的传递。在LARGE模式下，最大允许传送40字节的参数。

C.3 串函数

如果想在程序中使用串函数，就得包含string.h头文件。串函数通常将指针串作为输入值。一个串就包括2个或多个字符。串结尾以空字符表示。在函数memcmp()、memcpy()、memchr()、memccpy()、memmove()和memset()中，串长度由调用者明确规定，使这些函数可工作在任何模式下。

函数名：memchr

原　型：extern void *memchr(void *s1,char val,int len);

功　能：memchr顺序搜索s1中的len个字符找出字符val，成功时返回s1中指向val的指针，失败时返回NULL。

函数名：memcmp

原　型：extern char memcmp(void *s1,void *s2,int len);

功　能：逐个字符比较串s1和s2的前len个字符。若相等则返回0，如果串s1大于或小于s2，则相应返回一个正数或负数。

函数名：memcpy

原　型：extern void *memcpy(void *dest,void *src,int len);

功　能：由src所指内存中复制len个字符到dest中，返回指向dest中的最后一个字符的指针。如果src和dest发生交迭，则结果是不可预测的。

函数名：memccpy

原　型：extern void *memccpy(void *dest,void *src,char val,int len);

功　能：复制src中len个字符到dest中，如果实际复制了len个字符则返回NULL。复制过程在复制完字符val后停止，此时返回指向dest中下一个元素的指针。

函数名：memmove

原　型：extern void ＊memmove(void ＊dest,void ＊src,int len)；

功　能：工作方式与memcpy()函数相同，但复制区可以交迭。

函数名：memset

原　型：extern void ＊memset(void ＊s,char val,int len)；

功　能：将val值填充指针s中len个单元。

函数名：strcat

原 型：extern char ＊strcat(char ＊s1,char ＊s2)；

功 能：将串s2复制到串s1结尾。它假定s1定义的地址区足以接收两个串。返回指针指向s1串的第一个字符。

函数名：strncat

原　型：extern char ＊strncat(char ＊s1,char ＊s2,int n)；

功　能：复制串s2中n个字符到串s1结尾。如果s2的长度比n小，则只复制s2。

函数名：strcmp

原　型：extern char strcmp(char ＊s1,char ＊s2)；

功　能：比较串s1和串s2，如果相等则返回0，如果s1>s2则返回一个正数。

函数名：strncmp

原　型：extern char strncmp(char ＊s1,char ＊s2,int n)；

功　能：比较串s1和s2中前n个字符，返回值与strcmp()函数相同。

函数名：strcpy

原　型：extern char ＊strcpy(char ＊s1,char ＊s2)；

功　能：将串s2包括结束符复制到s1，返回指向s1的第一个字符的指针。

函数名：strncpy

原　型：extern char ＊strncpy(char ＊s1,char ＊s2,int n)；

功　能：与strcpy()函数相似，但只复制n个字符。如果s2的长度小于n，则s1串以'0'补齐到长度n。

函数名：strlen

原　型：extern int strlen(char ＊s1)；

功　能：返回串s1的字符个数(包括结束字符)。

函数名：strchr，strpos

原　型：extern char * strchr(char * s1,char c)；

　　　　extern int strpos(char * s1,char c)；

功　能：strchr搜索s1串中第一个出现的'c'字符，如果成功，则返回指向该字符的指针，搜索的字符也包括结束符。若搜索到一个空字符则返回指向空字符的指针而不是空指针。strpos()函数与strchr()函数相似，但它返回字符在串中的位置或－1，s1串的第一个字符位置是0。

函数名：strrchr，strrpos

原　型：extern char * strrchr(char * s1,char c)；

　　　　extern int strrpos(char * s1,char c)；

功　能：strrchr()函数搜索s1串中最后一个出现的'c'字符，如果成功，则返回指向该字符的指针，否则返回NULL。对s1串搜索也是返回指向字符的指针而不是空指针。strrpos()函数与strrchr()函数相似，但它返回字符在串中的位置或－1。

函数名：strspn，strcspn，strpbrk，strrpbrk

原　型：extern int strspn(char * s1,char * set)；

　　　　extern int strcspn(char * s1,char * set)；

　　　　extern char * strpbrk(char * s1,char * set)；

　　　　extern char * strpbrk(char * s1,char * set)；

功　能：strspn()函数搜索s1串中第一个不包含在set中的字符，返回值是s1中包含在set中字符的个数。如果s1中所有字符都包含在set中，则返回s1的长度(包括结束符)。如果s1是空串，则返回0。strcspn()函数与strspn()函数类似，但它搜索的是s1串中的第一个包含在set中的字符。strpbrk()函数与strspn()函数很相似，但它返回指向搜索到字符的指针，而不是个数，如果未找到，则返回NULL。strrpbrk()函数与strpbrk()函数相似，但它返回s1中指向找到的set字集中最后一个字符的指针。

C.4 标准函数

要使用标准函数必须要包含stdlib.h头文件。

函数名：atof

原　型：extern double atof(char * s1)；

功　能：将s1串转换为浮点值并返回它。输入串必须包含与浮点值规定相符的数。C51编译器对数据类型float和double相同对待。

函数名：atol

原　型：extern long atol(char * s1)；

功　能：将s1串转换为一个长整型值并返回它。输入串必须包含与长整型值规定相符的数。

函数名：atoi
原　型：extern int atoi(char * s1);
功　能：将 s1 串转换为整型数并返回它。输入串必须包含与整型数规定相符的数。

C.5　数学函数

要在程序中使用数学函数应该包含 math.h 头文件。
函数名：abs,cabs,fabs,labs
原　型：extern int abs(int val);
　　　　extern char cabs(char val);
　　　　extern float fabs(float val);
　　　　extern long labs(long val);
功　能：abs()函数决定了变量 val 的绝对值，如果 val 为正，则不进行改变返回；如果为负，则返回相反数。这 4 个函数除了变量和返回值的数据不一样外，它们的功能相同。

函数名：exp,log,log10
原　型：extern float exp(float x);
　　　　extern float log(float x);
　　　　extern float log10(float x);
功　能：exp()函数返回以 e 为底 x 的幂，log()函数返回 x 的自然数(e=2.718 282)，log10()函数返回 x 以 10 为底的数。

函数名：sqrt
原　型：extern float sqrt(float x);
功　能：返回 x 的平方根。

函数名：rand,srand
原　型：extern int rand(void);
　　　　extern void srand(int n);
功　能：rand()函数返回一个 0～32 767 的伪随机数。srand()函数用来将随机数发生器初始化成一个已知(或期望)值，对 rand()函数的相继调用将产生相同序列的随机数。

函数名：cos,sin,tan
原　型：extern float cos(float x);
　　　　extern float sin(float x);
　　　　extern float tan(float x);
功　能：cos()函数返回 x 的余弦值，sin()函数返回 x 的正弦值，tan()函数返回 x 的正切值。所有函数变量范围为 $-\pi/2 \sim +\pi/2$，变量必须为 $-65\,536 \sim 65\,535$，否则会产生一个

NaN 错误。

函数名：acos,asin,atan,atan2

原　型：extern float acos(float x);

　　　　extern float asin(float x);

　　　　extern float atan(float x);

　　　　extern float atan(float y,float x);

功　能：acos()函数返回 x 的反余弦值，asin()函数返回 x 的正弦值，atan()函数返回 x 的反正切值，它们的值域为 $-\pi/2\sim+\pi/2$。atan2()函数返回 x/y 的反正切值，其值域为 $-\pi\sim+\pi$。

函数名：cosh,sinh,tanh

原　型：extern float cosh(float x);

　　　　extern float sinh(float x);

　　　　extern float tanh(float x);

功　能：cosh()函数返回 x 的双曲余弦值，sinh()函数返回 x 的双曲正弦值，tanh()函数返回 x 的双曲正切值。

函数名：fpsave,fprestore

原　型：extern void fpsave(struct FPBUF *p);

　　　　extern void fprestore (struct FPBUF *p);

功　能：fpsave()函数保存浮点子程序的状态，fprestore()函数将浮点子程序的状态恢复为其原始状态。当用中断程序执行浮点运算时这两个函数是有用的。

C.6　绝对地址访问

要在程序中进行绝对地址访问，应该包含 absacc.h 头文件。

函数名：CBYTE,DBYTE,PBYTE,XBYTE

原　型：#define CBYTE((unsigned char *)0x50000L)

　　　　#define DBYTE((unsigned char *)0x40000L)

　　　　#define PBYTE((unsigned char *)0x30000L)

　　　　#define XBYTE((unsigned char *)0x20000L)

功　能：上述宏定义用来对 8051 地址空间进行绝对地址访问，因此，可以字节寻址。CBYTE()函数寻址 code 区，DBYTE()函数寻址 data 区，PBYTE()函数寻址 xdata 区（通过 movx @r0 命令），XBYTE()函数寻址 xdata 区（通过 movx @dptr 命令）。

例如，下列指令在外存区访问地址 0x1000：

```
xval = XBYTE[0x1000];
XBYTE[0X1000] = 20;
```

通过使用#define 指令，用符号可定义绝对地址，如符号 X10 可与 XBYTE[0x1000]地址相等：#define X10 XBYTE[0x1000]。

函数名：CWORD，DWORD，PWORD，XWORD

原　型：#define CWORD((unsigned int *)0x50000L)

　　　　#define DWORD((unsigned int *)0x40000L)

　　　　#define PWORD((unsigned int *)0x30000L)

　　　　#define XWORD((unsigned int *)0x20000L)

功　能：这些宏与上面相似，只是它们指定的类型为 unsigned int。通过灵活的数据类型，所有地址空间都可以访问。

C.7　内部函数

要使用内部函数应该在程序中包含 intrins.h 头文件。

函数名：_crol_，_irol_，_lrol_

原　型：unsigned char _crol_(unsigned char val，unsigned char n)；

　　　　unsigned int _irol_(unsigned int val，unsigned char n)；

　　　　unsigned int _lrol_(unsigned int val，unsigned char n)；

功　能：_crol_()函数、_irol_()函数、_lrol_()函数以位形式将 val 左移 n 位，该函数与 8051 RLA 指令相关，上面几个函数参数类型不同。

例如：

```
#include
main()
{
    unsigned int y;
    y = 0x00ff;
    y = _irol_(y,4);
}
```

函数名：_cror_，_iror_，_lror_

原　型：unsigned char _cror_(unsigned char val，unsigned char n)；

　　　　unsigned int _iror_(unsigned int val，unsigned char n)；

　　　　unsigned int _lror_(unsigned int val，unsigned char n)；

功　能：_cror_()函数、_iror_()函数、_lror_()函数以位形式将 val 右移 n 位，该函数与 8051 RRA 指令相关，上面几个函数参数类型不同。

例如：

```
#include
main()
{
    unsigned int y;
    y = 0x0ff00;
    y = _iror_(y,4);
}
```

函数名：_nop_

原　型：void _nop_(void)；

功　能：产生一个 NOP 指令。该函数可用作 C 程序的时间比较。C51 编译器在_nop_()函数工作期间不产生函数调用，即在程序中直接执行了 NOP 指令。

例如：

```
LED = 1;
_nop_();
LED = 0;
```

函数名：_testbit_

原　型：bit _testbit_(bit x)；

功　能：产生一个 JBC 指令。该函数测试一个位，当置位时返回 1，否则返回 0。

如果该位置为 1，则将该位复位为 0。8051 的 JBC 指令即用作此目的。_testbit_()函数只能用于可直接寻址的位；在表达式中使用是不允许的。

stdarg. h：变量参数表

C51 编译器允许载入函数的变量参数（记号为"…"）。头文件 stdarg. h 允许处理函数的参数表，在编译时它们的长度和数据类型是未知的。为此，定义了下列宏。

宏　名：va_list

功　能：指向参数的指针。

宏　名：va_stat(va_list pointer，last_argument)

功　能：初始化指向参数的指针。

宏　名：type va_arg(va_list pointer，type)

功　能：返回类型为 type 的参数。

宏　名：va_end(va_list pointer)

功　能：识别表尾的哑宏。

C.8 全程跳转

如果想在程序中实现全程跳转，就得包含 setjmp. h 头文件。setjmp. h 中的函数用作正常的系列数调用和函数结束，它允许从深层函数调用中直接返回。

函数名：setjmp

原　型：int setjmp(jmp_buf env)；

功　能：将状态信息存入 env 供函数 longjmp()使用。当直接调用 setjmp()函数时返回值是 0，当由 longjmp()函数调用时返回非 0 值，setjmp()函数只能在语句 IF 或 SWITCH 中调用一次。

函数名：long jmp

原　型：long jmp(jmp_buf env,int val)；

功　能：恢复调用 setjmp()函数时存在 env 中的状态。程序继续执行，似乎 setjmp()函数已被执行过。由 setjmp()函数返回的值是在 longjmp()函数中传送的值 val，由 setjmp()函数调用的函数中的所有自动变量和未用易失性定义的变量的值都要改变。

附录D 本书所需元器件汇总

序号	名　　称	型号或容量	最少数量	做所有实验要求数量
1	单片机	STC89C52RC DIP40	2个	15个
2	晶振1	12MHz	1个	12个
3	晶振2	11.0592MHz	1个	3个
4	电容	30pF	4个	30个
5	9脚排阻	A102	2个	4个
6	电阻1	1kΩ	8个	20个
7	电阻2	2kΩ	1个	1个
8	电阻3	4.7kΩ	1个	1个
9	电阻4	10kΩ	3个	5个
10	电阻5	20kΩ	1个	1个
11	电阻6	1MΩ	1个	1个
12	数码管	4位一体0.36in共阴	1个	2个
13	锁存器	74HC245	1个	2个
14	液晶显示器1	1602	1个	4个
15	液晶显示器2	12864	1个	2个
16	按钮	12×12×4.3,按键,轻触开关	4个	15个
17	矩阵键盘	3×4矩阵键盘	1个	1个
18	AD转换芯片	ADC0804	1个	1个
19	超声波测距模块	HC-SR04	1个	1个
20	无线遥控模块	无线遥控接收模块+普通四键遥控器	1个	2个
21	蜂鸣器	5V无源	1个	5个
22	PNP三极管	9015	1个	5个
23	NPN三极管	9014	2个	2个
24	二极管	1N4148	2个	2个
25	0.36in 6位一体16脚带时钟数码管共阴	AH3661	1个	1个
26	步进电机	28BYJ48	1个	1个
27	达林顿阵列	UNL2003	1个	1个
28	温度传感器	DS18B20	1个	1个

续表

序号	名　　称	型号或容量	最少数量	做所有实验要求数量
29	可变电阻	10kΩ	1个	4个
30	单排针	2.54mm 间距	1个	4个
31	发光二极管	各种颜色	22个	30个
32	面包板	SYB-130	3个	13个
33	面包板连线		1捆	2捆
34	杜邦线	母对母	1板	1板
35	STC下载器,送杜邦线	USB转TTL PL2303	1套	1套
36	USB延长线		1个	1个
37	双模式智能电笔探测万用表	ADMS1	1个	1个
38	电容	104	3个	4个
39	继电器	5V	1个	1个
40	蓝牙模块	HC-05	1个	1个
41	小风扇套件(若改用发光二极管则改为限流电阻)	5V 直流电机、风扇(或 1kΩ 电阻)	1个	1个
42	Wi-Fi 模块	ESP-8266	1个	1个

注：表中“最少数量”是指做完了一个应用系统再做另一个时要把以前做的系统拆掉来用这些元器件再做下一个系统；“做所有实验要求数量”是指全部15个应用系统做完了不用拆，这样每一个做好的系统都可以保留下来。许多单片机应用系统都有保留的价值，例如假期可以拿回家给家里人看，尤其是对于在原有基础上创新很有用。建议每个学生最少都要拥有一套“最少数量”的元器件，这些元器件不仅是学习本书所必需的，对于将来毕业设计、参加全国电子大赛、自己搞一些发明创造、将来参加工作后搞研发都有用处。

参 考 文 献

[1] 杨居义.单片机原理及应用项目教程[M].北京：清华大学出版社，2014.

[2] 赵薇，冯娜.单片机基础及应用[M].2版.北京：清华大学出版社，2014.

[3] 姜治臻.单片机技术及应用(MS-51系列)[M].北京：高等教育出版社，2013.

[4] 张毅刚.单片机原理及应用——基于C51编程的Proteus仿真案例[M].北京：高等教育出版社，2013.

[5] 陈雅萍.单片机项目设计与实训——项目式教学[M].北京：高等教育出版社，2011.

[6] 万长征，谢利华，魏洪昌.单片机技术教学做一体化教程[M].北京：人民邮电出版社，2013.

[7] 李萍，田红彬.单片机应用技术项目教程[M].北京：人民邮电出版社，2012.

[8] 张永红.单片机应用设计与实现——基于Keil C和Proteus开发仿真平台[M].北京：电子工业出版社，2014.

[9] 翁嘉民，周成虎，杜大军.单片机典型系统设计与制作实例解析[M].北京：电子工业出版社，2014.